EUROFIGHTER

Bernd Vetter/Frank Vetter

Motor
buch
Verlag

Einbandgestaltung: Joachim Schreiber

Titelabbildung: Dr. Stefan Petersen
Rückseite: Dr. Andreas Zeitler

Bildnachweis: Airbus Defence and Space (34), BAE Systems (8), Eurofighter GmbH (42), Fa. Hensoldt (1), Luftstreitkräfte Österreich (3), Luftwaffe/Toni Dahmen (18), Luftwaffe/Güngör (1), Luftwaffe/Hildemann (1), Luftwaffe/Kommando Luftwaffe (1), Luftwaffe/PiZ (12), Luftwaffe/Schmidt (6), Luftwaffe/Schrief (1), Luftwaffe/»Titan« (2), Luftwaffe/Christian Timmig (7), Luftwaffe/TAusbZLw (4), Luftwaffe/TaktLwG 71 »R« (5), Luftwaffe WaSysUZ 1 (4), MTU (4), Dr. Stefan Petersen (17), RAF (3), Rhein Flugzeugbau GmbH (1), Bernd Vetter (20), Frank Vetter (16), Dr. Andreas Zeitler (39).

Grafiken: Airbus Defence and Space Division (3), Eurofighter GmbH (2), Eurojet GmbH (1)

Dieses Buch wurde in enger Zusammenarbeit mit den Pressestellen der Airbus Defence and Space Division und dem Presse- und Informationszentrum der Luftwaffe (PiZLw) erstellt.

ISBN 978-3-613-04507-1

2. Auflage 2025

Ein Unternehmen der Paul Pietsch-Verlage GmbH & Co.

Sie finden uns im Internet unter
www.motorbuch-verlag.de

Lektorat: Günther Nord
Innengestaltung: Günther Nord, Heddesbach
Druck und Bindung: Graspo CZ, 76302 Zlin
Printed in Czech Republic

Inhalt

Vorworte ... 5

Die Entwicklung

Der lange Weg bis zur Serienreife ... 9

Vorgeschichte, erste Konzepte und Studien ... 9
- Die Air Defence Version 075 (ADV) des Tornado und German Air Force Air Defence Version (GAFAD) ... 12
- VSTOL-Projekte ... 13
- Das technisch-operationelle Luftkampf-Konzept ... 13
- Das Fire Flight Control System ... 14
- Die Post Stall-Technologie (PST) ... 14

Die CCV-Technologie ... 17

Das Taktische Kampfflugzeug TKF-90 ... 20
- Anforderungen der Luftwaffe ... 21
- Der EAP Technologie-Erprobungsträger ... 28

Der Weg zur Rockwell/MBB X-31 ... 31

Der Weg zum Abschluss des EFA-Entwicklungsvertrags ... 35
- Erklärung über die Weiterführung des EFA-Programms ... 35
- NATO Eurofighter and Tornado Management Agency (NETMA) ... 38

Die 90er-Jahre ... 40
- Der Jäger 90 im Spannungsfeld der Politik ... 40

Vom Jäger 90 zum Eurofighter 2000 ... 46
- Vorbereitungen zum Erstflug ... 48
- Unterzeichnung der Industrieverträge ... 54
- Das Programm gewinnt an Dynamik ... 55
- Rückschlag ... 58
- Zieleinlauf ... 59

Produktion und Industrieunterstützung ... 61

Entwicklung und Fertigung ... 61
- Entwicklungs- und Fertigungsaufteilung ... 62
- Komponentenfertigung ... 63
- Endfertigung, Prüfflüge und Übergabe ... 65
- Die Tranchen ... 69
- Ausblick ... 70

Industrieunterstützung des Eurofighters ... 71
- Das Systemunterstützungszentrum in Manching ... 72
- Die Eurofighter Kooperation Zelle (EKZ) ... 73
- Flugbetrieb bei Airbus Defence and Space ... 75

Innere Werte ... 79

Die Technik im Detail ... 79
- Auslegung und Zelle ... 79
- Der Rumpfbug ... 83
- Tragwerk ... 85
- Steuerklappen ... 85
- Rumpfmittelteil ... 86
- Rumpfheck ... 86
- Leitwerk ... 86

Alles im Blick ... 87
- Das Cockpit ... 87
- Multifunktions-Farbmonitore (MHDD) ... 88
- Head-up-Display (HUD) ... 88
- Bodenkollisionswarnsystem (GPWS) ... 88
- Warnanlagen ... 88
- Piloteneingaben mit HOTAS ... 89
- Helmsichtsystem (HEA) ... 89
- Direkte Spracheingabe (DVI) ... 90
- Multiples Informationsverteilungssystem (MIDS) ... 90
- Schleudersitz ... 90

Flugsteuerungssysteme ... 91
- Flugzeugsteuerung ... 91
- Autopilot ... 92
- Automatische Restabilisierung ... 92
- Das Avionik-System ... 92
- Software und Datentransfer ... 92
- Instrumentierung, Navigationsgeräte ... 92
- Integrierte Überwachung und Datenaufzeichnung ... 92

Kommunikationssysteme. . . . 93
Feuerleit- und Identifikationssystem 93

Die Radarsysteme ECR 90 CAPTOR-M, CAESAR und CAESAR-E (ECRS). . . . 93
Die AESA-Radare CAESAR, CAPTOR-E und ECRS 95
Die Funktionsweise 95

Flugzeugsysteme 99
Das PIRATE System 99
Kontrollsystem für die Flugzeug-Grundsysteme (UCS). . . . 99
Elektriksystem 100
Hydrauliksystem 100
Sekundäre Energieversorgung 100
Klimatisierungs- und Belüftungsanlage (ECS). . . . 100
Fahrwerk. . . . 101
Das Kraftstoffsystem 101

Schub satt. . . . 102
Das Eurojet 200-Triebwerk 102
Die Arbeitsaufteilung. . . . 104

Die Bewaffnung des Eurofighters 108
Die Bordkanone 108
Kurzstreckenlenkwaffen AIM-9L/M, IRIS-T und ASRAAM 110
Mittelstreckenlenkwaffen AIM-120 AMRAAM und Meteor 112
Luft-Boden-Bewaffnung 114

Elektronischer Selbstschutz (DASS) 119

Die zweisitzige Eurofighter-Variante 120

Der Eurofighter in seinem Element

Im Einsatz bei der Luftwaffe 123

Das Taktische Luftwaffengeschwader 71 »Richthofen«. . . . 123

Ein- und Ausblicke eines bekannten Eurofighter-Piloten 129

Combined Air Policing in Ämari, Estland. . . . 130

Das Taktische Luftwaffengeschwader 73 »Steinhoff«. . . . 136
Die Eurofighter-Pilotenausbildung 144
Die ASTA-Trainingseinrichtung 144

Das Taktische Luftwaffengeschwader 74 148
Nachtflug. . . . 156

Rapid Pacific 2022. . . . 160

Das Taktische Luftwaffengeschwader 31 »Boelcke« 166
Blue Flag 2021 172

Das Waffensystemunterstützungszentrum 1 174

Das Technische Ausbildungszentrum der Luftwaffe Abteilung Süd 177

Auf Herz und Nieren

Test, Weiterentwicklung und Nutzungsunterstützung des Eurofighters beim BAAINBw und bei der WTD 61 181

Im internationalen Einsatz 189

Royal Air Force 189
Die Zukunft. . . . 196

Italienische Luftwaffe 198

Spanische Luftwaffe 204

Luftstreitkräfte Österreichs 208

Königlich Saudi-Arabische Luftwaffe 212

Königlich Omanische Luftwaffe 213

Kuwaitische Luftwaffe. . . . 214

Katarische Luftwaffe 216

Anhang. . . . 218

Meilensteine. . . . 218

Seriennummern deutscher Eurofighter 225

Abkürzungen 226

Literaturquellen. . . . 230

Dank 230

Vorworte

Liebe Leserinnen und Leser

Am 8. Oktober 2022 endete mit der Landung von sechs Eurofightern des Taktischen Luftwaffengeschwaders 74 in Neuburg die Übung RAPID PACIFIC - die anspruchsvollste Verlegung in der Geschichte der Luftwaffe. Bereits Mitte August erreichten unsere Eurofighter in weniger als 21 Stunden Singapur - und damit den indopazifischen Raum. Die sechs Eurofighter waren während der gesamten Verlegung mehr als 700 Stunden in der Luft. Zum Abschluss landeten drei Eurofighter erstmals in Japan.

Ich freue mich, dass dieses Buch dem hervorragenden und zuverlässigen Waffensystem gewidmet ist und auch über die Landung unserer Eurofighter in Japan informiert: Denn der Eurofighter prägt das Bild der Luftwaffe. Die Einsatzbereitschaft des Eurofighters ist untrennbar mit der Leistungsfähigkeit der Luftwaffe insgesamt verbunden.

Ursprünglich als Luftüberlegenheitsjäger konzipiert, verfügt der Eurofighter heute auch über Fähigkeiten für den Luft-/ Boden-Einsatz. Konsequent und erfolgreich haben wir in den letzten Jahren die Mehrrollenfähigkeit des Eurofighters vorangetrieben. Mit dem Wirken des Eurofighters im Elektromagnetischen Spektrum wird dessen Bedeutung nochmals gesteigert.

Der Eurofighter ist somit im Jahr 2023 vielseitig, zuverlässig und in kontinuierlicher Evolution. Neben dem zukunftssichernden Weiterentwicklungspotenzial ist der herausragende Vorteil des Eurofighters, dass er

uns die Interoperabilität mit Partnern und Freunden sichert. Der Eurofighter ist der am häufigsten eingesetzte Kampfjet der europäischen Luftwaffen und somit der Schlüssel zu Interoperabilität und europäischer Zusammenarbeit insgesamt.

Das Konzept Plug & Fight hat uns nicht nur operativ, sondern auch logistisch die Möglichkeit gegeben, schnell mit den anderen Eurofighter-Nationen zusammenzuwirken, als es nach Beginn des russischen Angriffs auf die Ukraine darum ging, unsere Reaktionsfähigkeit unter Beweis zu stellen. Gemeinsam senden wir mit den anderen Eurofighter-Nationen ein klares Signal für die Wachsamkeit der NATO. Seite an Seite sichern wir mit unseren Partnern den NATO-Luftraum.

Der Eurofighter ist ein Kampfflugzeug, das rundherum begeistert. Vor 20 Jahren war ich in meiner ersten ministeriellen Verwendung der »Beauftragte für den Eurofighter«. In den Jahren 2008 bis 2010 zählte als Kommodore beim Taktischen Luftwaffengeschwader 31 »Boelcke« die organisatorisch und militärisch komplexe Umrüstung des Verbands auf den Eurofighter zu meiner wichtigsten Aufgabe. Seit Anfang 2020 nehme ich aktiv am Flugdienst teil und bin bei jedem Eurofighter-Flug immer wieder von der Zuverlässigkeit und Leistungsfähigkeit beeindruckt.

Der Eurofighter ist das Rückgrat der fliegenden Luftwaffe. Wir werden ihn noch viele Jahrzehnte betreiben, denn mit diesem hervorragenden System sind wir weltweit einsatzbereit.

Ich wünsche diesem Buch, das in seiner Ausführlichkeit einzigartig ist, eine gute Resonanz und Ihnen, dem interessierten Leser, viel Spaß und Freude.

Ihr

Ingo Gerhartz
Generalleutnant, Inspekteur der Luftwaffe

Der Eurofighter überzeugt durch seine Flexibilität und Leistung. Als einsatzerprobtes und Europas modernstes Mehrzweck-Kampfflugzeug bietet er weitreichende Einsatzmöglichkeiten und weist eine beispiellose Flotteneffektivität auf.

Der Eurofighter kombiniert das Beste aus der Zusammenarbeit britischer, deutscher, italienischer und spanischer Technologien in den Bereichen Avionik, Aerodynamik, Werkstoffe, Fertigungstechniken und Triebwerke.

Mit seiner beispiellosen Sicherheitsbilanz bildet der Eurofighter das Rückgrat von Luftstreitkräften weltweit. Mit dem Vertrauen unserer Kunden und einer starken Marktpräsenz wird uns der Eurofighter heute und auch in Zukunft zuverlässig verteidigen und die Welt zu einem sichereren Ort machen.

Andreas Hammer
Head of Combat Air Systems
Airbus Defence and Space

Die Entwicklung – der lange Weg bis zur Serienreife

Zu den vielen Varianten zählte auch diese ADF-80-Lösung. Dieses Modell einer Strake-Trapez-Konfiguration wurde im Windkanal von Emmen in der Schweiz untersucht. Unter den kritischen Beobachtern waren Oskar Friedrich (3.v.l.) und Dr. Herbst (5.v.l.) von MBB.

Vorgeschichte, erste Konzepte und Studien

Trotz der eingeleiteten Entspannungsbemühungen, wie den Gesprächen zur Begrenzung strategischer Rüstung (SALT) oder den »Verhandlungen über die gegenseitige Verminderung von Streitkräften und Rüstungen und damit zusammenhängenden Maßnahmen in Europa« (MBFR), hatte sich die politische Lage Anfang der 70er-Jahre noch nicht deutlich verändert. Beide Machtblöcke, der Warschauer Pakt auf der einen und das NATO-Bündnis auf der anderen Seite, standen sich in der Mitte Europas unversöhnlich gegenüber. Mit einem neuen Grundsatzpapier hatte die westliche Gemeinschaft versucht, der zahlenmäßigen Unterlegenheit Herr zu werden. Die Zauberformel hieß »flexible Reaktion«. Diese neue Strategie trat Ende 1967 an die Stelle des massiven nuklearen Gegenschlags und zielte darauf, einen konventionellen Angriff zunächst auch mit konventionellen Mitteln punktuell abzuwehren, verbunden jedoch mit der Bereitschaft, den Konflikt notfalls nuklear zu eskalieren.

Für die Luftwaffe hieß dies: Luftraumüberwachung, Bekämpfung der gegnerischen Luftstreitkräfte am Boden, Abriegelung des Gefechtsfeldes, Bekämpfung der Landstreitkräfte und deren Versorgung, Störung des Nachschubs, Lufttransport für die gesamte Bundeswehr und Aufklärung. Die Beschaffung der notwendigen neuen Systeme wurde von General Rall, der das Amt als Luftwaffeninspekteur am 17. Dezember 1970 von seinem Vorgänger Generalleutnant Steinhoff übernommen hatte, weitergeführt.

Zu den neuen Programmen zählte unter anderem auch das Mehrzweckkampfflugzeug MRCA (Multi Role Combat Aircraft), ein doppelsitziger Jagdbomber mit Schwenkflügel und der von Dornier/Dassault entwickelte Alpha Jet. Das MRCA sollte vor allem die Aufgaben des Starfighters übernehmen. Das multinationale Kampfflugzeug wurde von letztendlich drei Nationen – Großbritannien, Italien und der Bundesrepublik Deutschland – favorisiert. Alle drei Partnerländer unterschrieben am 22. Juli 1970 ein Regierungsabkommen, welches die erste Entwicklungsphase beschrieb. Es wurde die NATO-MRCA Developement and Production Management (NAMMA)-Organisation gegründet und für die Entwicklung des Flugzeuges zeichnete die Panavia Aircraft GmbH in München verantwortlich.

Nun hatte die Industrie der Luftwaffe mit diesem Flugzeug ein sehr fortschrittliches Kampfflugzeug vor allem für Luft-Boden-Einsätze in Aussicht gestellt, doch ein Luftraumschutz war damit nicht zu gewährleisten.

Deutsche Luftfahrtingenieure, die in Amerika die Möglichkeit wahrgenommen hatten, bei amerikanischen Flugzeugfirmen in deren Entwicklungsabteilungen mitzuarbeiten, vertraten die Ansicht, dass es auch für den europäischen Raum unbedingt notwendig wäre, ein spezielles Jagdflugzeug als Begleitschutz für die Jagdbomberverbände und die Verteidigung des Luftraumes zu entwickeln. Die USA hatten zu dieser Zeit bereits Jagdflugzeugprogramme wie die McDonnell Douglas F-15 in der Entwicklung und die General Dynamics F-16 bzw. die Northrop YF-17 in Planung.

Diese Möglichkeit einer »Horizonterweiterung« hatte auch eine Gruppe von neun Wissenschaftlern und Ingenieuren wahrgenommen. Sie hatten maßgeblich bei VFW zusammen mit dem amerikanischen Partner Northrop an den US/FRG VSTOL Tactical Fighter-Studien in Bremen gearbeitet. Nachdem jedoch die Weiterführung des Projekts in Bremen gestoppt worden war (man hatte gegen den Konkurrenten EWR/Republic verloren), trat bei VFW eine Entwicklungsflaute ein und somit ergab sich die Möglichkeit, in den USA zu arbeiten – zumal die Firmen Boeing und Lockheed überall in Europa versuchten, Ingenieure für ihren zivilen Programme anzuwerben.

Diese kleine Gruppe hatte sich um Dr. Herbst, er kam von der TU-Berlin an die Weser, geschart und war nun zusammen ab Juni 1967 bei der Firma McDonnell Douglas in St. Louis tätig. Nach kurzer Zeit der Mitarbeit an anderen Programmen (McDonnell 188, F-4, F-111 Crew Escape) wurden nach Durchführung der Sicherheitsprüfungen und Erteilung der »clearance« die meisten Mitarbeiter in der F-X-Studie eingesetzt, die 1968 offiziell zur F-15 wurde. Die Gruppe konnte wesentliche Arbeiten in der Konzept-, und Definitionsphase im Bereich Parametrischer Konfigurationsentwicklung und -analyse unter Leitung von Dr. Herbst durchführen und hatte bei MDD und dem F-15-»System Program Office« einen sehr guten Ruf.

Im Jahre 1970 erreichte Dr. Herbst eine schriftliche Anfrage von Messerschmitt-Bölkow-Blohm (MBB), ob er und seine deutschen Kollegen interessiert wären, eine verantwortliche Tätigkeit in der MBB-Entwicklungsabteilung zu übernehmen. In Ottobrunn lief derzeit das Tornado-Programm auf Hochtouren, das die gesamte Personalkapazität benötigte. Es fehlten qualifizierte Entwickler, die Studien für künftige Waffensysteme vorantreiben konnten. Deswegen versuchte MBB, die Gruppe um Dr. Herbst für sich zu gewinnen, die durch ihre Arbeiten am F-15-Entwicklungsprogramm ein umfangreiches Wissen bezüglich neuester Jagdflugzeugentwicklungen erworben hatten.

Von den neun Ingenieuren der Gruppe entschieden sich allerdings nur fünf, den Weg nach Ottobrunn anzutreten. Dr. Herbst übernahm die Leitung der Vorentwicklungsabteilung und ab Ende 1970 begann bei MBB das junge Team zusammen mit den nicht direkt am Tornado beschäftigten Kollegen mit den ersten Studien. Diese kleine Gruppe bildete quasi die Keimzelle der Eurofighter-Entwicklung in Deutschland und bestimmte bis zum Beginn der EFA-Entwicklung, Mitte der 80er-Jahre, maßgeblich das hochtechnisierte, europäische Jagdflugzeugprogramm.

Durch die Zusammenarbeit im MRCA (Tornado)-Programm hatte man von Seiten MBB auch Kontakt zu den jeweiligen Partnerfirmen British Aerospace und Aeritalia und so war es nicht verwunderlich, dass diese Thematik auch untereinander erörtert wurde. So wurde von den am Tornado beteiligten Firmen AIT, BAe und MBB eine Studie mit dem Namen PANNAP (Panavia New Aircraft Project) begonnen, um auf der Basis eines RB.199-Triebwerks ein kleines Jagdflugzeug als Ergänzung zum Tornado zu entwickeln. Diese Studien liefen über drei Jahre.

Es war im Grunde genommen etwas Ähnliches wie in den USA. Dort wollte man zusätzlich zur FX/F-15 ein kleines, einfaches und damit billiges Flugzeug entwickeln (FXX), welches dann auch in größeren Stückzahlen gebaut werden sollte. Das ganze lief unter der Bezeichnung »high/low Mix«. Aus dieser Studie entwickelte sich das »Light Weight Fighter«-Experimentalprogramm mit der YF-16 von General Dynamics und der YF-17 von Northrop als Wettbewerber.

Die Ausgangssituation in Europa war allerdings eine andere. Der Tornado war ein Luft-Boden-Flugzeug und somit war auch das RB.199 im Grundaufbau für große Höhen und für Nachbrennerbetrieb nicht geeignet. Er brachte dafür nicht die entsprechende Leistung und hatte einen hohen Verbrauch bei Nachbrennerbetrieb. Dieses nun für ein Jagdflugzeug zu verwenden, war äußerst schwierig und brachte erhebliche Nachteile mit sich.

Man versuchte es trotzdem und konzipierte ein kleines, mit einem RB.199-Triebwerk ausgerüstetes Kampfflugzeug, für das eigentlich kein deutscher Bedarf existierte, wohl aber englische Exportgedanken eine Rolle spielten. In Zusammenarbeit mit MBB-BAe-AIT wurde im Rahmen dieses Projekts erstmals systematisch operationsanalytische Methoden zur Waffensystemoptimierung in Verbindung mit parametrischen Entwurfsprogrammen angewendet, insbesondere auch ein Simulationsprogramm für den Luftnahkampf.

Das aerodynamische Konzept basierte zunächst auf einem konventionellen Trapezflügel, später wurden auch Konfigurationen mit dem bei Northrop entwickelten Strake-Trapezflügel untersucht. Seine Vorteile lagen im transsonischen Flugbereich und bei einem Hochauftrieb durch Ausnutzung von Sekundärauftrieb des vom Strake erzeugten Wirbelsystems.

Im Rahmen von PANNAP konnten auch die projektmäßigen Auswirkungen der CCV-Technologie (instabile Auslegung) und die Kohlefasertechnik untersucht werden. Selbst extreme Lösungen, wie der Ersatz von Leitwerken durch Strahlsteuerung wurden studiert, aber aus technischen Gründen verworfen. Immerhin zeigte sich, dass mit einem installierten Schub von nicht mehr als 7,5 bis 8,5 Tonnen selbst unter Annahme moderner Technologien keine ausreichenden Flugleistungen zu erreichen waren, welche der angenommenen Bedrohung im Osten von den Flugleistungen und den Waffensystemleistungen hätte Paroli bieten können. Nachdem nun alle Faktoren geprüft und gegeneinander abgewogen worden waren, stand fest, dass dieses Konzept so nicht machbar war.

In Amerika hatte die YF-16 den FXX-Wettbewerb gewonnen und die Northrop YF-17 mauserte sich zur McDonnell Douglas F-18. Diese Auslegung mit Strake-Flügeln, einer neuen Technologie und in Verbindung mit einem sehr leistungsfähigen Triebwerk mit niedrigem Nebenstromverhältnis (General Electric GE-404) versprach eine gute Zukunft.

Auf Seiten der militärischen Führung in Deutschland gab es zwar im Jahre 1972 Studien, die eine Überlegungsgrundlage zu einem neuen fliegenden Waffensystem bildeten, doch von offizieller Seite der Luftwaffe bestand noch kein Bedarf. Gespräche mit der Industrie wurden auch geführt, aber es gab diese nicht in Form einer taktischen Forderung oder ähnlichem. Erst im Dezember 1973 wurde bei der NATO in Brüssel mit General Steinhoff eine Diskussion über die Entwicklung und Beschaffung eines neuen Jagdflugzeugs geführt. Mittlerweile hatte MBB auch wieder mit der Hardthöhe Gespräche aufgenommen, doch die Signale, die von dort kamen, waren eher ernüchternd. In der Entwicklungsphase des Tornados war es schwierig geworden, Gelder für andere Projekte frei zu bekommen und somit stand die Idee eines Jagdflugzeugs für die Luftwaffe auf der Kippe.

Die Entwicklungsarbeiten bei MBB, die in Richtung Jagdflugzeug auf der Basis des Tornados gingen, wurden in den Jahren 1973 und 1974 weitergeführt. Passend dazu war auch ein Auftrag der indischen Regierung, der die Möglichkeit beinhaltete, die von Professor Tank entwickelte HF-24 (ein Jagdflugzeug mit zwei Orpheus 804-Triebwerken) mit zwei RB.199 auszurüsten. Am Ende der Überlegungen kam dann ein Konzept mit der Bezeichnung HF-73 heraus, dessen Bau allerdings an der nicht genehmigten Lieferung des RB.199 scheiterte. Im Rahmen dieses Vorhabens konnte das Leistungspotenzial eines »konventionellen Kampfflugzeuges« mit 15 bis 17 Tonnen Schub ausgelotet werden.

Man untersuchte im Jahre 1974 auch den Lockheed F-104G Starfighter unter der Bezeichnung F-204 mit RB.199 Triebwerken auszurüsten. Das bedeutete nahezu eine Schubverdopplung bei gleichem Triebwerkgewicht mit dem Ergebnis sehr guter Flugleistungen. Doch das Interesse daran, insbesondere an einer Erhaltung der F-104, war gering und der Umbauaufwand wäre schließlich doch erheblich gewesen, zumal man auch die Unausgewogenheit von Schub- und Flächenbelastung bemängelte. Es wurden daher weitere Studien durchgeführt.

Die Air Defence Version 075 (ADV) des Tornado und German Air Force Air Defence Version (GAFAD)

Mit der Fertigentwicklung des Tornados wuchs das Interesse an einer »Familien-Entwicklung«. Das Vorhaben ADV 075 beschränkte sich auf relativ geringfügige Änderungen in der Ausrüstung der Zelle des Tornados für den Einsatz gegen Luftziele und führte schließlich zur rein britischen ADV-Version und zur Entwicklung des ADV-Radars.

Die Aufgabe der ADV war primär das Abfangen und das Bekämpfen von russischen Bombern über dem Atlantik. Dazu waren die Flugleistungen ausreichend. Über den operationellen Einsatz von Flugzeugen mit Radar geführten Lenkflugkörpern (Skyflash) bestanden damals jedoch noch keine qualifizierten Vor-

Der »Schubschwenkler«. STOL-Entwurf zur Verkürzung von Start-/Landestrecken durch Ablenkung des Schubs eines Triebwerks.

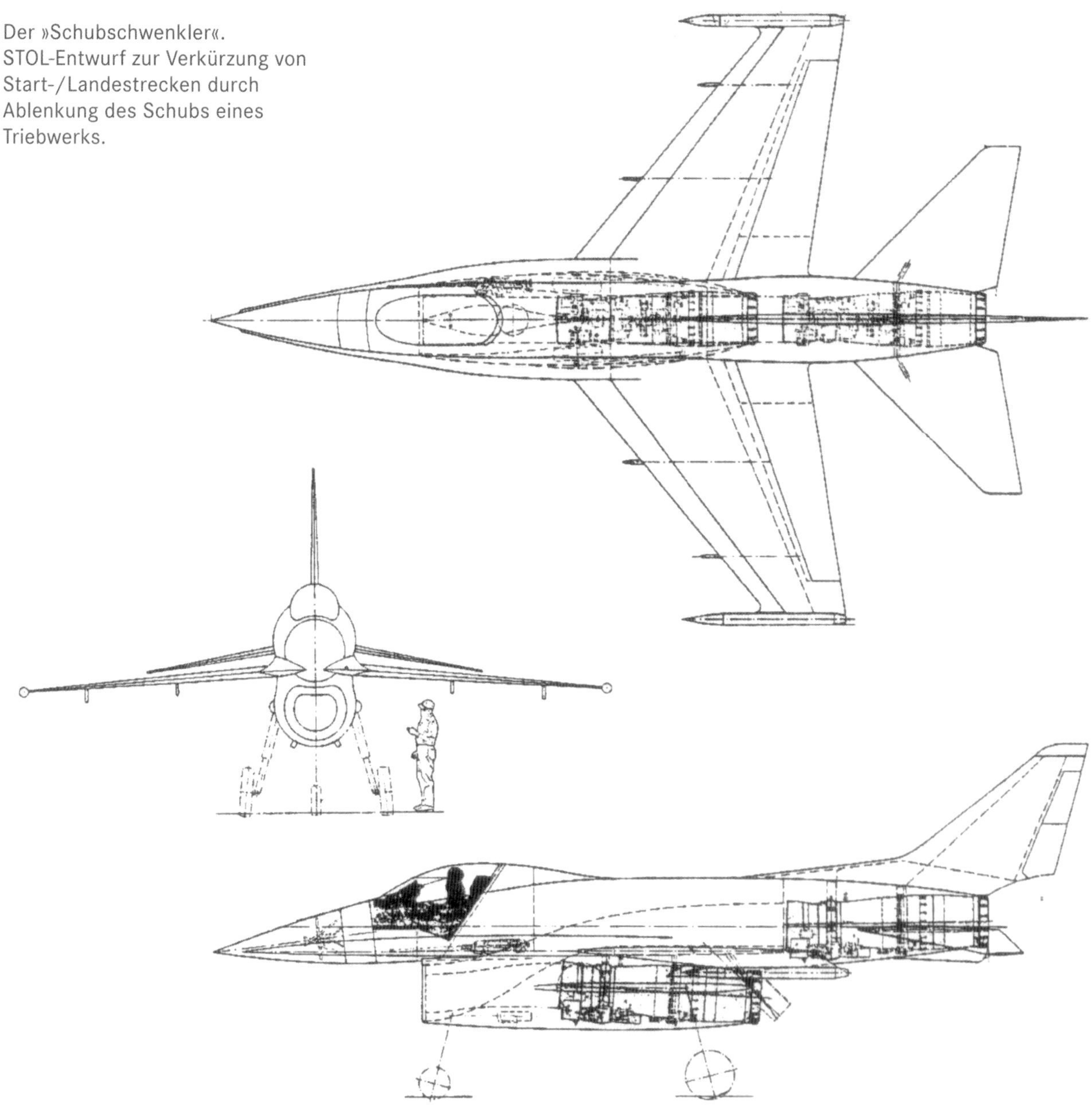

stellungen. Die GAFAD war der Versuch, den Tornado technisch zu vereinfachen und gleichzeitig die Anwendung neuerer Technologien mit einzubringen. Zur Debatte stand in erster Linie der Flügel mit seiner variablen Pfeilung. Obwohl es immer noch an Vorstellungen über das Bild des zukünftigen Luftkampfes mangelte, konnte doch nachgewiesen werden, dass ein Festflügel für ein reines Jagdflugzeug die geeignetste Lösung darstellt. Bei GAFAD spielten die Einsparungsmöglichkeiten durch die Übernahme von Tornado-Komponenten eine wesentliche Rolle. So wurde diese Studie von der MBB-Programmleitung initiiert und geleitet. Es stellte sich aber heraus, dass entweder zu große Leistungseinbußen in Kauf zu nehmen oder doch zu viele Komponenten neu zu entwickeln waren, so dass diese Idee wieder in der Schublade verschwand.

VSTOL-Projekte

Die Wünsche zu einer wiederholenden Betrachtung von VSTOL-Möglichkeiten kamen vor allem aus England. Eine grundsätzliche Studie ergab, dass sich der relative Zusatzaufwand für VTOL-Fähigkeit bei Zugrundelegung neuerer Technologien nicht wesentlich verringern würde. Die Studien konzentrierten sich daher auf STOL. Dabei wurden zunächst die verschiedensten aerodynamischen Möglichkeiten, darunter insbesondere die Steigerung des Maximalauftriebs durch Ausblasen, untersucht, Grenzschichtbeeinflussungen, Strahlklappenanordnungen und schließlich auch eine neuartige Beeinflussung des Strake-Wirbels durch spannweitiges Blasen. Die Ergebnisse waren aber durchweg enttäuschend. Flugleistungsmäßig eindeutiger, aber entwurfsmäßig schwieriger waren Lösungen mit Schubschwenkung.

Aus einer operationsanalytischen Studie ergab sich schließlich, dass im mitteleuropäischen Szenario Notstart/-landestrecken um 400 m ausreichten und Zusatzaufwendungen oder Leistungseinbußen für kleinere Rollstrecken nicht zu rechtfertigen waren. Eine Startlänge von 400 m war jedoch mit entsprechend geringen Beladungen konventionell erreichbar, allerdings auch nur mit relativ niedrigen Flächenbelastungen und hohem Schub-/Gewichts-Verhältnissen. Da letztere für den Luft-Luft-Einsatz ohnehin wünschenswert war, wurden die STOL-Ideen wieder verworfen.

Letztendlich gab es viele Überlegungen doch keine erwies sich als tragfähig, solange es keinen Ansatz über das technisch-operationelle Konzept zukünftiger Luftkämpfe gab. Auch bei den Triebwerken gab es auf dem europäischen Markt kein Anzeichen einer durchgreifenden Entwicklung.

Das technisch-operationelle Luftkampf-Konzept

MBB befasste sich seit 1970 mit der taktischen Problematik des Angriffs und der Abwehr von Luftzielen d.h. mit dem Luftkampfproblem auf der Suche nach optimalen und kostengünstigen technischen Lösungen. Im Gegensatz zum Angriff auf Bodenziele gehört das Luftkampfproblem in die Klasse der »differential games«, wenn angenommen wird, dass sich der (oder die) Gegner dynamisch, offensiv oder defensiv verhalten und wenn gewisse Informationen über das jeweilige gegnerische Verhalten und die potenziellen Leistungen vorhanden sind.

Es gab noch keine vollständige mathematische Lösung des Luftkampfproblems in allgemeiner Form, wie sie mit den Mitteln der »optimum control theory« immer wieder versucht wurde. Allerdings bestanden Simulationsmodelle, die dem tatsächlichen Charakter von Luftkämpfen sehr nahe kamen und die technischen Leistungen der Flugzeuge, von Waffen und Avionik recht gut repräsentierten. Weiterhin standen bemannte Simulationen zur Verfügung und es zeigte sich, dass sich Rechnersimulationen und bemannte Simulationen wirksam ergänzen konnten.

Bei MBB-UF (UF=Unternehmensbereich Flugzeug) wurden je nach Möglichkeit und Notwendigkeit alle nur denkbaren Verfahren angewendet, so z. B. mit Modellsimulationen oder bemannte Simulationen bei der IABG und sogar in St-Louis bei MCAIR. Insgesamt entstand ein Instrumentarium, mit dem im Laufe von mehreren Jahren ein Bild des Luftkampfes der 90er-Jahre entwickelt wurde, welches die Grundlage für ein Konzept eines neuen fliegenden Waffensystems bildete.

Der Luftnahkampf wurde charakterisiert durch:

- Dominanz von Frontalmanövern als Folge der Rundumfähigkeit neuer Waffen.
- Geänderte Dynamik von Luftkampfmanövern mit einer Verlagerung von stationären zu instationären Manöverleistungen.
- Neue Manöverleistungskriterien.
- Erkenntnisse über die technischen und taktischen Schwierigkeiten zunehmender Schielfähigkeit von Flugkörpern.
- Erschließung des Frontalbereiches für die Kanone durch automatisches Rumpfzielen.
- Wesentliche Verbesserungen dieser Fähigkeit durch eine zweite Längssteuerfläche (Canard oder Höhenleitwerk).
- Wesentliche Verbesserung der Luftnahkampffähigkeit durch gesteuerte Überziehmanöver (PST = Post Stall).

Der Luftfernkampf wurde charakterisiert durch:

- Entdeckung der Bedeutung von supersonischen Manöverleistungen für den Einsatz von radargesteuerten Flugkörpern.
- Neue Manöverleistungskriterien, 4 g-Machzahl.
- Erkenntnisse über die Bedeutung von Avionik- und Waffenleistungen.
- Notwendigkeit und Entwurfsansätze für ein integriertes Feuerleit- und Flugführungssystem (FFCS), mit dem die Leistungen des Radars (Mehrfachzielbekämpfungsfähigkeit), der Waffe und die Flugleistungen überhaupt erst ausgenutzt werden können.

Das Fire Flight Control System

Unter dem Begriff »Fire Flight Control System« (FFCS) verbirgt sich die bordseitige Ausrüstung, die einen Luftkampf, insbesondere über Entfernungen jenseits der Sichtgrenze möglich macht und es darüber hinaus gestattet, die Manöverleistungen des Flugzeugs, insbesondere im Überschallbereich, zur Geltung zu bringen und damit bei sonst gleichen Avionik- und Waffenleistungen eine Überlegenheit zu erzielen. FFCS ist die technische Voraussetzung dafür, dass Luftkämpfe mit AMRAAM tatsächlich so ablaufen, wie es die Computer-Simulationen gezeigt haben. Kernstück des FFCS ist ein Echtzeitrechner, der die jeweilige taktische Situation analysiert, daraus Feuer- und Manöverbefehle berechnet und diese zur Anzeige bringt bzw. automatisch an das FCS weitergibt.

Im Gegensatz zum Luftnahkampf war das Bild des dynamischen Luftfernkampfes eine von MBB entwickelte Hypothese, deren Gültigkeit nach den damaligen modellmäßigen Vorstudien zwar wahrscheinlich war, die aber durch bemannte Simulationen und tatsächliche Gefechtsabläufe unter realistischen Bedingungen erst noch erwiesen werden musste. Die Fragezeichen lagen in der physischen und psychischen Belastbarkeit des Menschen und in der technischen Durchführbarkeit eines FFCS. Grundsätzlich neu daran war die taktische Berechnung, die schwierige mathematische Entscheidungsprobleme enthielt, die in extrem kurzer Zeit richtig gelöste werden mussten.

Die Post Stall-Technologie (PST)

Unter PST versteht man den Anstellwinkelbereich nach Überschreitung des maximalen Auftriebsbeiwertes. Die Fähigkeit, in diesem Bereich zu fliegen, bedeutet die Erschließung eines bisher wegen des Verlustes der Steuerbarkeit gemiedenen Flugzustandes. Das Ziel der Überlegungen war es, die Fähigkeit zu entwickeln, gesteuerte und taktisch nutzbare, sehr dynamisch, voll steuerbare Manöver in einem Bereich jenseits des Höchstauftriebs bei völlig abgelöster Strömung bis zu einem Anstellwinkel von 70° und bis zu sehr geringen Geschwindigkeiten Mach ~0,1 durchführen zu können. Dazu bedurfte es auch eines neuen Steuerorgans für die Steuerung von Nick-und Giermomenten, am besten eine Vektordüse die im Trockenbetrieb und bei voller Nachbrennerleistung funktionieren musste. Hinzu kam noch die Entwicklung und Erprobung von neuen Steuergesetzen z. B. Rollsteuerung um den Geschwindigkeitsvektor und die Beherrschung der Phänomene beim Übergang von dem konventionellen in den

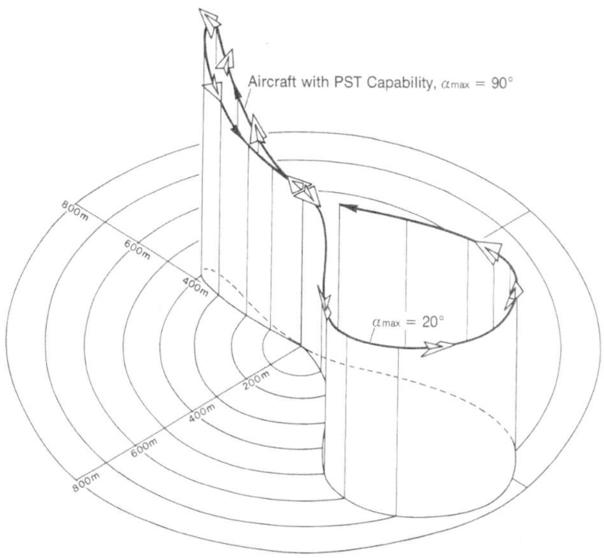

Diese Darstellung zeigt zeitoptimale Wendemanöver mit und ohne Post Stall-Technologie.

PST-Bereich. Eine Beschränkung auf einen mäßigen Anstellwinkel (30°-40°) stellte nach den ersten Überlegungen den taktischen Erfolg in Frage, zumal diese Beschränkung kaum Erleichterungen brachte, denn die größten Schwierigkeiten waren beim Durchgang durch den Bereich des Höchstauftriebs zu erwarten. PST war keine neue Betriebsart, sondern eine kontinuierliche Erweiterung der Manövrierfähigkeit über die Grenze des Höchstauftriebs hinaus. Für Luftnahkämpfe mit Frontalwaffen ist die Steuerbarkeit bei Höchstauftrieb von kampfentscheidender Bedeutung, auch wenn dieser gar nicht überschritten werden soll. Der Unterschied zu früheren Manöveroptimierungen besteht darin, dass auch das konventionelle Flugzeug zu mehr dynamischen Bewegungen unter Ausnutzung der Vertikalen tendiert.

Auf Seiten der Industrie konzentrierte man sich Mitte 1974 weiter auf die Auslegung des Jagdflugzeugkonzepts. Dazu gab es am 17. Dezember 1974 eine MBB-interne Klausur über die künftige Flugzeugentwicklung. Dabei erörterte man die Möglichkeiten von VSTOL sowie die Postulierung des Konzepts eines »Einfachflugzeugs«. Weitere Besprechungen folgten, bis am 30. Juni 1975 das MBB-Entwicklungsgremium dem »Einfachflugzeug« eine Absage erteilte und das neue Ziel formulierte, ein Flugzeug mit einem Strake-Flügel (das F-18 Konzept mit Doppelleitwerk) zu entwickeln. So entstand das Projekt des Air Defence Fighter 80 (ADF).

Der ADF-80 war durch den Versuch gekennzeichnet,

Eine zu einem gewissen Detail durchgearbeitete ADF-80-Lösung verfügte über Strake-Trapez Flügel und ein Kinnruder.

durch zahlreiche Windkanalversuche eine aerodynamische Optimierung zu erreichen und damit die Leistungen der F-16 bzw. F-18 zu übertreffen. Da dieses nicht überzeugend gelang, wurde auf den Begriff der »Integration« möglichst vieler kleiner technologischer Verbesserungen gesetzt. Eine von mehreren ADF-80-Lösungen war die Strake- Trapezflügel-Konfigurationen, die schließlich zugunsten des Delta-Konzepts aufgegeben wurde, in der Erkenntnis, dass so die Flugleistungen einer F-16/F-18 nicht zu überbieten waren.

Derweil hatte die Royal Air Force in Großbritannien mit einer Planungs- und Zielvorstellung begonnen, ein eigenes taktisches Kampfflugzeug zu konzipieren, das den Harrier und den Jaguar ablösen sollte. Unter der Bezeichnung »Air Staff Target 403« (AST 403) wurde das Konzept im Oktober 1975 veröffentlich, welches ein leichtes, billiges Flugzeug der F-16-Klasse zeigte. Es sollte über keine aufwendige Avionik verfügen und nur unter Sichtflugbedingungen einsetzbar sein. Die Ablösung der Muster Harrier und Jaguar war für das Jahr 1987 vorgesehen.

Auf deutscher Seite (MBB) entstand dagegen im Jahre 1976 die Delta-Lösung des ATF »Air Tactical Fighter«. Es wurde klar, dass ein Deltaflugzeug von der CCV-Technologie mehr als andere Konzepte profitieren würde. Der Deltaflügel zeichnet sich durch ein günstiges Verhalten beim Eindringen in den Post Stall-Bereich und gleichzeitig durch gute Überschallleistungen aus. Die Aerodynamik von Deltaflügeln allerdings war für MBB Neuland. Glücklicherweise waren neue Rechenverfahren verfügbar, die es dem Entwicklungsteam sehr schnell erlaubten, leistungsfähige Deltaflügelentwürfe zu erstellen.

Auch die Studien von VFW bezüglich eines Taktischen Kampfflugzeugs (TKF) zeigten Deltaflügel, allerdings mit Heckleitwerk, wie später auch von Dornier/Northrop vorgeschlagen. Es konnte nachgewiesen werden, dass instabile Delta-Nurflügel im Unterschallbereich einer Strake-Trapez-Konfigurationen gleicher Spannweitenbelastung leistungsmäßig ebenbürtig waren und zwar bei wesentlich niedrigeren Flächenbelastungen und unter Beibehaltung der besseren Überschallleistungen. Diese Eigenschaften erschienen vor dem Hintergrund der operationsanalytischen Studien attraktiv.

Zur gleichen Zeit wurde die Kombination mit einem vorne liegenden Leitwerk untersucht (aus Israel hatte Entwicklungsleiter H. Langfelder von MBB das Konzept eines Entenflügels/Canard mitgebracht). Es hatte sich gezeigt, dass man dadurch die aerodynamischen

Windkanalversuch an der TU-Darmstadt an einem Modell der Concorde mit dem das aerodynamische Konzept des Delta-Canard-Entwurfs eines zukünftigen Jagdflugzeugs begründet wurde.

Eigenschaften vor allem im Langsamflug erheblich verbessern konnte. Die charakteristischen Mängel eines stabilen Deltaflügels – niedriger Auftrieb bei kleinen Geschwindigkeiten wegen des negativen Trimmausschlages der Hinterkantenklappe – konnten damit ausgeglichen werden. Auch die Manövriereigenschaften während Start und Landung wurden dadurch erheblich verbessert.

Die grundsätzlichen aerodynamischen Erkenntnisse wurden an einem Modell der Concorde mit einem zusätzlichen Entenflügel (Canard) im Windkanal der TU-Darmstadt herausgefunden. Der Canard sollte nicht wie etwa bei der Viggen als Hochauftriebshilfe dienen, sondern war zusammen mit dem Flügel als eine integrale Einheit zur Erzeugung von widerstandsoptimiertem Auftrieb und zur Trimmung und Steuerung zu betrachten.

Es kamen neue Flügelauslegungsverfahren zur Anwendung, mit denen der gemeinsame Grundriss von Flügel und Canard, d.h. der Abwindeinfluss des Canards auf den Flügel, berücksichtigt werden konnte. Dies führte zu der typischen starken Verwindung im Flügelwurzelbereich (»Potato Chip«). So entstand schließlich die Erstversion des Delta-Canard-Entwurfs.

Das entscheidende Treffen aller an der Entwicklung des neuen Jagdflugzeugs beteiligten Personen bei MBB fand dann im September 1977 im Büro von Dr. Herbst statt. Es ging um nichts weniger, als demokratisch über ein zukunftsweisendes System abzustimmen. Mit zehn zu eins, also mit nur einer Gegenstimme, wurde das Delta-Canard-Konzept für das TKF ausgewählt, welches von diesem Zeitpunkt an die Basis für die Weiterentwicklung der Studien war.

Die CCV-Technologie

Die »Control Configured Vehicle« (CCV)-Technologie, also die instabile Auslegung eines Flugzeugs bei zu Hilfenahme einer vollelektronischen Steuerung (Fly-by-Wire), bot soviel Leistungspotenzial, dass sie im Rahmen der Entwicklung eines agilen Kampfflugzeugs TKF bei MBB berücksichtigt werden musste. Der Begriff CCV umfasste eine neue Entwurfsmethode für Flugzeuge, bei der von vornherein die Leistungen und Möglichkeiten des Steuerungs- und Regelungssystems als integraler Bestandteil in den Zellenentwurf mit eingingen.

Historisch betrachtet bestand die herkömmliche Entwurfsmethodik für Flugzeuge im Wesentlichen darin, primär die Zelle nach den Leistungsanforderungen (z. B. Nutzlast, Reichweite, Geschwindigkeit, Lastvielfache) auszulegen, wobei die Größe und Anordnung der Steuerflächen von den Forderungen der Flugstabilität und Steuerbarkeit bestimmt wurde. Die Auslegung der Betätigung der Steuerflächen erfolgte separat und wurde als Bestandteil der Ausrüstung betrachtet.

Die ersten Schwierigkeiten traten mit der Erhöhung der Fluggeschwindigkeiten in den Überschallbereichen auf. Die dabei zutage getretenen Stabilitätsänderungen ergaben kritische Flugeigenschaften, insbesondere in der Nähe von Mach 1, so dass das Flugverhalten im transsonischen Bereich für den Zellenentwurf eine erhebliche Rolle spielte. Zur Überwindung dieser Schwierigkeiten, die mit Einführung der variablen Flügelpfeilung zur Leistungsverbesserung noch weiter zunahm, wurde das Konzept der Fly-by-Wire-Steuerung entwickelt. Damit wurde erstmals zwischen dem Piloten und den Steuerflächen ein Regler eingeschaltet, der die Änderungen im Verhalten des Flugzeugs in Abhängigkeit von der Geschwindigkeit und der Geometrie automatisch ausglich.

Aufgrund der zunehmenden Zuverlässigkeit und des sich ständig verringernden Bauvolumens der elektronischen Komponenten konnte daran gedacht werden, die Möglichkeiten der elektronischen Regelung als wesentlichen Faktor in den Flugzeugentwurf mit einzubeziehen.

Dies betraf naturgemäß an erster Stelle die Längsstabilität des Flugzeugs, da durch die bisherige Forderung nach natürlicher Stabilität erhebliche aerodynamische Widerstände aufgrund des ständig aufzubringenden Trimmmomentes für die Längssteuerung zu überwinden waren.

Von der Anwendung des CCV-Konzeptes auf die Seitenstabilität konnten hauptsächlich Gewichtsvorteile erwartet werden, da die Forderung nach natürlicher Stabilität bei der gegebenen Verteilung der Rumpf-Seitenfläche zu überdimensionalen Seitenleitwerksflächen führte. Inzwischen wurden die Überlegungen zum CCV-Konzept auch auf aeroelastische Probleme (z. B. Flatterunterdrückung, Manöverlaststeuerung) sowie auf die

Verbesserung der »ride quality« (z. B. Böenlastminderung) ausgedehnt.

Frühzeitig wurden bei MBB diesbezügliche Vorstudien betrieben und im Rahmen der Untersuchungen ein Versuchsträger beantragt. Die Berechnungen von Modellen waren mit viel Risiko behaftet, so dass man nicht umhin kam diesen Weg zu beschreiten. Im Dezember 1974 erhielt die Firma MBB vom Bundesministerium der Verteidigung (BMVg) im Rahmen des »Komponenten Experimentalprogramms Luft« (KEL) den Auftrag zur Durchführung des CCV-Experimentalprogramms mit dem Ziel, die neue Technologie des reglergestützten Flugzeugs bis zur Anwendungsreife zu entwickeln.

Die Aufgabenstellung betraf im Einzelnen:

- Entwicklung und Erprobung eines fortschrittlichen, redundant elektrohydraulischen Flugführungssystems einschließlich eines zugehörigen Sicherheitssystems.
- Erprobung der Flugeigenschaften eines aerodynamisch hochgradig instabilen Überschallkampfflugzeugs im gesamten Flugbereich.

Bei MBB entschied man sich, eine Luftwaffen F-104G mit dem Kennzeichen 98+36 (ehemals 23+91 bzw. KG+200, Werk Nr. 8100) zu nutzen und entsprechend zu modifizieren. Wegen der sehr hohen Ausgangsstabilität des Starfighters konnte die gewünschte Instabilitätsgröße nur durch die Kombination von zwei Maßnahmen erreicht werden: Zum einen durch den Anbau eines abwerfbaren Trimmgewichts, das 600 kg Bleischrot enthielt, welches den Schwerpunkt an die hintere Grenze brachte. Zum zweiten wurde der Neutralpunkt durch die Anbringung eines starren Starfighter-Höhenleitwerks auf der Rumpfoberseite um rund 35% nach vorn verlegt. Dieses Entenleitwerk destabilisierte nicht nur die Längsbewegung des Flugzeugs, sondern es baute auch dessen Windfahnenstabilität ab. Aus Gründen der Flugsicherheit steuerte man den gewünschten Instabilitätszustand in mehreren Destabilisierungsschritten an. Zunächst wurde das neu entwickelte, elektrische Steuersystem in der B1-Konfiguration (B = Basisversion) der F-104G gründlich erprobt. Danach baute man in einem zweiten Schritt, B2, das abwerfbare Hecktrimmgewicht an. Diesem Erprobungsteil lag außerdem ein besonderes Kraftstoffentnahmeprogramm zugrunde. Statt wie üblich, zuerst den Kraftstoff der Tragflächenaußentanks auszufliegen, wurde er in den

In der mit E1 bis E3 bezeichneten »Entenversion« erreichte man die eigentliche Instabilität.

Das Cockpit der F104-CCV enthielt diverse Control und Schalt-Möglichkeiten, um den instabilen Testzustand zu simulieren.

Rumpftank umgepumpt, so dass der Schwerpunkt wieder vor die hintere Grenze rückte.

Im dritten Erprobungsschritt wurde das Hecktrimmgewicht wieder entfernt und gleichzeitig das »Entenleitwerk« angebaut. Diese mit E1 (E = Entenversion) bezeichnete Konfiguration konnte im gesamten Flugbereich, gegebenenfalls auch manuell, geflogen werden. Sie stellte die stabile Backup-Konfiguration für die instabilen Enten-Konfigurationen E2 und E3 dar. Die natürliche Stabilität der Konfiguration E1 wurde durch den Einbau eines 240 kg-Ballasts im Vorderrumpf sichergestellt. Die instabile Konfiguration ergab sich bei E1 durch den Anbau eines Hecktrimmgewichts von 400 kg. Durch die Erhöhung des Heckballasts um weitere 26 kg erhielt man schließlich die extrem instabile Konfiguration E3. Bei ihr kam unter anderem auch das besondere Kraftstoffentnahmeprogramm zur Anwendung. Für das Flugführungssystem mit digitaler Signalaufbereitung behielt man die Originalsteuerung der F-104G als Backup-System für die CCV-Flugsteuerung bei.

Lediglich unmittelbar vor den Ruderstellzylindern, wo die Umschaltung von der elektrischen auf die mechanische Betriebsart erfolgte, wurde in das bestehende System eingegriffen. Dasselbe galt auch für das Cockpit, wo die Kommandos des Piloten über Induktivgeber abgenommen wurden.

Das Testprogramm gliederte sich in drei Phasen:

- Phase I (1974 bis 1977). Entwicklung und Erprobung des CCV-Flugkontrollsystems (20 Flüge)
- Phase II (1977 bis 1981). Beinhaltete das gesamte Testprogramm B1 bis B3. Es begann mit dem Erstflug der Maschine in B1-Konfiguration im Dezember 1977. Ab Oktober 1979 folgten die Flüge mit der Maschine in B3-Konfiguration und ab 1980 die Testflüge in E1-Konfiguration. Der eigentlich instabile Zustand wurde mit der Konfiguration E2 und E3 erreicht. In dieser Phase wurden insgesamt 117 Flüge von den beiden CCV-Projektpiloten Nils Meister und Armin Krauthann durchgeführt.
- Phase III und IV. Dabei wurde in der E1-Konfiguration ein einfaches Not-Regelsystem erprobt. Neben den neuen Autopilot-Systemen kam auch eine Laser-Trägheitsplattform zum Einsatz.

Für das CCV-Versuchprogramm wurde die F-104G mit einem zukunftsweisenden Flugführungssystem ausgestattet, das im Rahmen des Experimentalprogramms entwickelt wurde. Aus Flugsicherheitsgründen bestand die Notwendigkeit eines vierfach redundanten Steuersystems (Quadruplex). Diese Forderung konnte im hydraulischen Teil des Steuersystems nicht erfüllt werden und so musste aus Kostengründen auf die im Versuchsträger vorhandenen Hydraulikversorgungen und Ruderstellzylinder zurückgegriffen werden.

Bei hochgradig instabilen Flugzeugen kann auf eine redundante Anstell- und Schiebewinkelmessung nicht verzichtet werden. Dies hätte allerdings bedeutet, dass beim Quadruplex-System vier alpha- und vier beta-Geber vorzusehen gewesen wären. Durch eine geschickte Anordnung verschiedener Winkelsensoren konnte erreicht werden, dass der Anstell- und Schiebewinkel aus jedem beliebigen Winkelsondenpaar extrahierbar war. Erstmals wurde in einem Hochleistungsflugzeug das Prinzip der zentralen Sensoren verwirklicht. Sämtliche Untersysteme bezogen ihre Trägheitsinformationen aus einem Satz redundanter, körperfester Wendekreisel und Beschleunigungsgeber. Zur Anwendung kamen zweiachsige Wendekreisel der Firma Teledyne und Beschleunigungsgeber der Firma Systron-Donner.

Im Fly-by-Wire-Betrieb wurden die Stellantriebe für Höhenruder, Seitenruder und beide Querruder über redundante elektrohydraulische Vorsteuerzylinder angesteuert. Der CCV-Stellmotor war aus drei fehlerselbsterkennenden Einzelantrieben, auch »Scheiben« genannt, modular aufgebaut. Jede Scheibe wurde über einen elektrischen Modellkanal mit getrenntem Stellungsgeber und Servoverstärker überwacht, in dem das elektromechanische Verhalten des zweistufigen Servoventils nachgebildet wurde. Sollte die Stellung des Servoventil-Steuerschiebers einer Scheibe mehr als zulässig von der im elektrischen Modell berechneten Soll-Stellung abweichen, wurde diese Stellmotorscheibe stillgelegt.

Das CCV-Flugführungssystem wurde über ein Rechnerbediengerät angesteuert und kontrolliert, das im Cockpit anstelle des Radarscopes eingebaut war.

Für die Umrüstung des Starfighters zum Versuchsträger wurden das Radargerät, die Vulcan-Kanone, die Radar- und Waffenelektronik, der Bremsschirm und der Stellzylinder des Aufbäumreglers ausgebaut und dafür mehr als 90 Messgeräte installiert.

CCV-104 Programmablauf

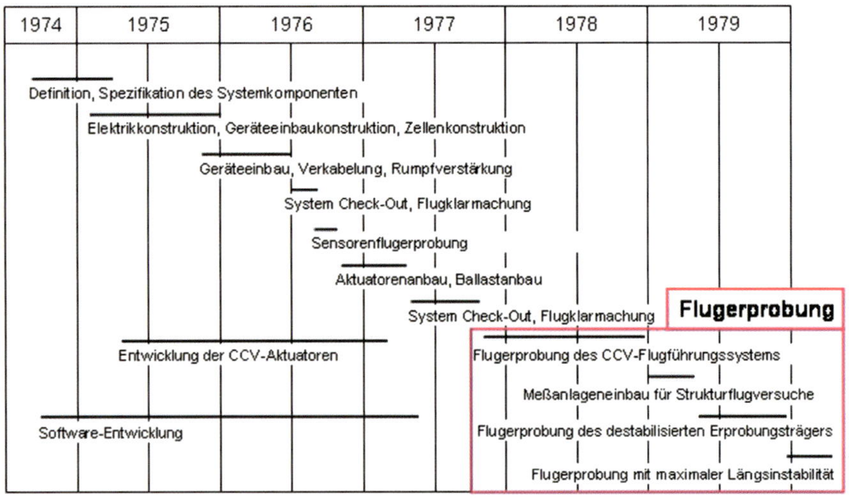

Im Rahmen des CCV-Experimentalprogramms entstanden in den Entwicklungsabteilungen ein fortschrittliches und redundantes Flugführungssystem mit digitaler Signalverarbeitung, welches man dann im Fluge erprobte. Es konnte der Nachweis erbracht werden, dass diese Technologie schon bei der Entwicklung von Kampfflugzeugen der nächsten Generation anwendbar war. Nach erfolgreichem Abschluss des CCV-Experimentalprogramms am 28. Januar 1982 in Manching flossen alle Ergebnisse in das TKF-Programm mit ein.

Das Taktische Kampfflugzeug TKF-90

Inzwischen war bei MBB nun die Grundform des TKF, einem Deltaflügel mit Canard-Steuerflächen und instabiler Auslegung, entstanden, durch die der Widerstand über den gesamten Machzahl- und Lastfaktorbereich verringert werden konnte. Die Steuerbarkeit im PST-Bereich sowie die Möglichkeit der Böenabminderung wur-

Im April 1978 präsentierte MBB ihr Konzept des »Taktischen Kampfflugzeugs 90« in der Delta-Canard Konfiguration noch ohne den Knick in der Vorderkante.

Im Windkanal wurde das Entwurfsoptimum getroffen und das aerodynamische Konzept bestätigt. Dabei stellte sich der Knick in der Vorderkante als eine generelle Verbesserung heraus.

den verbessert, was bei der geringen Flächenbelastung besonders wichtig war. Der Knick in der Vorderkante, der zunächst nur der Erhöhung der Flügelstreckung zur Verbesserung der Unterschall-Leistungen dienen sollte, stellte sich im Nachhinein als eine generelle Verbesserung heraus. Nach sorgfältiger theoretischer Berechnung gelang es mit einem einzigen Windkanalmodell das Entwurfsoptimum zu treffen und die grundsätzlichen Annahmen zum aerodynamischen Konzept zu bestätigen. Das Flugzeug hatte zwei Triebwerke, für die ein Baucheinlauf vorgesehen war, sowie einen großen Flügel mit niedriger Flächenberastung (230 kg/m² beim Kampf).

Anforderungen der Luftwaffe

Auch auf militärischer Seite war man mittlerweile aktiv geworden und hatte im Mai 1977 eine TKF-Studiengruppe bei der Luftwaffe ins Leben gerufen. Für ein trinationales Verteidigungsministertreffen am 3. und 4. November 1977 in Paris unter Teilnahme von Frankreich, Großbritannien und Deutschland hatte man für den damaligen Verteidigungsminister Leber folgenden »Sprechzettel« vorbereitet, der den deutschen Standpunkt bezüglich zukünftiger taktischer Kampfflugzeuge beinhaltete. Hier einige Auszüge:

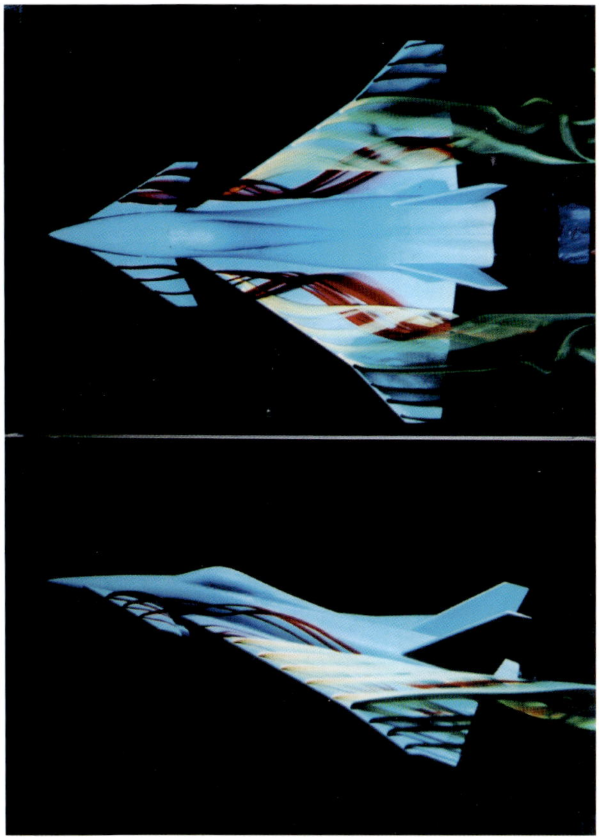

Im Wasserkanal wurden die Strömungsverläufe farblich dargestellt.

».....1. Sachstand/national:
Die deutsche Luftwaffe benötigt frühestens im Zeitraum 1990 bis 1994 Ersatz für die Waffensysteme F-4F (Tactical Fighter) und RF-4E (Aufklärer).
Sorgfältige Vorarbeiten für die Bestimmung des späteren Bedarfs haben begonnen. Da reines Nachfolgedenken für die deutsche Seite nicht vertretbar ist, sind umfangreiche Untersuchungen eingeleitet worden. Diese sollen sicherstellen, dass ein zukünftiges Taktisches Kampfflugzeug unter Verwendung fortschrittlicher Technologie zu vertretbaren Kosten realisiert werden kann.

Mit höchster Priorität eingeleitete Planungsarbeiten sind unter anderem folgende:

Studiengruppe TKF-90 (Taktisches Kampfflugzeug für die 90er-Jahre und danach). Obwohl in der Vorphasenarbeit zur Erstellung einer späteren TAF direkt abhängig von den Ergebnissen der »Lw 90« (Lw 90 = Planung der Luftwaffe für die 90er-Jahre und danach) hat die Studiengruppe TKF die Arbeit an ausgewählten Teilgebieten bereits aufgenommen.

Von Rhein-Flugzeugbau GmbH wurde im Jahre 1979 ein 1:1-Modell des TKF-90 gebaut. Es war 1980 auf der ILA in Hannover ausgestellt.

- Prüfung nationaler/internationaler Flugzeugprogramme, Ermittlung der Ablösezeiträume und des Bedarfs an taktischen Kampfflugzeugen.
- Marktbeobachtung und -Analysen.
- Untersuchung und Bewertung der drei grundsätzlich möglichen Vorgehensweisen bei der Entwicklung und Beschaffung eines komplexen fliegenden Waffensystems.
  - Gesamtsystemauslegung
  - Prototypen Programm
  - Experimentalprogramm zum Nachweis der taktischen, technischen und kostenmäßig günstigen Technologien; dann Gesamtsystemauslegung.

Die Bestimmung des finanziellen, technologischen und zeitlichen Risikozeitpunktes und der davon abhängigen Risikogrößen sowie die Möglichkeit zur Risikominimierung sind hierbei von einer ausschlaggebender Bedeutung.

2. Sachstand/international

a) Im Rahmen der »Independent European Program Group« (IEPG), sie wurde am 2. Februar 1976 durch Staatssekretärsbeschluss mit der Zielsetzung gegründet, Schaffung einer ausgewogenen, wettbewerbsfähigen, europäischen Rüstungsindustrie im Einklang mit übergeordneten NATO-Interessen und der Schaffung eines europäischen Forums für die Zusammenarbeit bei Rüstungsvorhaben, wurde am 23. Juni 1976 die »IEPG adhoc group on a Tactical Combat Aircraft (IEPG/TCA)« unter britischem Vorsitz gegründet.

Teilnehmerstaaten:
Großbritannien, Frankreich, Belgien, Niederlande und Deutschland.

Zielsetzung: Ermittlung des Bedarfes für europäische NATO-Staaten an zukünftigen taktischen Kampfflugzeugen und Möglichkeiten der Kooperation.

Die bisherige Zusammenarbeit hat unverbindlichen Charakter und Verpflichtungen gibt es noch keine.

Insbesondere Großbritannien drängt auf ein gemeinsames Kampfflugzeugprogramm und hat bereits eine Reihe nationaler Studien in Auftrag gegeben.

b) Übergeordnete Probleme sind zurzeit:

- Die Synchronisierung von Einführungszeiträumen für ein mögliches, gemeinsam zu entwickelndes Kampfflugzeug; z. B.:
  - belgischer Bedarf ab 1985
  - britischer Bedarf ab 1987
  - deutscher Bedarf zwischen 1990 bis 1994
- Entwicklung nationaler Planungs- und Zielvorstellungen und die Ableitung von Leistungseckwerten mit
  - essentiellen und
  - verhandlungs- und kompromissfähigen Forderungen
- Abgleich der Leistungseckwerte im internationalen Bereich...«

Weiterhin informierte das Papier den Minister wie folgt: »...Die deutsche Seite hat im engen Abgleich Rü/Fü L ihre Vorgehensweise und die damit verbundenen Termine in der IEPG/TCA vertreten. Die bislang bekannten Forderungen anderer Nationen erwecken den Eindruck, dass es primär um Auslastung der Flugzeugindustrie geht und erst in zweiter Linie um das Produkt.

Schlüssel zu einem Erfolg aller Bemühungen und damit langfristig für das Überleben einer potenten europäischen Luft- und Raumfahrtindustrie ist nach Auffassung von Großbritannien die britisch-deutsche Interessenlage. Frankreich nimmt rezeptiv an der Arbeit teil, hält Informationen zurück, scheint aber nach unserer Auffassung aufgrund seiner eigenen ehrgeizigen Projekte wie Mirage 2000 /Delta 2000 weniger eigenen Bedarf, als vielmehr Beteiligung französischer Firmen am Bau eines solchen Flugzeuges im Auge zu haben.

Trotz intensiver Bemühungen sind britische und deutsche Vorstellungen in wichtigen Bereichen noch keineswegs harmonisiert.

Ausgehend von dem Wunsch der RAF, ab 1987 ihre Harrier-/Jaguar-Flugzeuge zu ersetzen, sind die britischen Anstrengungen darauf konzentriert, die eigene Industrie unter Einbeziehung der deutschen finanziellen und industriellen Kapazität mit dem Bau dieses Nachfolgeflugzeuges zu versorgen. Dazu hat die RAF zahlreiche Optionen von Flugzeugen durch britische Industriefirmen entwerfen und analysieren lassen und sechs davon in die engere Wahl genommen. Eines davon wird die britische Seite bis Mitte 1978 auswählen. Nach Möglichkeit soll dies von den anderen Partnern, insbesondere von uns, mitgetragen werden.

Immer stärker wird Druck auf uns ausgeübt, auch ohne Feststellung der für Kooperationsprogramme zwingend erforderlichen Interessenidentität und ohne Ermittlung eines gemeinsamen Nenners zunächst bindende Verpflichtungen für industrielle Kooperation einzugehen. Dies wird mehr und mehr durch politische Argumentation versucht und wird nun voraussichtlich auf Ministerebene fortgesetzt werden.

Wir sind an einer europäischen Zusammenarbeit bei Entwicklung und Produktion eines taktischen Kampfflugzeugs ernsthaft interessiert und arbeiten mit hoher Priorität an den Voraussetzungen. Auch die Interessen unserer Industrie sind dabei von hohem Stellenwert. Dies kann aber nicht bedeuten, dass wir Vorabverpflichtungen ohne klare Zielvorstellung eingehen und dann der Industrie beider Länder überlassen, an unserer Stelle Bedarf und Lösungsmöglichkeiten auszuarbeiten. Auch darf Zeitgewinn nicht mit Nachlässigkeit bei der Vorbereitung eines so komplexen und kostenträchtigen Projekts zum Schaden unserer Einsatzeffektivität und letztlich mit hohen wirtschaftlichen Opfern erkauft werden.

Sollte es zutreffen, dass die Briten bereits in die Konzeptphase eingetreten sind, wäre es noch eindeutiger, dass nur unsere finanzielle und wirtschaftliche Kapazität für die Realisierung längst festgeschriebener englischer Vorstellungen genutzt werden soll.

Empfehlung:

Gegenüber den beiden Verteidigungsministern sollte die ehrliche deutsche Bereitschaft zur Kooperation erneut versichert werden. Es soll zugleich aber auf die Notwendigkeit zum Abschluss der mit Hochdruck laufenden nationalen Vorarbeiten hingewiesen werden (Termin: Mitte 1978). Einem Drängen auf politische Verpflichtungen sollte im Sinne der o.a. Argumentation nicht nachgegeben werden.

Es wäre interessant, die Ansichten der Minister über ein Offenhalten europäischer Kooperation gegenüber den USA zu erfahren. Sollte dies in den Verlauf des Gesprächs passen, könnte dem französischen Verteidigungsminister signalisiert werden, dass wir gerne mehr über die französischen Vorstellungen wüssten: Planung Mirage 2000, tatsächlicher Bedarf usw.

Anmerkung zur Mirage 2000/Delta 2000: Frankreich hatte 1975 die Planung für ein fortschrittliches und kostspieliges Flugzeugprojekt, das Avion Combat de Futur (ACF) eingestellt. Dafür wurde ein leichter und einfacher Jäger konzipiert, die Mirage 2000 oder Delta 2000 (ein Triebwerk, einsitzig). Dieser Jäger befindet sich in der Entwicklung und wird ab 1982 bei der französischen Luftwaffe als Hauptwaffensystem der 80er- und 90er-Jahre eingeführt...«

Bei MBB wurde derweil an der Verfeinerung des Konzeptes TKF gearbeitet. Unter anderem erfolgte eine Optimierung der Querschnittsverteilung, wie z.B. Veränderung des Heckverdrängungskörpers oder des Seitenleitwerks. Insbesondere die Frage eines Doppelseitenleitwerks gegenüber einem Einzelleitwerk wurde sehr intensiv erörtert. Auch der Lufteinlauf stand zur Diskussion. Mehrere Variationen standen zur Debatte, wobei sich generell die Bauchlage des Einlaufs als im ganzen Geschwindigkeits- und Anstellwinkelbereich als optimal erwies und gleichzeitig die Voraussetzung für einen großen Flügel und die Erschließung des PST-Bereiches bildete. In der variablen Unterlippe wurde eine Möglichkeit gefunden, die Forderungen nach guten Überschall-Leistungen und extrem hohen Anstellwinkel (PST) mit einer einzigen Verstellvorrichtung zur vereinen. Es wurden Steuerklappen am Flügel mit vorgesehen, die sehr verschiedene Aufgaben erfüllen sollten so z.B. die Quersteuerung und Längssteuerung im Normal- und PST-Bereich, die Widerstandssteuerung, Giersteuerung usw. Auch die Lage und der Umriss des Canards wurde geringfügig und letztendlich auch das Flügelprofil zur Verbesserung der Flugeigenschaften verändert.

Ende 1979 stellte BAe die Studie des European Combat Fighter (ECF) vor, welches in Grundzügen dem MBB-Vorschlag entsprach.

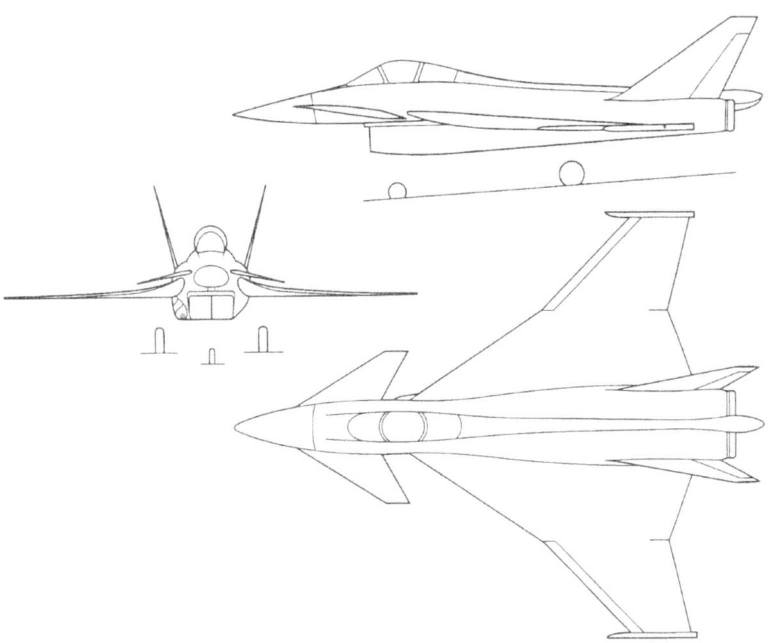

Parallel zur eigenen Entwicklung hatte MBB bereits am 21. Februar 1977 einen Vertrag über eine gemeinsame Studie zur Entwicklung eines Jagdflugzeugs mit der amerikanischen Firma McDonnell (MCAIR) in Sankt Louis geschlossen. Dabei waren die guten Beziehungen und Kenntnisse der »Herbst-Gruppe« sehr wertvoll. Von MCAIR wurde der »Vectored Lift Fighter« (VLF) in die Studie eingebracht.

Der VLF (1976 bis 1979) war der amerikanische Entwurf von MCAIR und Gewinner des AFTI-Wettbewerbs im Jahre 1974. Die VLF-Konfiguration verkörperte ein neues Konzept der Manövrierfähigkeit DFM (DFM = Sammelbegriff für die Steuerung neuer Flugbetriebsarten: Direct lift, Direct side force, Fuselage aiming, Wings level steering, Drag modulation). Im Prinzip wurden diese Manöver dadurch ermöglicht, dass zur Steuerung/Trimmung um jede der drei Achsen zwei unabhängige Steuerflächen vorgesehen wurden: Nicken:»Wingerons« (voll drehbare Außenflügel) und »Beavertail«; Rollen: rechts und links »Wingeron«; Gieren: Seitenruder und »Kinnruder«

Das VLF-1-Flugzeug zeichnete sich gegenüber allen anderen Konfigurationen durch besonders große entkoppelte Autoritätsgrenzen und geringe flugmechanische Kopplungen aus, und zwar ohne wesentliche Beeinträchtigung der konventionellen Flugleistungen. Die Anordnung der »Wingerons« und die frei fahrenden Einläufe stellten zudem günstige Voraussetzungen für PST-Manöver dar. Der Nachweis taktischer Vorteile im Luftkampf war Gegenstand umfangreicher Rechner- sowie bemannter Simulationen.

Die VLF-Konfiguration wurde zwar von MCAIR in Deutschland mit großem Eifer als Kandidat für das neue Jagdflugzeug angeboten, doch wurde dies offiziell nie entschieden. Das TKF verfügte über die gleichen, bzw. besseren subsonischen Manöverleistungen, aber über schlechtere DFM-Fähigkeiten. Technisch wurde der Wettbewerb durch das »Roll Coupled Fuselage Aiming« (RCFAM) entschieden, wodurch ohne zusätzliches Kinnruder die gleiche Wirksamkeitssteigerung beim Einsatz der Kanone im Luftkampf zu erreichen war. Substanziell übrig geblieben ist jedoch nur das radargesteuerte mehr oder weniger entkoppelte Rumpfzielen und die selbstverständliche Forderung nach möglichst wirksamer Längsverzögerung.

Reale Studien entstanden nun im Jahre 1978 mit einem Knickdelta bei MCAIR in St. Louis und die ersten Hochgeschwindigkeits- und PST-Messungen wurden durchgeführt. Im Juni 1978 folgten dann Luftkampfsimulationen mit drei US- und drei Luftwaffenpiloten (Neuberqer, Mürmanns, Walter), wobei das PST-fähige TKF deutlich überlegen war, (PST/DFM 2:1).

Parallel dazu gab es am 16. Oktober 1978 von MBB den ersten offiziellen Kontakt mit SAAB in Linköping über die Verwendung einer Viggen als Erprobungsträger für PST. Nachdem im Jahre 1979 die Kontakte zu MCAIR abgebrochen worden waren, hatte man somit recht schnell einen neuen Partner für das RCFAM-Programm. Es handelte sich dabei um ein deutsch/schwedisches Flugtestprogramm zwischen den Jahren 1980 bis 1983 für die Entwicklung eines »zielenden, entkoppelten, Flugzeugrumpfes« für die Nutzung einer integrierten Kanone zur Bekämpfung eines direkt frontal anfliegenden Gegners. Dafür hatte man eine SAAB/SCANIA JA37 Viggen mit einem unabhängigen Canard Control System und einer dafür speziell entwickelten Software ausgestattet, die es dem Piloten ermöglichte während des Manövrierens automatisch zu zielen. D.h. bei Beibehaltung der Flugbahn konnte der Pilot die Maschine mit einem Schiebe- und einem Rollwinkel auf den Gegner ausrichten und die radargesteuerte die Kanone betätigen. Man wies nach, dass die Waffe mit hoher Treffergenauigkeit eingesetzt werden konnte. In einer digitalen Simulation von Luftkämpfen im Jahre 1983 zeigte sich darüber hinaus, dass die Ansteuerung der Canards zusätzliche Vorteile bringen würde. Dieses wurde dann auch in weiteren Flugversuchen nachgewiesen.

Auf politischer wie militärischer Seite reihten sich Abstimmungsgespräche aneinander, jedoch ohne durchgreifenden Erfolg. Zu stark waren die jeweils eigenen Interessen und trotzdem führte die Logik eines gemeinsamen Programms die Verhandlungspartner wieder an einen Tisch. Und doch traten die Gegensätze beim 5. trilateralen Air Staff-Treffen am 23. April 1979 in Salon-de-Provence, Frankreich, wieder offen zu Tage. Bei dieser Zusammenkunft wurde von deutscher Seite die Einsatzmissionen und Entwurfsberechnungen des TKF vorgelegt, doch weder von Großbritannien noch von Frankreich wurde Annäherung signalisiert. Die englische Seite beharrte auf ihren AST 403-Forderungen und auch Frankreich bestand weiterhin auf die primäre Luft-Boden-Rolle, obwohl auch diese Forderungen durch den deutschen Vorschlag mit abgedeckt waren.

Im September 1979 stellte BAe die Studie des European Combat Fighter (ECF) in Warton vor, welches das Einlenken von BAe auf die von MBB vorgeschlagene Grundkonfiguration und die Abkehr von der Serie der P92, P96 und P103 bedeutete:

P92 (1977): Englischer Entwurf eines Flugzeugs mit variabler Pfeilung, der zurückgezogen werden musste, weil es sich herausgestellte hatte, dass die Annahmen über die aerodynamischen Leistungen zu optimistisch waren.

P96 (1978): Englischer Entwurf eines Festflügelflugzeugs mit Strake-Trapez-Flügel. Es bestätigten sich die ADF-80-Ergebnisse und der Entwurf wurde nicht weiterverfolgt.

P103 (1978): Englischer Entwurf eines Flugzeugs mit VSTOL- bzw. STOVL-Eigenschaften. Er stellte den Versuch dar, VSTOL-Eigenschaften mit guten Überschallleistungen zu verbinden. Neben funktionellen Problemen (Triebwerksausfall) bestätigten sich die Ergebnisse der grundsätzlichen VSTOL-Studien, dass nämlich ein zu hoher Preis hätte bezahlt werden müssen, ohne dass das geforderte Flugleistungsniveau zu erreichen gewesen wäre. BAe verzichtete für ein gemeinsames Entwicklungsvorhaben schließlich auf die VSTOL-Fähigkeit.

Die neue englische ECF-Studie unterschied sich im Wesentlichen zum TKF durch den Flügelumriss als Kompromiss zu gewissen AST-403-relevanten Vorstellungen von BAe. Zu jener Zeit war die Notwendigkeit guter Überschallleistungen für den Luftfernkampf noch umstritten. An diversen Zwischenlösungen auf dem Weg zum ECF erkannte man noch gewisse Kennzeichen früherer englischer Entwürfe, die sich aber durchweg als nicht sinnvoll erwiesen. So sollte durch die Einbeziehung der Triebwerke in den Flügel eine Auftriebssteigerung durch den »Strahlklappeneffekt« erreicht werden, der aber tatsächlich kaum ausnutzbar war. Das ECF

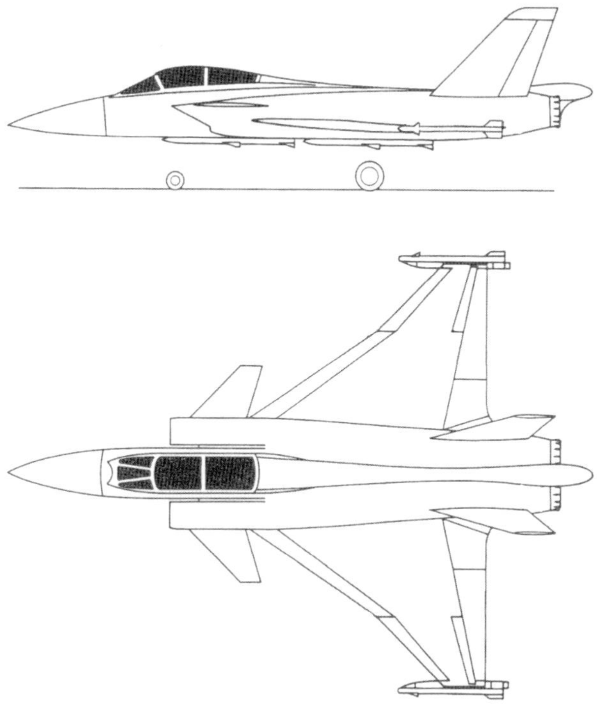

Der Luftverteidigungsjäger 20 (LVJ 20) war von Seiten MBB ein weiterer Versuch, auf der Basis des Tornados billig zu einem Waffensystem zu kommen, indem man möglichst viele Komponenten übernehmen wollte. Die errechneten Leistungen waren jedoch mangelhaft.

wurde dann durch das European Combat Aircraft (ECA) abgelöst und später als Agile Combat Aircraft (ACA) wieder aufgegriffen bzw. zum englisch-nationalen P110-Projekt. Der Entwurf P110 (nationale, für den Export gedachte Entwicklung), war ein Delta-Canard-Flugzeug mit Seiteneinläufen und wesentlich höherer Flächenbelastung als das MBB-TKF. Er war zwar unverkennbar aus dem ECF entstanden, aber kein eigentlicher Wettbewerber. Zusammen mit Dassault und BAe erstellte MBB nun eine European Combat Aircraft (ECA)-Studie auf Basis des Delta-Canard Konzepts.

Beim ECA hatte man sich zwar mit der französischen Seite auf eine Delta-Canard-Konfiguration geeinigt, doch war die Einlauflage umstritten. Auch hatte man neue Fähigkeiten wie »Supermanövrierbarkeit« nicht mit einbezogen. Unklar blieb das Konzept vorerst auch in Bezug auf Triebwerke, Grundausrüstung und Avionik bzw. Bewaffnung. Im März 1981 sollte eine ECA-Bewertungskommission mit Dassault, BAe und MBB über das weitere Vorgehen entscheiden. Doch auch in diesem Rahmen konnte man sich nicht einigen (Dassault hatte parallel dazu schon eigene Vorschläge veröffentlicht, die der Mirage 4000 sehr nahe kamen) und so wurden erst einmal diese Bemühungen auf Eis gelegt.

Bei Messerschmitt-Bölkow-Blohm hatte man intern derweil weitere Studien betrieben, so auch die eines Luftverteidigungsjägers (LVJ). Unter dieser Bezeichnung LVJ 19 und LVJ 20 gab es eine Reihe von MBB-Entwürfen, bei denen der System-/Komponenten-Kommunalitäts-Gedanke im Vordergrund stand. D.h. es sollte – selbst unter Inkaufnahme von Minderleistungen – der Versuch unternommen werden, zu einem billigeren Waffensystem zu kommen, indem möglichst viele Komponenten des eingeführten Tornados oder auch der F-18 leicht verändert übernommen werden sollte. Es wurden Lösungen mit Seiteneinläufen (allerdings mit Festflügel) betrachtet, bei denen wohl auf PST-Fähigkeit hätte verzichtet werden müssen, als auch mit Baucheinläufen und entsprechend größeren Änderungen in der Flugzeugzelle. Das Ergebnis war enttäuschend. Geringen Einsparungen in der Entwicklung standen fast gleiche Herstellungs- und höhere Betriebskosten und natürliche Minder-Flugleistungen gegenüber.

Auch war man bei MBB auf nationaler Ebene bestrebt, Kooperationen einzugehen. So hatte man auch mit der Firma Dornier bereits im Februar 1980 eine Zusammenarbeitsvereinbarung abgeschlossen, die eine Vergleichsstudie (Do P 204) vorsah. Es handelte sich dabei um den Jagdflugzeug-Entwurf der Fa. Dornier mit konventionellem Leitwerk, deltaähnlichem Flügel und Seiteneinläufen. Es bestätigten sich die Ergebnisse wie auch bei ADF-80 und P96, dass damit gegenüber einer F-18 keine wesentlichen Vorteile zu erzielen und die geforderten Kampfleistungen nicht zu erreichen waren. Bei fast gleichen Unterschallleistungen war nach Berechnungen auch die Überschall-Manöverbarkeit der des TKF unterlegen.

Von Seiten der Bundesregierung erkannte man unter den europäischen Partnern kein konstruktives Weiterkommen mehr und so wurde von Staatssekretär Dr. Leister am 24. März 1981 die Weisung mit dem Inhalt herausgegeben, die TKF-Entscheidung auf das Jahr 1983 zu verschieben, die Vorphasenaktivitäten zu reduzieren und keine Entwicklungsgelder mehr einzuplanen. Des Weiteren waren die trilateralen Harmonisierungsbemühungen mit Frankreich und Großbritannien einzustellen.

Nachdem von offizieller deutscher Seite die Fortführung der Planungsarbeiten für das Agile Combat Aircraft (ACA) signalisiert worden waren, folgte am 12. Juni 1982 von BAe, AIT und MBB die Durchführbarkeisstudie und der Bau eines 1:1-Modells in Warton, welches dann auf der Farnborough Air Show 1982 ausgestellt wurde.

Doch diplomatische Bemühungen führten dazu, dass es wieder Gespräche unter den Partnern gab und dass man sich in Detailfragen doch annäherte. So akzeptierte Frankreich die deutsche Forderung nach einer Erweiterung der Radar-Reichweite und die Betonung auf die Luftverteidigungsrolle. Nachdem Staatssekretär Dr. Leister die Weisung ausgegeben hatte, nun doch wieder die Planungsarbeiten fortzusetzen, folgte am 12. Juni 1982 von BAe, Aeritalia (AIT) und MBB die Durchführbarkeisstudie für ein »Agile Combat Aircraft« (ACA). Zwar traten bezüglich des Konzepts wieder die nationalen Strömungen zu Tage, aber der deutsche Entwurf zeigte sich als so fortschrittlich, dass sich ab 1983 alle vier Nationen, Frankreich, Italien, Großbritannien und die Bundesrepublik Deutschland im Wesentlichen darauf verständigten.

Im Dezember 1983 einigten sich die Luftwaffenchefs von Frankreich, Italien Großbritannien, Deutschland und Spanien auf das neue Kampfflugzeug »Future European Fighter Aircraft« (FEFA).

Am 12. Dezember 1983 einigten sich die Luftwaffenchefs von Frankreich, Italien, Großbritannien, Deutschland und Spanien (es war als letztes Mitglied in die Runde hinzugekommen) auf ein neues Kampfflugzeug und verfassten ein »Outline European Staff Target« (OEST) welches unter anderem den Erstflug bis Mitte 1990 vorsah.

Mit dem ACA setzte sich auch bei Britisch Aerospace das MBB-Grundkonzept mit seiner Tragflächenform, seiner Canard- und Einlauflage letztendlich gegen deren P110-Entwurf durch, mit dem insbesondere die konfigurativen Voraussetzungen zur Implementierung der »Supermanövrierbarkeit« grundsätzlich gesichert waren. Unter Supermanövrierbarkeit wurde bei MBB die Kombination aus PST DFM und RCFAM verstanden.

Bei dem ACA handelte es sich um ein einsitziges, leichtes und hoch agiles Mach 2-fähiges Jagdflugzeug, welches auch für die Bekämpfung von Bodenzielen geeignet war. Es war kleiner als das P110 und wies eine Flügelfläche von 53 m² auf. Das Abfluggewicht stellte man sich bei 18.500 kg vor. Es war geplant, das ACA mit modifizierten RB.199-Triebwerken auszurüsten. Da allerdings Großbritannien langfristig betrachtet eine weitere Verschleppung des Programms vorherzusehen glaubte und Dassault-Breguet in Frankreich Studien über ein ähnliches Kampfflugzeug, das ACX, forcierte, nahmen British Aerospace die Initiative in die eigene Hand und begann auf der Basis des ACA einen Demonstrator mit Einbeziehung der Partner zu entwickeln. Es entstand das »Experimental Aircraft Program« (EAP).

Der EAP Technologie-Erprobungsträger

Alle gewonnenen Erfahrungen, die bis zu diesem Zeitpunkt aus dem TKF-90 bzw. ACA den fünf Partnern AIT, MBB, Dassault, CASA und BAe zur Verfügung standen, nutzte im Jahre 1982 die englische Seite, um in Eigeninitiative einen Technologie-Erprobungsträger EAP (Experimental Aircraft Programme) zu bauen. Drei Partner, AIT, CASA und MBB, stimmten dem Vorhaben zu und waren, trotz der parallel laufenden Entwicklung des EFA, dazu bereit, sich daran zu beteiligen.

Gebaut wurde dieser Prototyp bei British Aerospace in Warton. Wichtigstes Ziel des Vorhabens war, gewonnene Erkenntnisse der vorangegangen Erprobungen und Studien (siehe auch CCV) nachzuweisen und Innovationen zu überprüfen. Im Stillen hatte man auf der Insel daran gedacht, ein EFA, von den Partnern mitfinanziert, vor allem von Großbritannien gesteuert, im eigenen Land zu produzieren. Offiziell aber sollten mit dem EAP neue Techniken aus der EFA-Entwicklung erprobt werden. MBB hatte bereits die Mitarbeit signalisiert, als ein Veto des BMVg diese ausschloss. Somit war das EAP von offizieller deutscher Seite »vom Tisch«. MBB musste sich aus den Entwicklungstätigkeiten zurückziehen, war aber als Beobachter präsent. Hauptsächlich wurde das EAP in seiner Entstehung bei BAe von AIT unterstützt. Da die Grundlagenforschung und auch die Entwicklung der Komponenten für das EFA im Rahmen der europäischen wie auch der deutschen Partner einen hohen Entwicklungsstand erreicht hatte, war es unausweichlich, diese Firmen in das EAP-Projekt mit einzubinden. So war die deutsche Industrie unter anderem durch LITEF in Freiburg vertreten. Sie hatte für das EAP die so genannte Integrated Messurement Unit (IMU) zur Verfügung gestellt – ein Gerät, welches es weltweit nur einmal gab. Es verfügte über redundante Kreisel, welche die Fluglage und Beschleunigungen messen konnten. Diese Daten bildeten die Grundlage des Flugsteuerungssystems. Die Firma Liebherr lieferte das Fahrwerk und die Klimaanlage, beides durch Eigenmittel finanziert. Als Triebwerke sollten zwei RB.199 des Tornado in der Version Mk.104 Verwendung finden, diesbezüglich war MTU über das Dachunternehmen Turbo Union am Programm beteiligt. Im Mai 1983 unterzeichnete die britische Regierung einen Vertrag mit British Aerospace, der die Entwicklung und Konstruktion dieses EAP-Demonstrators vorsah. Die Kosten für das Gesamtprogramm von fast 100 Millionen Pfund teilten sich zu einem Drittel BAe und zu zwei Drittel der britische Staat.

Das EAP umfasste ein ganzes Bündel von neuen Technologien. So wurden die Canards, die Cockpitsektion des Rumpfes und im Wesentlichen die Doppeldelta-Flügel aus kohlenfaserverstärktem Kunststoff gefertigt. Aluminium-Legierungen fanden sich nur noch am

Rumpf und bei den unterschiedlichen Klappen-Systemen, einige besonders beanspruchte Teile wurden aus Titan gefertigt. Der EAP-Flügel basierte auf dem deutschen Flügel mit dem Knick in der Vorderkante. Das Doppelleitwerk sollte vom TKF-90 übernommen werden, doch als MBB notgedrungen den Rückzieher machen musste, übernahm man das Leitwerk und auch andere Teile vom Tornado. Das galt auch für die Triebwerke, zwei Turbo Union RB.199 Version Mk.104D, mit einem Schub von 80,5 kN. Sie verfügten unter anderem über einen höheren Nachbrennerschub und eine digitale Ansteuerung. Der Lufteinlauf war unter dem Rumpf kastenförmig ausgelegt und die Lippen waren beweglich, eine Konfiguration, die in vielen Windkanaltests bei MBB entwickelt worden war. So konnte man je nach Anstellwinkel die optimale Luftzufuhr sicherstellen.

Die Maschine hatte eine Länge von 17,72 m (variierte durch unterschiedliche Staudruckrohre), eine Spannweite von 11,77 m bei einer Flügelfläche von 48,31 m², und eine Höhe von 5,52 m. Das Leergewicht lag bei zehn Tonnen und das maximale Abfluggewicht bei 14,5 Tonnen.

Am 8. August 1986 fand in Warton der Jungfernflug des EAP-Prototypen (Experimental Aircraft Programme), ZF534, statt. David Eagles von British Aerospace saß am Steuerknüppel.

Das so genannte »Glas-Cockpit« wurde nach neuesten Erkenntnissen gestaltet. So installierte man, um eine Zusammenfassung aller wichtigen Flug- und Zieldaten im direkten Blickfeld zu haben, drei multifunktionale Farbbildschirme (MFD = Multi Function Full Colour Displays) von Smith Industries, sowie ein Head Up Display (HUD) von GEC-Marconi im Cockpit. Dieses Weitwinkel-HUD erreichte mit Hilfe einer holografischen Projektionsweise eine dreidimensionale Darstellung. Alle wichtigen Systeme waren untereinander vernetzt, so dass ein schneller Zugriff auf alle benötigten Daten möglich war. BAe baute auch ein Stimmenwarn-System mit einer direkten Spracheingabe (DVI = Direct Voice Input) ein. Die komplette Flugsteuerung in der instabilen Delta-Canard-Konfiguration wurde digital und vierfach redundant über Fly-by-Wire gesteuert und verlieh der Maschine eine sehr hohe Agilität.

Mit viel Aufwand und Beteiligung der Öffentlichkeit wurde am 16. April 1986 bei British Aerospace in Warton die offizielle Vorstellung des EAP und der Roll-out zelebriert. Immer die französischen Rafale im Blick (nach dem Ausstieg der Franzosen im Jahre 1985 hatte Dassault unter dem Namen Rafale ein eigenes Kampfflugzeug der Kategorie EFA entwickelt), wurde auf den Erstflug hingearbeitet. Am 8. August 1986 war es dann soweit – David Eagles von British Arospace startete mit dem EAP-Prototypen, ZF534, um 15:47 Uhr zu seinem Jungfernflug. Von da ab wurde diese Maschine als Kon-

Der EAP-Prototyp unterwegs auf einem seiner Erprobungsflüge. Hier zeigte die Maschine ihre ganze Agilität.

kurrent der Rafale und zukünftiges europäisches Jagdflugzeug gehandelt. Die Einsicht der Briten, dieses Programm vor allem aus finanziellen Gründen nicht bis zur Serienreife entwickeln zu können, führte zur Rückbesinnung auf das gemeinsame EFA-Konzept und so fand am 1. Mai 1991 der letzte Flug mit dieser Maschine statt. Mit 259 Testflügen hatte der EAP die MBB-Auslegungsphilosophie sowie die der einzelnen Hauptsysteme voll bestätigt. Es war schnell, wendig, und sehr leicht zu fliegen.

In die Vorlaufstudien über das EFA, welche parallel weitergelaufen waren, wurde nun vermehrt die WTD 61 in Manching mit eingebunden. Als Projektleiter wurde H. Koark ausgewählt. Seine Aufgabe war es unter anderem, die Cockpitauslegung mit zu gestalten. Dazu war es notwendig, ausländisches Fluggerät wie z. B. die F/A-18 oder Mirage 2000 kennen zu lernen. Offiziell wurde vom BMVg, mit dem Titel »Bewertung moderner Flugzeuge« ein Großauftrag an das BWB erteilt. Im Jahre 1982 stellte die Erprobungsstelle 61 ein Team zusammen, dem unter anderem auch die Testpiloten Horst Hickl und Horst Philipp angehörten. Von Mitte 1983 an bis Ende 1984 wurde nun hauptsächlich in den USA eine Bewertung moderner Kampfflugzeuge wie der McDonnell Douglas F-15, F/A-18, der General Dynamics F-16, und der Northrop F-20 durchgeführt. Auf europäischer Seite wurde unter anderem die Mirage 2000 von Dassault mit einbezogen. Die schwedische Saab Viggen hatte man bereits in das MBB RCFAM-Programm mit eingebunden. Ab 1983 begann dann bei dem Hersteller McDonnell Douglas in St. Louis das Vergleichs- und Bewertungsfliegen, der eine F-15 zur Verfügung stellte. Nach Abschluss dieser Flüge wechselte die Mannschaft der Erprobungsstelle 61 zu General Dynamics auf die F-16 und dann wieder zurück nach St. Louis auf die F/A-18. Bewertungsflüge auf dem Prototyp F-20 von Northrop wurden auf dem Flugerprobungszentrum Edwards AFB in Kalifornien durchgeführt. Nach eineinhalb Jahren war das Programm »Bewertung moderner Flugzeuge« abgeschlossen und die erarbeiteten Resultate flossen in die Entwicklung des EFA mit ein.

Im Jahre 1983 begann die Kampagne mit den Vergleichs- und Bewertungsflügen in den USA wie hier mit der MDD F/A-18.

Auf einer Konferenz aller fünf Rüstungsdirektoren (FR/GB/IT/SP/GE) am 18. April 1984 in Bonn konnte man erstmals über einen Bedarf an Kampfflugzeugen des europäischen Entwicklungsprogramms EFA reden. Man hatte folgende Zahlen auf dem Tisch: 250 Flugzeuge für Frankreich, Großbritannien und Deutschland sowie 165 für Italien und 150 für Spanien. Die operationellen Forderungen »Outline European Staff Target« (OEST) für ein European Fighter Aircraft waren erfüllbar, doch das von Frankreich angestrebte Leergewicht von 8,5 Tonnen wurde abgelehnt. Eine Einführung des Musters sollte ab 1995 ermöglicht werden. Weitere Präzisierungen wurden dann im nationalen Rahmen von den jeweiligen Rüstungsdirektoren vorgenommen. So gab es eine Einigung auf das Leergewicht von 9,4 bis 9,6 Tonnen und auf den Triebwerksschub, der zwischen 85 bis 94 kN betragen sollte.

Bei der Verteidigungsministerkonferenz am 9. Juli 1984 in Madrid unter Teilnahme Großbritanniens, Frankreichs, Italiens, Deutschlands und Spaniens wurden die Richtlinien-Vorgaben bezüglich einer Realisierbarkeitsstudie für die Industrie basierend auf dem European Staff Target (EST) verabschiedet. Am 11. Oktober 1984 unterzeichneten alle fünf Luftwaffen-Chefs das EST für das EFA.

Der Weg zur Rockwell/ MBB X-31

Unter Leitung von Dr. Wolfgang Herbst hatte man sich bei MBB bereits Mitte der 70er-Jahre bei den Untersuchungen eines neuen technisch-operationellen Luftkampfkonzepts bei der Betrachtung des Luftnahkampfs mit dem Begriff »Post Stall« (PST) beschäftigt (siehe Kapitel Post Stall-Technologie). Bei den europäischen Partnern war diesbezüglich kein großes Interesse zu erkennen und so streckte man die Fühler Richtung USA aus. Die Firma Rockwell aus Palmdale, nahe Los Angeles, zeigte sich nach einem ersten Kontakt 1982 den Ideen sehr aufgeschlossen.

Im Jahre 1984 ließ sich das Forschungsprogramm konkretisieren und fand bei der amerikanischen Defence Advanced Research Program Agency (DARPA) ein offenes Ohr und auch die Bereitschaft, sich finanziell zu beteiligen. Eine Präsentation von Dr. Herbst in Washington führte dazu, dass drei Piloten der DARPA und einer von Rockwell nach München zu MBB kamen, um sich bei Simulationen in dem Dual Dom-Simulator einen eigenen Eindruck über die zukunftsweisenden Möglichkeiten des PST zu verschaffen.

Diese Demonstration war so erfolgreich, dass zunächst ein kleinerer Unterauftrag über Rockwell an MBB vergeben wurde und dann unabhängig von der Entwicklung des EFA, im Jahre 1986 zwischen der amerikanischen Regierung und der Bundesrepublik Deutschland (d.h. von der DARPA und dem BMVg) ein Regierungsabkommen unterzeichnet wurde. Dieses sah vor, von Rockwell International und MBB in den nächsten Jahren zwei Flugzeuge in Billigbauweise entwickeln zu lassen und mit diesen das Poststall-Konzept zu erproben. Dipl.Ing. Hannes Ross wurde für MBB als Programmleiter eingesetzt, was er bis zum Abschluss des Programms und der Demonstration der X-31 in Paris blieb. Im Rahmen dieses Programms (»Enhanced Fighter Maneuverability«, EFM) war geplant, im Jahre 1990 mit der Flugerprobung zu beginnen.

Die Hauptaufgabe des Musters war die Erforschung der technischen und taktischen Manövriereigenschaften im PST-Bereich für den Luftnahkampf. Die zwei wesentlichen Schwerpunkte dieses Programms waren einerseits die Entwicklung und Erprobung der Flugregelung, d.h. der Flugkontroll-Software inklusive der voll integrierten Schubvektor-Steuerung, und andererseits die Erprobung der durch diese neue Technologie gewonnenen hohen Manövrierbarkeit und Agilität im Luftnahkampf.

Das EFM-Programm umfasste alle Elemente der Technik für den extrem hohen Anstellwinkelbereich (PST), für den der Deltaflügel mit Canards und der Baucheinlauf besonders gut geeignet war. Insgesamt entstand ein Instrumentarium, mit dem im Laufe der folgenden Jahre ein Bild der zukünftigen Erfordernisse des Luftnahkampfes gezeichnet werden konnte. Die X-31 Fähigkeiten sollten dann nach und nach für ein Modifizierungsprogramm des EFA zur Verfügung stehen.

Für die Durchführung der X-31 Flugversuche wurden am Anfang drei Phasen definiert:

- Nachweis der Flugtauglichkeit im konventionellen Flugbereich (Anstellwinkel bis 30°).
- Erweiterung in den Bereich hoher Anstellwinkel (Anstellwinkel bis 70°, Post-Stall) und Nachweis der technischen Manövrierbarkeit.
- Taktische Bewertung und Nutzen von PST-Manövern im Luftnahkampf durch real geflogene Luftkämpfe mit simulierten Waffen.

Um die Vorteile nicht nur im Experiment sondern bis hin zu Trainingsluftkämpfen nachzuweisen, schlugen beide Firmen eine Konfiguration für ein Experimentalflugzeug vor, welches alle Charakteristiken moderner Jagdflugzeuge beinhaltet. So entstand die X-31 mit instabiler Auslegung im Unterschall, die über ein Schub-/Gewichtsverhältnis größer 1 sowie ein über elektronisches Flugregelsystem verfügte. Die Entenflügel hatten bei einem hohen Anstellwinkel die Aufgabe, gegenproportional zum Anstellwinkel auszuschlagen, um die volle Steuerkraft um die Nickachse zu erhalten.

Ursprünglich bestand bei Rockwell die Idee, das HIMAT-RPV, ein unbemanntes Forschungsflugzeug, für die Tests zu verwenden, doch entschied sich das Gremium von DARPA, Rockwell und MBB schließlich zum Bau zweier neuer Experimentalflugzeuge. Im Jahre 1986 begannen Vorstudien und 1987 startete die Detailkonstruktion. Um beide Experimentalflugzeuge kostenmäßig im Rahmen zu halten, verwendete man viele vorhandene Komponenten verschiedener Flugzeug-

Am 11. Oktober 1990 startete Ken Dyson von Rockwell in Palmdale, Kalifornien, mit dem ersten X-31-Prototypen, Werk-Nr. 164584, zu dem 30-minütigen Jungfernflug. Hier im Fluge das zweite Flugzeug mit der Kennung 164585

typen z.B. Fahrwerksteile der Cessna Citation und der F-16. Ganz besonders wichtige Komponenten wie Triebwerk und Cockpit entstammten der F/A-18. Neue Technologien kam nur da zum Tragen, wo es das Ziel des Vorhabens erforderte. So z.B. bei der Auslegung des Flugregelsystems, Bau der Umlenkschaufeln aus Karbon für die Schubvektorsteuerung und bei der Fertigung der Tragflächen, wo neue Fasern und Harze, die für das EFA vorgesehen waren, zur Anwendung kamen. In die Auslegung der Flugregelgesetze musste nun die Schubvektorsteuerung integriert werden und dafür nutzte man die von MBB im CCV-104 Programm gewonnene Erfahrung mit modernen Regelungstheorien.

Rockwell International zeichnete verantwortlich für den Bau des Rumpfes, Entenflügel und Seitenleitwerk sowie für die Endmontage. MBB steuerte die Tragflügel (eine Konstruktion mit Holmen und Rippen aus Aluminium und einer Kohlefaserbeplankung), die Schubvektorschaufeln (gefertigt von der Firma Sigri in Meitingen) und die Regelgesetze bei.

Die Maschine wurde von einem General Electric-Triebwerk F404-GE 400 mit einem Schub von 71 kN angetrieben und hatte ein Leergewicht von knapp 4,6 Tonnen und ein maximales Abfluggewicht von 6,4 Tonnen. Am 1. März 1990 erfolgte in Palmdale, Kalifornien, der Rollout der ersten X-31 mit der Werknummer 164584. Am 11. Oktober 1990 startete Ken Dyson von Rockwell mit dieser Maschine zu dem 30-minütigen Jungfernflug. Mit einer Geschwindigkeit von 550 km/h wurde eine Höhe von 3000 m erreicht. Leider konnte Dr. Herbst sein gestecktes Ziel, den Nachweis der technischen Machbarkeit und des taktischen Nutzens von PST-Manövern im Luftkampf nicht mehr miterleben, da er am 19. Oktober 1991 bei einem Flugzeugabsturz mit seinem FW-190-Nachbau ums Leben kam.

Am 18. Januar 1991 folgte die zweite Maschine, 164585. Dieser 70-minütige Erstflug wurde vereinbarungsgemäß von einem deutschen Piloten, Dietrich Seeck von MBB durchgeführt. Mit den deutschen Piloten von MBB und der WTD 61, Flugversuchsingenieuren von MBB und der DLR, sowie Mitarbeitern von Rockwell und Piloten bzw. Ingenieuren der US Navy, stand eine erfahrene Flugversuchsorganisation bereit, um auf dem Flugplatz in Palmdale mit der Erprobung des konventionellen Flugbereiches der X-31 zu beginnen.

Wie alle solchen Programme hatte auch die X-31 ihre Finanzierungsprobleme während der Entwicklungs- und Erprobungsphasen. Einige Male wurden von einer kleinen Zahl von X-31-Enthusiasten auf beiden Seiten des Atlantiks gut abgestimmte Aktionen durchgeführt, mit denen weitere Mittel akquiriert und das Programm am Leben erhalten werden konnte. Auch der Fall der Mauer und der Zusammenbruch des Warschauer Pakts in seiner bekannten Form blieb nicht ohne Auswirkungen auf das Programm. Mittel wurden gekürzt und neue Geldquellen mussten gesucht werden. Als ein gute und kostengünstige Lösung erwies sich deshalb die Entscheidung der DARPA, die Flugerprobung Anfang 1992 von Palmdale nach Dryden zur NASA zu verlegen, wo dann die technische und taktische Erprobung der PST-Manöver stattfand. Zum Jahreswechsel 1991/92 stießen dann zum vorhandenen Team noch Piloten und Ingenieure der NASA und der US Navy hinzu.

Für die Erprobung der technischen Manövrierbarkeit hatte man folgende Meilensteine definiert:

1. Kontrollierter, stabilisierter Flug bei einem Anstellwinkel von 70°
2. Dynamischer Aufbau des Anstellwinkels bis 70° aus dem unbeschleunigten Geradeausflug mit einer Anfangsgeschwindigkeit von 325 Kias/ Mach 0,7
3. Erfliegen einer 360°-Rolle um den Geschwindigkeitsvektor bei 70° Anstellwinkel und vollem Ausschlag der Querruder
4. Erfliegen des so genannten Herbst-Manövers, einer hochgezogenen 180°-Kurve im hohen Anstellwinkelbereich mit kleinstem Wenderadius und hoher Drehgeschwindigkeit.

Am 18. September 1992 war es dann soweit. Die X-31 flog für die Dauer von 53 Sekunden stabilisiert und kontrolliert bei einem Anstellwinkel von 70°, ein Meilenstein in der Luftfahrt. Es gab während dieser Erprobung nur eine Situation, bei der das Flugzeug kurzzeitig

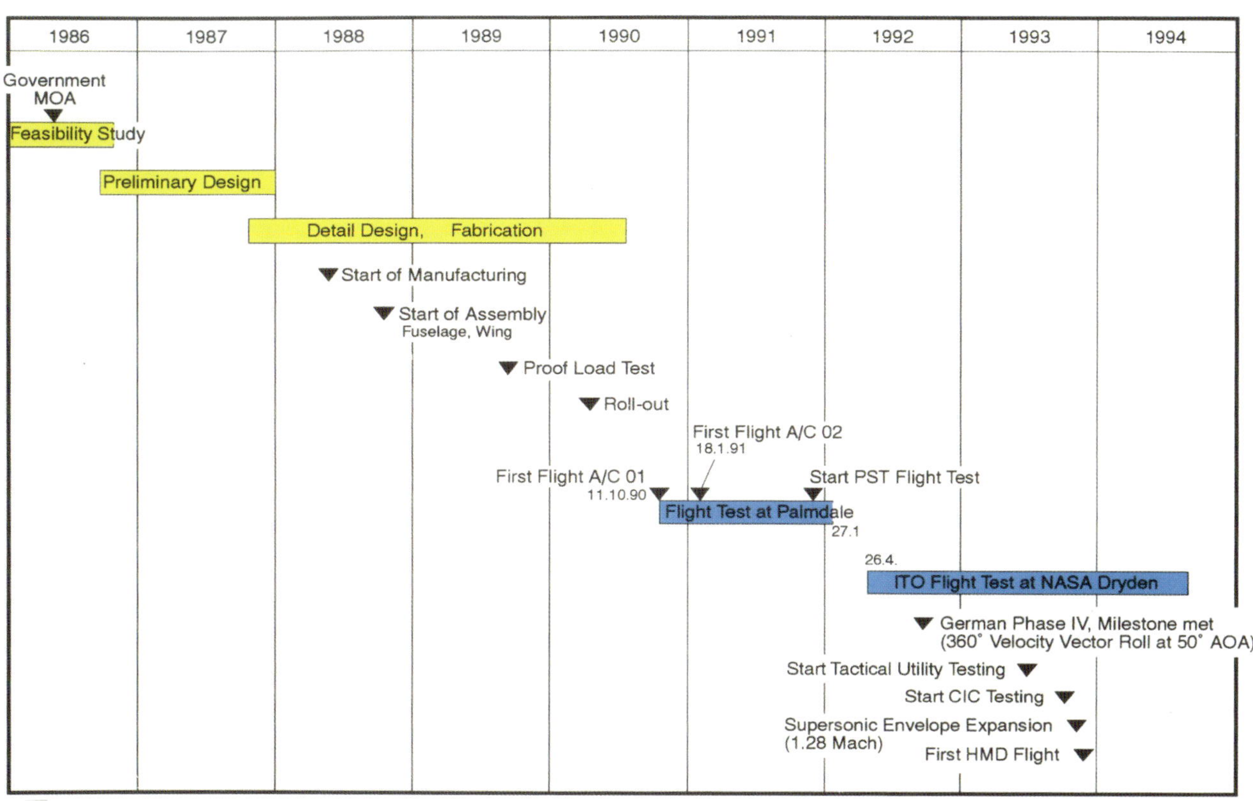

Das X-31-Experimental-Programm.

außer Kontrolle geriet. Nach dem Anbau von Abreißkanten am Radom und der Anbringung einer kleinen Trimmkante am Rumpfheck konnte auch dies behoben werden und das Flugzeug wurde für die taktische Erprobung freigegeben. Im Rahmen dieser taktischen Bewertung, die bis Mitte 1994 abgeschlossen wurde, sind annähernd 400 simulierte Luftkämpfe gegen eine Vielzahl moderner amerikanischer Jagdflugzeuge wie F/A-18, F-16, F-15 und F-14 durchgeführt worden. Die klare Überlegenheit der X-31 war von Anfang an deutlich. Nach einer Verfeinerung der Taktik dominierte die X-31 praktisch jeden Luftkampf.

Es folgte noch eine Flugbereichserweiterung in den Überschall mit einer Erprobung eines »quasi« seitenleitwerkslosen Flugzeugs. Damit war das Programm eigentlich abgeschlossen. Was blieb, war der Wunsch aller Beteiligten, das Flugzeug auf der Paris Air-Show 1995 öffentlich vorzuführen. Die Vorbereitungen dazu wurden begonnen. Am 19. Januar 1995 geschah nach Abschluss eines Routineflugs zur Parameteridentifizierung das Unerwartete. Durch Vereisung des Luftdaten-Meßsystems geriet die Maschine mit der Werk-Nr.164584 in einen unkontrollierten Flugzustand und stürzte mit dem deutschen WTD 61-Projektpilot K.H. Lang an Bord ab. Lang konnte sich nur noch mit dem Schleudersitz retten. Die Unfallursache konnte sehr schnell geklärt werden. Die Frage, ob in der verbleibenden Zeit die notwendigen Flugzeugmodifikationen, die Erweiterung des PST-Bereichs auf Seehöhe, die Entwicklung eines Air-Show-Programms und der Transport nach Deutschland durchgeführt werden könnten, war sehr viel schwieriger zu beantworten. Doch letztlich gelang es. Die X-31 war der Star auf der Pariser Luftfahrtschau und übertraf mit ihren PST-Manövern die Darbietungen der russischen Flugzeuge MiG-29 und Su-27 bei Weitem.

Das X-31-Programm war eines der erfolgreichsten in der Reihe der X-Flugzeuge. Während der fünfjährigen Erprobung wurden mit den zwei gebauten Maschinen insgesamt 580 Testflüge durchgeführt. Paris wurde der krönende Abschluss.

Als man sich 1998 bei der amerikanischen Marine für eine neues Landeanflugverfahren entschied, erinnerte man sich wieder der X-31. So wurde im April 1999 eine deutsch-amerikanische Absichtserklärung unterschrieben mit dem Ziel, extreme Kurzlandungen mit hohem Anstellwinkel zu erreichen. Das Programm nannte sich ESTOL (Extremely Short Take Off and Landing) und wurde Ende Januar 2000 von einem Expertenteam der US Navy, Boeing, der DASA, BWB und WTD 61 bzw. DLR ratifiziert. Boeing und DASA (jetzt EADS) erhielten im April 2000 den Auftrag und die X-31 wurde von der Edwards AFB nach Patuxent River, dem Erprobungszentrum der US Navy im Bundesstaat Maryland überführt. Sie wurde für die neue Aufgabe modifiziert und mit neuen Komponenten ausgerüstet. Aber es dauerte noch fast ein Jahr, bis sich die Maschine wieder in die Luft erheben sollte. Der 40-minütige Erstflug, am 24. Februar 2001, diente in erster Linie der Überprüfung der Gesamtsysteme. Es wurden Geschwindigkeiten bis 740 km/h und ein Anstellwinkel von 35° erreicht.

Am 22. April 2003 verzeichnete das X-31-Team einen historischen Erfolg. Rüdiger Knöpfel, Projekttestpilot der WTD 61 absolvierte in Patuxent River, Maryland, die weltweit erste vollautomatische, von der Schubvektorsteuerung unterstützte, Landung. Der Anstellwinkel betrug dabei zunächst nur 12°. Bis zum 29. April 2003 wurden weitere Versuche mit steigenden Anstellwinkeln durchgeführt. Dabei konnte eine deutliche Reduzierung der Aufsetzgeschwindigkeit und der Landerollstrecke demonstriert werden. Auch die Entwicklung und Erprobung eines neuen Luftdatenmess-Systems war erfolgreich. Der letzte Flug erfolgte am 29. April 2003. Mittlerweile steht die X-31, WerkNr. 164585, in der Flugwerft Schleißheim, ein Ableger des Deutschen Museums in München.

Einige Erkenntnisse des X-31-Programms flossen in das EFA-Entwicklungsprogramm mit ein. Dazu gehörte die Nutzung der speziellen Regelungsgesetze für instabile Flugzeuge sowie wichtige Erfahrungen mit Kohlefasermaterialen und auch mit der gestesteten Schubvektorsteuerung, die weiterhin eine Option für spätere Maschinen darstellt.

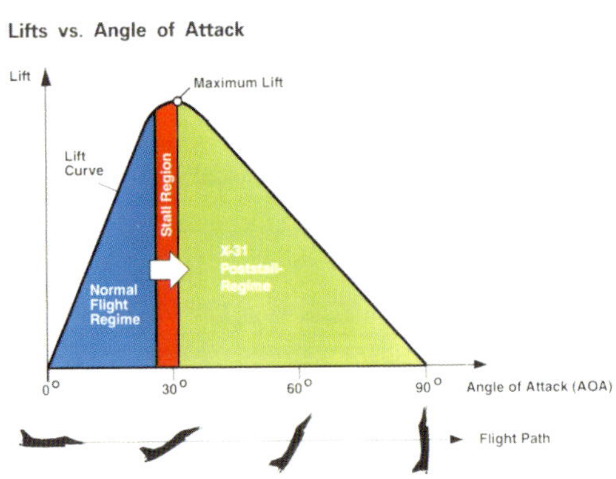

Charakteristik eines Post Stall-Manövers, welches man mit der X-31 nachfliegen konnte.

Der Weg zum Abschluss des EFA-Entwicklungsvertrags

Bei einem weiteren Verteidigungsministertreffen am 16. Mai 1985 in Rom traten wieder einmal deutliche Differenzen auf, die auf ein Scheitern des Programms hinausliefen. Keine einzelne Flugzeugkonfiguration erfüllte die Erfordernisse aller fünf Nationen. Doch auf einen Abbruch der Kooperationsbemühungen wollte es keiner der Anwesenden ankommen lassen. So bat man die Industrie, weitere Studien durchzuführen. Doch dort war man immer noch damit beschäftigt, eine Entscheidung über die Programmführung zu treffen. Dassault strebte den Vorsitz an, doch alle vier anderen Partner stellten sich dagegen. Ähnlich der Tornado-Zusammenarbeit wollte man gemeinsam Entscheidungen treffen und das Programm führen. Es kam ein weiterer technischer Aspekt hinzu, der nicht so ganz ins Konzept passte. Die Franzosen benötigten ein Flugzeug vor allem für den Flugzeugträgereinsatz, es sollte um einiges leichter werden und den Export berücksichtigen. Doch das passt nicht ins eigene Konzept zumal man erkannt hatte, das Frankreich mit seiner Parallelentwicklung bereits große Fortschritte erzielt hatte. Es handelte sich dabei um die von Dassault forcierte Entwicklung der Rafale, einem dem EFA ähnlichen, zweistrahligen Kampfflugzeug in Delta-Carnard-Konfiguration.

Aufgrund der politischen Vorgaben des Verteidigungsministertreffens von 1984 in Madrid war man im Zugzwang, die Fortführung des EFA-Programms festzuschreiben. Deswegen konnte trotz aller Schwierigkeiten am 1. August 1985 eine Vereinbarung, das so genannte Turin-Abkommen, von den Rüstungsdirektoren Großbritanniens, Italiens und Deutschlands unterzeichnet werden. Zwar waren auch die Rüstungsdirektoren von Frankreich und Spanien in Turin anwesend, doch die Franzosen versuchten, die Verhandlung hinauszuzögern. Die Engländer beharrten jedoch darauf, erst dann abzureisen, wenn ein Ergebnis erreicht war. Die Verhandlungen erfolgten dann zum Teil im kleinen Kreis (nur zwischen den fünf Rüstungsdirektoren) und endeten mit dem bekannten Ergebnis.

Von spanischer Seite wurde erklärt, dass man die Weisung habe, das Abschlusspapier nur dann zu unterzeichnen, wenn alle fünf Partner zur Unterschrift bereit waren. Da Frankreich die Unterschrift jedoch verweigerte, musste auch Spanien die Unterschrift zurückstellen. Im September zog Spanien nach und setzte seine Unterschrift unter das Dokument.

Es beinhaltete in Auszügen folgendes:

Erklärung über die Weiterführung des EFA-Programms

NAD Meeting, Turin, vom 1. August 1985:

A.) Allgemeines

1.)Im Juli 1984 erteilten die Verteidigungsminister der Staaten Frankreich, Deutschland, Italien, Spanien und Großbritannien den Auftrag die Möglichkeit zu untersuchen, ein gemeinsames Kampfflugzeug zu entwickeln, das den Anforderungen der fünf Luftstreitkräfte entspricht.

Anschließende Studien, die von den Industrien der fünf Länder durchgeführt wurden, basierten auf den OEST-Anforderungen (Outline European Staff Target, d.h. die Liste aller Anforderungen, die von den fünf Luftwaffen Chefs gestellt wurden), die einen Kompromiss zwischen den teilweise unterschiedlichen nationalen Zielen aufzeigte.

Zusätzlich zu den im Oktober 1984 festgelegten Anforderungen an ein Kampfflugzeug, das von den fünf Luftstreitkräften genutzt werden soll, kam die neue Anforderung, dass das neue Kampfflugzeug, neben der Eignung als Jagdflugzeug (was die Luftüberlegenheit und das Abfangen einschloss) und der Fähigkeit für Luft-Boden-Aktionen, auch für den Einsatz auf Flugzeugträgern geeignet sein sollte. Alle Nationen einigten sich darauf, dass die Luft-Luft-Fähigkeiten die Auslegungsrolle für den Entwurf des Flugzeugs sein soll.

2.)Innerhalb des von der Industrie gesteckten Rahmens gab es zwei Ansätze, das Flugzeug zu entwerfen. In der nachfolgenden Zeit stellte sich heraus, dass die unterschiedlichen Gewichtungen der Anforderungen, neben den militärischen Erfordernissen, im Bereich industrielle Partnerschaften und im Bereich Export so unterschiedlich waren, dass eine von allen Seiten akzeptierte Lösung nicht erreicht werden konnte.

Als dies offenbar wurde, entschieden die fünf Minister 1985, dass die Industrie einmal mehr dazu gedrängt wurde, sich energisch um eine gemeinsame praktikable Lösung zu bemühen.

Vor dem Hintergrund des Zeitplans musste eine schnelle Entscheidung für einen gemeinsamen Eintritt in die nächste Phase getroffen werden, um jede weitere Verzögerung zu vermeiden. Nationen, die sich nicht im Stande sahen, das Programm ohne Vorbehalte zu unterstützen, sollten die Möglichkeit bekommen zu einem späteren Zeitpunkt dem Programm beizutreten. In solch einem Falle muss der dann gültige Stand des Programms und die dann gültigen Regeln anerkannt werden.

Um weitere Verzögerungen zu vermeiden, wurden die National Armament Directors (NAD) der unterzeichnenden Nationen auf Basis der ministeraler Direktiven von London angewiesen, die nächsten Schritte zur Definition und Verfeinerung des Programms auf folgender Basis auszuführen:

Eigenschaften des Flugzeugs:
Leer-Gewicht: 9,75t, Schub: 90kN, Flügelfläche: 50m², Entwicklungs-Zusammensetzung: Vier-Industrien-Design, Optimierung für Luft-Luft-Kampf.

B. Leitung

Die Nationen werden zusammen für die Kontrolle und Überwachung des Programms verantwortlich sein. Die Organisations-Struktur beinhaltete:

1. Ein Steuerungskomitee (Steering Committee) Anmerkung: Unter dem Steering Committee gab es noch das Board of Directors. Das BoD war für das Tagesgeschäft zuständig und bestand aus den nationalen Vertretern der Führungsstäbe und der Rüstungsabteilungen und war gegenüber dem IPO weisungsbefugt. (Für Deutschland MinR Hoffmann, Oberst i.G. Brunke, fallweise ergänzt durch Fachleute für Haushaltsfragen, Luftwaffenplanung und/oder des nachgeordneten Bereichs, z.B. des Projektoffiziers des Generals für Rüstungsangelegenheiten der Luftwaffe (GenLwRüst). Das BoD tagte ca. alle sechs Wochen, bei zeitlich wichtigen Entscheidungen auch häufiger.

Das Steuerungskomitee wird für die Führung, Kontrolle und Überwachung des Gesamtprogramms verantwortlich sein. Die Hauptentscheidungen werden von den fünf Nationen gefällt.

2. Das Internationale Projekt Büro (I.P.O.) wird für die Planung, Kontrolle und Überwachung des Programms und für die Vergabe von Aufträgen verantwortlich sein. Es soll so klein wie möglich gehalten werden.

3. Die nationalen Luftfahrtfirmen werden mittels einer gemeinsamen Firma ein Konsortium mit angemessenen Verantwortlichkeiten und Verpflichtungen gründen. Die an diesem Joint-Venture beteiligten Firmen werden gleiche Rechte und Pflichten haben und als Partner operieren.

4. Das gemeinsame Unternehmen wird für die Systemkonfiguration, die Integration der Zelle, des Motors, der Elektronik und der Ausstattung während der Entwicklung, Produktion und des Betriebs verantwortlich sein.

5. Die Ausführung der arbeitsteiligen Pakete (oder gemeinsamen Arbeitspakete) wird, durch Vergabe von Aufträgen, in der Verantwortung der nationalen Firmen liegen.

6. Die nationalen Motorenhersteller werden ein Motorkonsortium in Form einer gemeinsamen Firma gründen mit angemessenen Verantwortungen und Verpflichtungen. Die Firmen in diesem Joint-Venture werden gleiche Rechte und Pflichten haben und als Partner zusammenarbeiten. Diese gemeinsame Firma wird für die Entwicklung und Produktion des Motors verantwortlich sein.

7. Die Ausführung der arbeitsteiligen Pakete (oder gemeinsamen Arbeitspakete) wird vertraglich geregelt in der Verantwortung der nationalen Firmen liegen.

8. Die drei leitenden Organisationen sollen gemeinsam aufgestellt werden. Die Verteilung von Schlüsselpositionen in den drei Organisationen wird in Übereinstimmung mit den Übereinkommen der National Armament Directors (NAD) erfolgen und ebenso die Entscheidung über den Standort der jeweiligen Organisation berücksichtigen.

C. Arbeits- und Kostenteilung

1. Jede Nation wird die Tätigkeiten finanzieren, die in der Definitionsphase des Programms von ihrer jeweiligen eigenen Industrie ausgeführt werden.

Das generelle Ziel ist es, eine gerechte Verteilung der Arbeit, Technologie und Leitungsverantwortung zwischen den Industrien der teilnehmenden Nationen zu erreichen.

2. Arbeits- und Kostenteilung in der Entwicklung für Zelle, (Luftfahrt)-Elektronik, Ausstattung und Motor unter Berücksichtigung der Qualität und Quantität wird wie folgt aufgeteilt: Für Deutschland und Großbritannien je 38%, Italien 24%

3. Die Verteilung der Produktionstätigkeiten wird auf Basis eines stringenten Auftrags durch die teilnehmenden Nationen zu Beginn der Produktion festgelegt.

D. Teilnahme von zusätzlichen Nationen

Die Partner halten das Programm offen für die Teilnahme weiterer Nationen. In diesem Fall müssen die Entscheidungen über Arbeitsteilung und Schlüsselpositionen neu überdacht werden.

Diese Vereinbarung wurde zwar für alle NAD verfasst, jedoch am 01. August 1985 nur von NAD, Deutschland, Herrn Dr. K.H. Schnell, NAD, Italien, Herrn G. Piovano und NAD, Großbritannien, D. E. Perry unterzeichnet und war damit ohne Vorbehalt gültig.

Die Arbeiten sollten nun in diesen Ländern beginnen. Sollte auf dieser Grundlage die Vereinbarung von Frankreich und Spanien noch unterzeichnet werden und Vorbehalte bis zum 15. August 1985 aufgehoben sein, so wird die Arbeit auf Basis der folgenden Arbeitsaufteilung weitergeführt:
Deutschland 33 %, Italien 21 %, Großbritannien 33 %, Spanien 13 % bzw. Deutschland 24,5 %, Italien 16,5 %, Großbritannien 24,5 %, Frankreich 24,5 % und Spanien 10 %.....«
Da alle französischen Wünsche mit den restlichen vier Partnern nicht realisierbar waren, gab es aus franzö-

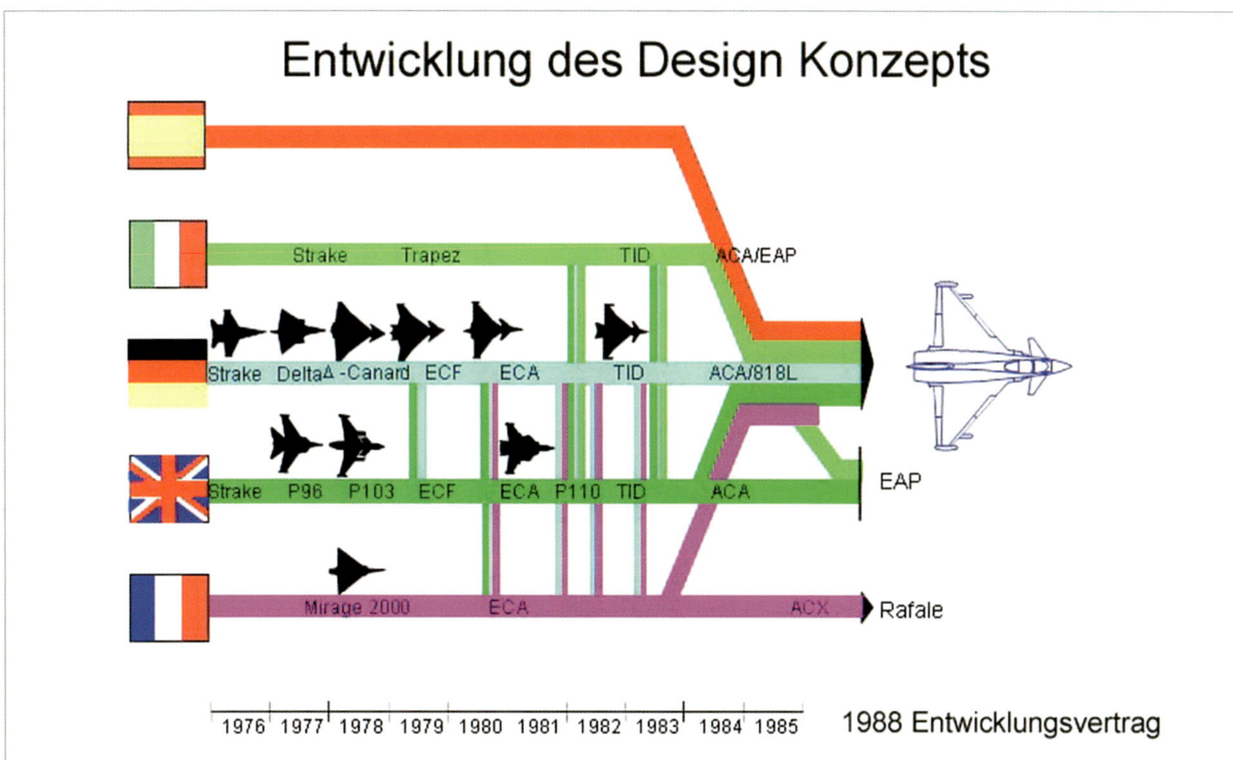

sischer Sicht keine Perspektive mehr und man entschied sich – auch im Hinblick auf die Eigenentwicklung ACX »Rafale« – im Dezember 1985 aus dem gemeinsamen Programm auszusteigen. Die verbliebenen vier, Britisch Aerospace, Aeritalia, CASA und MBB begannen nun die Eckpunkte festzulegen, die unzähligen Studien zu verringern und mehr gemeinsam zu spezifizieren. So stieg man formal in die Definitionsphase European Fighter Aircraft (EFA) ein.

Am 2. Juni 1986 (eine Woche vor der 16. Internationalen Luftfahrtausstellung in Hannover vom 6. bis 15. Juni 1986) wurde die Industrieorganisation Eurofighter Jagdflugzeug GmbH mit Sitz in München gegründet. Getragen wurde sie durch die vier Partnerfirmen Aeritalia (heute Alenia) mit 21% Anteil, Britisch Aerospace (heute BAE Systems) 33%, CASA (heute EADS CASA) 13% und Messerschmitt-Bölkow-Blohm (heute EADS Military Air Systems) mit 33%. Für diese Firma wurde vereinbart, dass sie ihren Sitz in Deutschland haben und die Programmsprache Englisch sein solle. Geleitet werden sollte die GmbH von einem Generalmanager, dem der Business Support, Export Support und der Bereich Kommunikation direkt angegliedert sein sollte. Die drei Hauptabteilungen »Programmes«, »Commercial« und »Capabilities« mit ihren Direktoren sollten darunter angeordnet werden.

Ein wesentliches Merkmal des Gesamtprogramms war es, dass ein Wissenstransfer zu allen Partnern vertraglich gewährleistet wurde. D.h. das gesamte Know How stand jedem Partner uneingeschränkt zur Verfügung. Nachfolgend wurden Hochtechnologie-Zentren gegründet, so z.B. in Ottobrunn für die Flugsteuerung. In einem solchen Entwicklungsteam arbeiteten bis zu 200 Mitarbeiter von MBB, BAE, CASA Spanien und AIT zusammen. Das gleiche galt für die Avionik. Das internationale Avionik-Hochtechnologie-Team hatte sich in Warton, Großbritannien etabliert. Selbiges galt für die Grundsysteme in Italien und für Struktur in Spanien. Durch den Personalmix innerhalb der Zentren stellte man den Wissenstransfer sicher.

Dieses System wurde auch bei den Zulieferanten angewendet. So schrieb z.B. das Flugsteuerungsteam in Ottobrunn die Spezifikation für die Inertial Messurement Unit. Eine Ausschreibung ging an mehrere Firmen. Letztendlich erhielt die Firma LITEF in Freiburg als Hauptauftragnehmer den Auftrag zur Entwicklung der IMU, jedoch mit der Auflage, den gesamten Auftrag mit Firmen in Großbritannien, Italien und Spanien aufzuteilen, entsprechend dem vereinbarten Schlüssel für die Arbeitsteilung. Die Integration aller Gerätschaften und Systeme gestaltetete sich sehr komplex. Wenn z.B. der Flugsteuerungsrechner an GEC in England als Hauptauftragnehmer vergeben wurde, musste gleichzeitig sichergestellt sein, dass von diesem Computer 33% der Arbeiten unter anderem nach Deutschland und entsprechende Arbeitspakete an Italien und Spanien gingen. Das führte natürlich zu erheblichen Beeinträchtigungen, die nicht nur den Zeitaufwand sondern auch die Kosten in die Höhe trieben.

Wie schon beim Mehrzweckkampfflugzeug Tornado wurde auch für den Antrieb des Eurofighters eigens eine Firma aus der Taufe gehoben, die Eurojet Turbo GmbH. Mit Fiat Aviazione, MTU und Rolls-Royce waren auch wieder die gleichen Hersteller mit von der Partie, neu im Konsortium war nur das spanische Unternehmen SENER (heute ITP). Die förmliche Gründung erfolgte am 29. August 1986. Die Firmen Eurofighter GmbH und Eurojet Turbo GmbH hatten bis 1993 ihren Sitz zusammen in der Arabellastrasse 16 in München. Es folgte dann der Umzug der Eurofighter GmbH nach Halbergmoos, nahe des Münchner Franz-Josef Srauß-Flughafens und von Eurojet ebenfalls nach Halbergmoos.

Entsprechend dem Tornado-Konstrukt NAMMA (NATO MRCA Development, Production, and in-Service Support Management Agency) musste man auch bei diesem Vorhaben einen Bedarfsträger unter dem Dach der NATO aufbauen, der als Bindeglied zwischen den beteiligten Regierungen von Deutschland, Großbritannien, Italien und Spanien einerseits und der in der Eurofighter GmbH und Eurojet GmbH zusammengeschlossenen Industrien andererseits fungieren sollte. Dieses führte zur Gründung der NEFMA, der späteren NETMA (NATO Eurofighter and Tornado Management Agency).

NATO Eurofighter and Tornado Management Agency (NETMA)

Am 1. Februar 1987 wurde die NEFMA zur Koordinierung des Programms zwischen den Regierungsstellen in Deutschland, Großbritannien, Italien und Spanien mit Sitz ebenfalls in München gegründet. Diese Organisation war auch mit ihren Büros in der Arabellastrasse 16 zu Hause. Im Jahre 1993 erfolgte dann der Umzug nach Unterhaching.

Im Jahre 1996 wurden die NAMMA und NEFMA zur NETMA zusammengefasst.

In dieser Organisation sind die Regierungsrepräsentanten der vier Länder vertreten. Ein General Manager, der alle drei Jahre wechselt, aber nur von den Nationen Großbritannien, Italien und Spanien gestellt wird, steht der Agentur vor. Grund dafür ist die Vereinbarung, dass aus dem Land des Hauptsitzes (Deutschland) kein General Manager benannt werden darf. Dafür stellt Deutschland permanent den Posten des Stellvertreters, der unter anderem auch für Personal und Sicherheitseinrichtungen zuständig ist. Die Rotation des Generalmanagers gibt es somit nur zwischen den drei Ländern Großbritannien, Italien und Spanien. Bei den Direktoren auf der nächsten Ebene wird das Prinzip der Rotation wieder von allen vier Partnern angewendet.

In der Organisation gibt es zwei so genannte Direktorate die einen technischlogistischen und einen kommerziellen Bereich leiten. Darunter angesiedelt sind sechs Abteilungen eingerichtet, die technische, operationelle, logistische (Tornado, Eurofighter), finanzielle und vertragliche Angelegenheiten bearbeiten.

Das Personal der NETMA rekrutiert sich aus den vier Nationen im Schlüssel wie es der Beteiligung der Staaten an den beiden Programmen entspricht.

Die wesentlichen Aufgaben der Agentur sind:

- Programmverfolgung und Kontrolle
- Koordination nationaler Vorstellungen und Forderungen sowie Durchsetzung bei der Industrie
- Leitung von Arbeitsgruppen unter Beteiligung der Nationen und gegebenenfalls der Industrie
- Ausübung von Sekretariatsfunktionen
- tagtägliches Management zwischen Auftraggeber und Auftragnehmer

Diese Organisation ist für die Vergabe von Aufträgen an die Industrie verantwortlich. Wird von militärischer Seite ein Bedarf angemeldet, so verfasst die NETMA z. B. an die Eurofighter GmbH einen so genannten Change Request der den Änderungswunsch beinhaltet. Dieser wird dann von der Eurofighter GmbH mit einem Change Proposal beantwortet. Wird er von der NETMA angenommen, folgt der offizielle Auftrag an die Eurofighter GmbH, die sich dann wiederum mit den beteiligten Industrie-Partnern zusammensetzt und entsprechende Unteraufträge formuliert.

Mittlerweile hatten andere Länder die Eigenentwicklungen auf dem Gebiet der neuen Kampfflugzeuggeneration fortgesetzt. Dazu zählten die französische von Dassault-Breguet (AMD) entwickelte und auf dem ACX basierende Rafale, die bereits am 4. Juli 1986 zu ihrem Jungfernflug startete oder der israelische von IAI gebaute Lavi, welcher bereits seinen Erstflug im Dezember 1986 hinter sich gebracht hatte, aber auch der schwedische Gripen-Prototyp, der sich im Bau befand. Nur der EAP-Demonstrator konnte dagegenhalten und sich auf der Farnborough Air Show Anfang im September 1986 mit der Rafale im Flug messen.

Ein Vergleich mit diesen nationalen Programmen vermittelt jedoch einen falschen Eindruck, denn nationale Programme waren grundsätzlich schneller zu realisieren als internationale Kooperationen, dafür mussten die durchführende Nation aber auch 100% der Kosten für Entwicklung, Serienvorbereitung und Produktion tragen. Die internationalen Programme dagegen benötigen mehr Zeit für die Koordination zwischen den Ländern und waren je nach Anzahl der Partner insgesamt teurer. Die Vorteile lagen aber zweifelsfrei bei höheren Stückzahlen in der Aufteilung der Kosten (Economy of Scale).

Auf der Hardthöhe wurde unterdessen weiter an einer europäischen Vereinbarung betreffend einer weitergehenden Spezifizierung des EFA formuliert und so konnten im September 1987 die Verteidigungsminister von Großbritannien, Spanien, Italien und Deutschland das so genannte »European Staff Requirement« beschließen und die weiteren detaillierten militärischen Forderungen festlegen.

Diese Waffensystemforderungen, wie von den beteiligten Nationen vorgegeben, wurden in Waffensystemspezifikationen für die Entwicklung umgeschrieben. Auf dieser Basis wurde dann der Entwicklungsvertrag für das europäische Jagdflugzeug 90 (EFA) und das dazugehörige Triebwerk EJ200 verfasst und am 23. November 1988 im Arabella Hotel in München von der NEFMA, der Eurofighter Jagdflugzeug GmbH mit ihren europäischen Industrien Aeritalia, British Aerospace, CASA, MBB sowie der Eurojet Turbo GmbH mit Fiat Aviazione,

Das europäische Jagdflugzeug 90 (EFA). Auf dieser Basis wurde dann am 23. November 1988 in München der Entwicklungsvertrag von der NEFMA, der Eurofighter Jagdflugzeug GmbH mit ihren europäischen Industrien Aeritalia, British Aerospace, CASA, MBB sowie der Eurojet Turbo GmbH mit Fiat Aviazione, MTU, Rolls-Royce und SENER unterschrieben.

MTU, Rolls-Royce und SENER unterschrieben. Dieser Vertrag umfasste einen Wert von 17,6 Milliarden DM und sollte bis 1999 laufen. Er beinhaltete im Einzelnen alle Entwicklungsarbeiten der Zelle, des Triebwerks und der Systeme einschließlich des Baus und der Erprobung von acht Prototypen. Die Kosten waren wie folgt verteilt: Großbritannien und Deutschland je 33%, Italien 21% und Spanien 13%. Der Flugzeug-Bedarf war wie folgt fixiert: Großbritannien und Deutschland 250, Italien 165 und Spanien 100 Stück. Bei diesem Beschaffungsvorhaben für die Luftwaffe musste man voraussetzen, dass von der Bundesregierung eine Obergrenze von 16,7 Milliarden DM (Preisstand 12/88) festgelegt hatte. Der Erstflug sollte im Jahre 1991 erfolgen.

Die 90er-Jahre

Der Jäger 90 im Spannungsfeld der Politik

Wer nun gedacht hatte, der Jäger 90 (oder Jagdflugzeug 90, JF 90 ist die nationale Bezeichnung für das EFA) käme in ein ruhiges Fahrwasser und die Beschaffungsprogramme würden nun ganz allmählich anlaufen, sah sich getäuscht. Vor allem auf der politischen Bühne wurde über das Milliarden-Beschaffungsprogramm des JF 90 gestritten. Die Notwendigkeit eines solchen Waffensystems wurde quer durch die politischen Lager in Frage gestellt. Im Bundestag wurde von der Opposition (SPD, Grüne) mehrfach der Antrag gestellt, aus dem gesamten Jäger 90-Programm auszusteigen. Nur mit knapper Mehrheit konnte die Regierungskoalition (CDU/CSU, FDP) dieses verhindern. Auch in der Öffentlichkeit schwand die Akzeptanz. Aber wie konnte man aus einem solchen, im Aufbau sehr komplizierten internationalen Konstrukt aussteigen? Ein fast unmögliches Unterfangen. Auch die dadurch verursachten Kosten würden ins Unermessliche steigen. Bei sehr intensiven Lagebesprechungen reifte die Erkenntnis, ein Aussteigen sei aus Kosten- und Imagegründen nicht zu vertreten, auch würde durch den Vertrauensverlust ein immenser Schaden für die deutsche Luftfahrtindustrie entstehen. Der politische Spagat bestand nun darin, im Jäger 90-Projekt wie bisher weiter zu verbleiben jedoch auf Gewichts- und Kostenreduzierung zu bestehen.

Für eine Besprechung des Inspekteurs der Luftwaffe, Generalleutnant Horst Jungkurth bei Staatssekretär Dr. Pfahls am 25. Januar 1990 betreffend des Antrags, die Entwicklungsverträge des Waffensystems Jagdflugzeug 90 zu überprüfen und die Kosten für unterschiedliche Ausstiegsszenarien zu berechnen, nachfolgend einige Passagen aus der ausführlichen Stellungnahme des BMVg:

»....1. In welchem Umfang kann das Projekt JF 90 durch die Reduzierung der taktischen Forderungen sowie von Doppelentwicklungen »abgespeckt« werden? Die deutschen nationalen Forderungen basieren auf umfassenden Studien und Simulationen und waren so angelegt, dass ein im Flugleistungsspektrum ausgewogenes für die Luftverteidigung optimiertes und möglichst kostengünstiges Waffensystem realisiert wird, welches den Leistungen der Jagdflugzeuge des WP (Warschauer Pakt) entsprechen kann....«.

Maßstab für die militärischen Forderungen bildeten daher die zunehmenden Erkenntnisse über die neuen sowjetischen Waffensysteme Fulcrum und Flanker. Insofern waren die deutschen Forderungen von vornherein nicht darauf angelegt, die jeweils besten Leistungen existierender Waffensysteme wie F-15, F-16 und F-18 in einem Entwurf zu vereinen. Im Rahmen der Harmonisierung der Forderungen wurden daher die hohen Forderungen der Luftwaffen von Italien, Spanien und Großbritannien gemeinsam mit Frankreich erfolgreich abgewehrt. Sie hätten zu einem Flugzeug von mindestens 12,5 t geführt und gut 25% höhere Kosten verursacht.

Aufgrund der noch in Bandbreiten formulierten ersten gemeinsamen Forderungen hatte die Industrie drei Entwurfskonzepte vorgelegt. Es wurde gegen den Widerstand von Großbritannien der Entwurf ausgewählt, welcher alle Mindestforderungen erfüllte und dabei die geringste Leermasse hatte. Dies war gleichzeitig das preisgünstigste Konzept.

Während der Konzept- und Definitionsphase wurden weitere Reduzierungen vorgenommen:

- Festlegung der wesentlichen Auslegungsparameter (die so genannten Turiner Eckwerte) mit 50 m^2 Flügelfläche (statt 54 m^2)
- 9,15 t Leermasse (statt 10,5–12,5 t)
- 90 kN pro Triebwerk (statt 93–105 kN)
- Verzicht auf selbstdichtende Tanks und Explosionsschutz der Flügeltanks
- Bremsschirm
- Enteisungsanlage für Triebwerkslufteinläufe
- Nothydraulikpumpe und Notanlassturbine zur Abdeckung eines doppelten Triebwerksausfalls
- einziehbaren Fanghaken zugunsten eines weniger komplexen und leichten Notfanghakens
- Luftbetankung durch Flugzeuge gleichen Typs (»buddy-buddy«-Betankung)
- elektrooptische Tarnmaßnahmen
- Anbringung von Radarreflektoren zur Vortäuschung eines großen Radarquerschnitts
- Fähigkeit zur automatischen Landung
- Kraftstoffschnellablass
- Begrenzung der nationalen Zusatzausrüstung auf 140 kg anstelle der von Großbritannien geforderten 565 kg
- interne Ausrüstung mit elektronischen Abwehrmitteln auf 160–180 kg (statt ca. 265 kg)
- Anzahl von Schnellverschlüssen an Zugangsklappen auf das absolut notwendige Maß
- Reduzierung des Ermüdungsspektrums und des Streufaktors von 5 auf 3 und des Bruchlastfaktors auf 1,4
- der Anforderungen an die Triebwerkslebensdauer von 6000 Fh auf 3000 Fh für Kaltteile und 1600 Fh für Heißteile
- der Seitenwindkomponente von 30 auf 25 kts und der Anzahl der Landungen pro Flugstunde
- Baugleichheit des Fahrwerks und wesentlicher Ausrüstungen für Ein- und Doppelsitzer

Im Rahmen der Anfang 1988 von Verteidigungsminister Dr. Wörner angewiesenen weiteren Kostenreduzierungsmaßnahmen wurde auf ein gurtgliederloses Munitionszuführungssystem, welches deutliche Betriebskostenersparnisse bezwecken sollte, und auf eine Koppelung von Feuerleitanlage und Flugführungssystem verzichtet. Letztere hätte zur Verminderung der Belastung von Flugzeug und Pilot im Luftkampf beitragen können und die operationelle Leistung des Jäger 90 erhöht, während der laufenden Entwicklung wurden von deutscher Seite weitere einseitige Entwicklungsverzichte eingebracht.

Hierzu gehören:

- Verzicht auf die Integration der Waffen HARM und MAVERICK
- Streichung der Schwerlaststationen an Rumpf und Flügel
- Ausstieg aus der deutschen Beteiligung an der Entwicklung von Schwerlastträgern und Schlössern
- Verzicht auf die Integration eines 1500 l-Außentanks
- Streichung der Absprengbarkeit von Lenkflugkörpern an den Unterflügelstationen bei Luftnotlagen.

»....Einen Sonderfall stellt die Defensivavionik, das Defensive Aids Subsystem (DASS) dar. Die Forderungen der Luftwaffen wurden bisher formell nicht geändert. Ihre Realisierung würde in der Entwicklung nach ersten Kostenschätzungen der Industrie bis zu 1,2 Mrd. DM erfordern. In Kostenansätzen für die Entwicklung stehen derzeit nur knapp 300 Mio. DM zur Verfügung. Der Mehrbedarf kann aus den Entwicklungsmitteln nicht erwirtschaftet werden. Dies zwingt die Nationen zu einer Beschränkung ihrer Forderungen auf das für die Haupteinsatzrolle wesentliche und ein stufenweises Vorgehen. Von deutscher Seite wurde den Partnern ein entsprechendes Konzeptpapier vorgelegt. Formelle Antworten liegen noch nicht vor.

Die Möglichkeiten eines weitere »Abspeckens« werden als kaum realisierbar eingeschätzt, ohne die Struktur des Programms empfindlich zu stören und die Kosten und das Risiko zu erhöhen. Dies ergibt sich aus dem erreichten Entwicklungsstand:

Rumpf. Flügel und Leitwerke der ersten Prototypen befinden sich in der Fabrikation. Der Bau der Entwicklungstriebwerke ist freigegeben. Die Vorentwicklungstriebwerke haben die gestellten Anforderungen übertroffen. Die Radarauswahl steht unmittelbar bevor. Bei der Geräteauswahl sind von 24 Triebwerksanbaugeräten 23 ausgewählt und unter Vertrag, für die Zelle liegen für 168 von 261 Ausrüstungssteilen Entscheidungsempfehlungen vor, davon sind 147 entschieden und ca. 50% unter Vertrag, der größte Teil mit internationalen Firmenkonsortien. Jede, insbesondere einseitige Vertragsänderung führt zu Mehrkosten, die der jeweilige Verursacher zu tragen hat.

Entwicklungsarbeiten, die nicht von allen vier Nationen gefordert werden, sind in einer »non-common-Liste« erfasst. Von deutscher Seite wird darauf bestanden, dass die nicht gemeinsamen Anteile jeweils vom Verursacher, bzw. den Verursachern bezahlt werden. Die deutsche Industrie ist beauftragt, die Kosten entsprechend den nationalen Forderungen zu buchen. Zur Vermeidung von Doppelentwicklungen werden die Ausrüstungsangebote durch eine internationale Gruppe geprüft mit dem Ziel, den Entwicklungsaufwand und die Kosten zu begrenzen und die Verwendbarkeit marktverfügbarer Geräte oder deren Weiterentwicklung zu untersuchen. Zusätzlich findet ein Spezifikationsaustausch mit dem Rafale-Programm zur Identifizierung von Gemeinsamkeiten in der Entwicklung statt.

2. Welche Möglichkeiten bestehen, um die Kosten der Entwicklung und Beschaffung des Jagdflugzeuges durch die Ausweitung des Kreises der Kooperationspartner für die einzelnen Beteiligten deutlich zu senken?

Die Turiner Entscheidung hält das Programm offen für weitere Teilnehmer. Beitretende Nationen haben den bis zum Beitrittszeitpunkt erarbeiteten Programmstand als Ausgangspunkt anzuerkennen. Verlagerung von Arbeiten ist in Grenzen möglich, führt aber zu zeitlichen Verzögerungen. Diese verursachen Mehrkosten, die allerdings durch den veränderten Kostenteiler aufgefangen werden können. Briefings wurden bisher sechs Nationen gegeben: Norwegen, Dänemark, Niederlande, Belgien, Frankreich und Griechenland. Detailliertes Interesse haben nur die Niederlande und Belgien gezeigt, ohne eine Entscheidung für das EFA-Programm zu treffen. Den USA wurde eine Beteiligung angeboten, die abgelehnt worden ist.

Die Aussichten für den Beitritt weiterer Nationen zum EFA-Programm sind derzeit unrealistisch. Die negative Behandlung des Programms in den Medien und im politischen Bereich eines wesentlichen Programmpartners sind kein Werbeslogan. Falls die Entwicklung erfolgreich sein wird, könnte sich diese Haltung ändern. Diese Einschätzung ist aus der amerikanischen Industrie zu hören. Interessierte Nationen, die kein Entwicklungsinteresse haben, können sich zurückhalten, um den Ausgang des Wettbewerbs zwischen der Rafale und dem EFA und einem eventuellen amerikanischen Exportflugzeug abzuwarten.

3. Gibt es zwischenzeitlich neue, den Anforderungen an ein modernes Luftverteidigungssystem gerecht werdende Kauflösungen, die wesentlich kostengünstiger sind als die Eigenentwicklung in Zusammenarbeit mit den europäischen Partnern?

Bei der Beantwortung wird davon ausgegangen, dass unter einem »modernen Luftverteidigungssystem« auch weiterhin ein Jagdflugzeug verstanden wird. Unter diesem Gesichtspunkt haben sich keine neuen Alternativen ergeben. Neue Kostendaten oder neue Angebote liegen nicht vor. Somit gilt weiterhin: Nur reine Kauflösungen ohne einen Transfer der Versorgbarkeit des Waffensystems in der Bundesrepublik sind »billigere« Lösungen, ohne die erforderliche Leistung des Jagdflugzeug 90 zu erreichen.

4. Sind andere Systeme zur Sicherung einer glaubwürdigen Luftverteidigung verfügbar, deren Personal- und Kostenaufwand inklusive der Folgekosten niedriger sind als luftgestützte Luftverteidigungssysteme? Aufwandsanalyse über raumdeckenden Luftverteidigungsschutz führt zu negativem Ergebnis. Operationelle Sinnfälligkeit wurde aufgrund der ersten Studienergebnisse nicht weiter geprüft. Das Ergebnis einer IABG-Studie hat ergeben, dass die Abdeckung der Luftverteidigungsaufgaben durch Raketen allein einen

- deutlich höheren Finanzbedarf (Faktor 2.5),
- deutlich höheren Personalbedarf (Faktor 10),
- erheblichen zusätzlichen Flächenbedarf (ca. 30 km²)

im Vergleich zum JF 90 erfordert.....«

Anfang der 90er-Jahre lief es auf Industrieseite einigermaßen reibungslos. Parallel zur Systemauswahl wurde zügig am Bau der Prototypen bei MBB, British Aerospace, Aeritalia und CASA gearbeitet und man sah optimistisch dem Rollout Ende 1991 und dem Erstflug in Manching Anfang 1992 entgegen.

Bei MBB in Ottobrunn entstand sukzessive der erste EFA-Prototyp.

Wesentliche Teile für die ersten Maschinen wie Rumpfvorder- und -mittelteil oder die Tragflächen befanden sich in verschiedenen Fertigungsstadien. Auch der Software-Bereich befand sich im Rahmen des Planungszeitfensters. Parallel dazu lief die Auswahl der Ausrüster für die rund 280 Einzelsysteme bzw. Geräte. Zu diesem Zeitpunkt hatte man bereits über 200 Unterauftragnehmer ausgewählt. Offen war unter anderem das EloKa-System oder die aufwendige Fly-by-Wire-Steuerung.

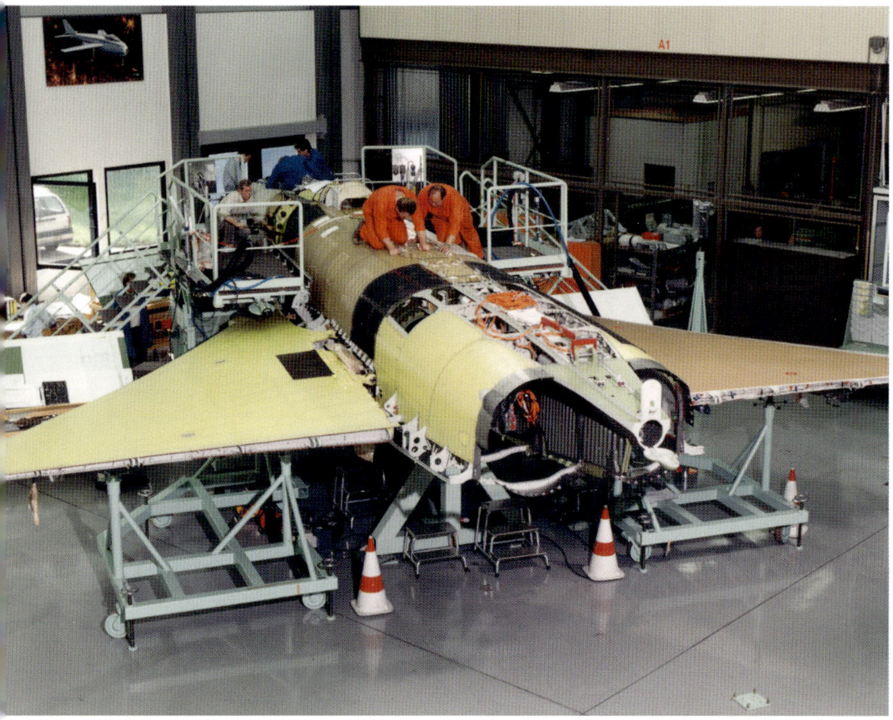

Die Konturen des Prototypen sind schon erkennbar.

Der Sitz des Avionik-Entwicklungsbereichs war das BAe Werk Warton, wo bereits eine Cockpitattrappe zur Verfügung stand. Um überschaubare Arbeitspakete zu erhalten, war die Avionik in sieben Subsysteme untergliedert wie z. B. Navigation, Angriff, Displays oder Statusüberwachung.

Auch bei den anderen EFA-Partnerfirmen waren gemeinsame Teams angesiedelt. MBB in Ottobrunn war für die Entwicklung der Flugsteuerung verantwortlich. Die Zelle wurde von CASA, in Getafe, nahe Madrid, und die Überwachung der Untersysteme (wie z. B. Kraftstoff, Hydraulik, Generatoren, Klimaanlage) bei der Aeritalia in Turin entwickelt.

Das bis dato größte Problem stellte das Radar dar. Denn nach einem mehrere Jahre andauernden Kampf um den Entwicklungsauftrag war ein Ergebnis in greifbare Nähe gerückt. Für die Ausschreibung hatten sich zwei Konsortien gebildet, die ihr Angebot unterbreiteten. Das war zum einen Ferranti mit seinen Partnern Siemens, Inisel aus Spanien und FIAR aus Italien mit ihrem Radar-System ECR 90. Dagegen stand das Konsortium um die damalige AEG mit ihren Partnern GEC Marconi jedoch auch mit Inisel und FIAR. Diese Gruppe bot das auf amerikanischer Technik aufbauende MSD 2000 an, eine von der Deutschen Luftwaffe favorisierte Weiterentwickulung des Hughes APG-65 der F/A-18 Hornet. Vor allem die englische Seite plädierte für das ECR 90. Deutschland war das Finanzrisiko für diese Neuentwicklung zu hoch, Großbritannien befürchtete zu stark in amerikanische Abhängigkeit zu geraten.

Als England eine Garantie der Kostenübernahme aus möglichen Terminüberschreitungen abgab, lenkte die deutsche Seite ein. Letztendlich wurde die Garantie auf eine Summe von 200 Millionen DM beschränkt. Damit schien die Entscheidung über das ECR 90 gefallen. Doch eine Firmenübernahme brachte noch einmal Turbulenzen in den mühevoll zustande gebrachten Kompromiss. Denn Ferrantis Verteidigungszweig, zu dem in der Hauptsache der Radarbereich gehört, wurde für 310 Millionen Pfund von seinem auf dem englischen Markt einzigen Konkurrenten GEC Marconi gekauft. Als Ergebnis dieser Transaktion durfte der Hauptpartner der MSD 2000-Entwicklung das Konkurrenzprodukt ECR 90 fortführen.

Am 8. Mai 1990 wurde der Entwicklungsvertrag unterzeichnet. Das nun etablierte Euroradar-Konsortium unter Führung von GEC Ferranti Defence Systems Ltd. verpflichtete sich darin in den nächsten sechs Jahren 14 flugfähige ECR 90 sowie die zugehörigen Versuchsmodelle und die entsprechende Software zu liefern. Der Festpreisvertrag belief sich auf etwa 300 Millionen Pfund. Die Arbeits-Aufteilung entsprach der des gesamten Programms, Großbritannien 33%, Bundesrepublik 33%, Italien 21% und Spanien 12%. Von deutscher Seite gehörte nun auch die Ulmer TST dem Konsortium an. Siemens, im ehemaligen Konkurrenz Projekt mit eingebunden, erhielt ca. 45% des deutschen Arbeitsanteils. Vorgesehen war, dass das erste Radar mit Prototyp DA5 ab 1993 betrieben werden sollte.

Ende der 80er-Jahre wurde auch eine Ausschreibung für das EloKa-System herausgegeben. Zahlreiche Bewerbungen von Firmen und Konsortien gingen bei Eurofighter europaweit ein.

Am 13. März 1992 erfolgte die Vertragsvergabe für das »Defensive Aids Subsystem« (DASS). Der Auftrag im Wert von 200 Millionen Pfund ging an das Euro DASS-Konsortium unter Führung von GEC-Marconi. Neben GEC war nur noch die italienische Elettronica beteiligt, da die Bundesrepublik und Spanien zunächst noch preisgünstigere Alternativen untersuchen wollten. Hinter

Nicht nur auf politischer Ebene stockte es, auch bei den Zulieferindustrien gab es Verzögerungen und so stand der EFA bisweilen unbearbeitet auf seinem Platz.

DASS verbirgt sich ein fortschrittliches passives System zur Erfassung und Auswertung elektronischer Emmisionen des Gegners, Störsendern und Sensoren, die vor anfliegenden Raketen warnen.

Auf der politischen Bühne ging jedoch das Gerangel um den EFA weiter. Nach der Bundestagswahl im Jahre 1990 hatte man sich bei der Regierungsbildung im Dezember darauf verständigt, das EFA Entwicklungsprogramm zumindest bis zu dessen Ende weiter zu führen. Doch auch bei der Industrie stockte die Weiterführung des Programms. Zwar liefen die Arbeiten bei MBB und British Aerospace an den beiden Prototypen auf Hochtouren, doch gab es immer wieder Lieferverzögerungen bei den Unterauftragnehmern. Mittlerweile schrieb man das Jahr 1992 und der für 1991 prognostizierte Erstflug hatte noch nicht stattgefunden.

Während einer Nacht- und Nebelaktion wurde der erste EFA-Prototyp DA1, 98+29, bei der DASA in Ottobrunn gebaut, am 11. Mai 1992 über die Autobahn nach Manching transportiert und für den ersten Flug vorbereitet. Es war bezeichnend für die allgemeine Situation, denn auch für dieses Jahr standen die Vorzeichen nicht gut, hatte man doch gehofft, ihn auf der ILA präsentieren zu können. Politischer Streit überschatte weiterhin das Programm. So veranlasste alleine die Anwesenheit einer 1:1-EFA-Attrappe den damaligen Ministerpräsidenten von Brandenburg, Manfred Stolpe, nicht an der Eröffnung ILA'92 teilzunehmen.

Während einer Nacht- und Nebelaktion wurde der erste EFA-Prototyp am 11. Mai 1992 über die Autobahn nach Manching transportiert.

Auch Spanien und Italien meldeten Bedenken bezüglich des kostspieligen Programms an. Aufgeschreckt durch diese Entwicklung und auch durch die Aussage des damaligen Verteidigungsministers Volker Rühe »der Jäger 90 ist tot und deshalb muss das bisherige Memorandum of Understanding zur Entwicklung des EFA im Lichte der neuen Lage geändert werden«, versuchte der britische Partner alle Einwände zu relativieren, um gegebenenfalls eine abgespeckte Version zu präsentieren.

Als Basis für weitere Beschlüsse sollten nun zwei neue Untersuchungen angestoßen werden. Zum einen sollten die Verteidigungsminister die vom Steering Commitee in Auftrag gegebene Studie zur Bewertung von Alternativen eines neuen europäischen Jagdflugzeugs bestätigen und zum zweiten die »Chiefs of Defence« bzw. der Generalinspekteur der Bundeswehr beauftragt werden, die militärischen Anforderungen an die Leistungsfähigkeit des Jagdflugzeugs aufgrund der umfassenden sicherheitspolitischen Veränderungen in Europa im Sinne einer Reduzierung neu zu definieren. Doch Verteidigungsminister Volker Rühe nahm jede Gelegenheit wahr, seine ablehnende Haltung gegenüber den EFA kundzutun. So teile er am 16. September 1992 den betreffenden Partnern in einem Schreiben mit, dass die Entwicklung schleunigst gestoppt werden sollte und die noch verfügbaren Gelder in ein neues europäisches Jagdflugzeug-Projekt investiert werden sollten. Deswegen stellte sich auch die Industrie ganz langsam darauf ein, dass es eine EFA-Produktion nicht wie geplant geben werde. Allerdings stand schon ein neues Konzept bereit. Mitte Oktober lieferte Eurofighter nun eine umfangreiche Studie über mögliche Alternativen ab, die von den vier Verteidigungsministern im August angefordert worden war. Diese Alternativen sollten mit den derzeitigen oder zusätzlichen Partnern verwirklicht werden und ab dem Jahr 2000 lieferbar sein. Der Geräte-Stückpreis lag 30% unter dem des EFA.

Auf der Basis des EFA-Konzepts wurden neue Konfigurationen, aber auch Anpassungen des neuen Entwurfs ins Auge gefasst. Sieben Varianten wurden begutachtet, darunter auch Flugzeuge ohne Canard mit einem oder zwei Triebwerken. Die Schubleistungen hatte man bis 150 kN angenommen. Zwischen allen Möglichkeiten wurden die Flottenwirksamkeit, Kosten und Termine verglichen. Als Basis verwendete man Simulationsmodelle, die bei dem NEFMA-Programm zur Anwendung kamen und auf den Spezifikationen von EFA beruhten. Die Leistungsfähigkeit möglicher Gegner wurde weiterhin in der Su-27 Klasse angesiedelt. Nach Abwägen aller Für und Wider wurde eine Lösung unter Beibehaltung der bisherigen Zelle des EFA bevorzugt, wobei sich jedes Land die Ausrüstung nach seinen finanziellen Möglichkeiten zusammenstellen konnte. Die von Deutschland gewünschte Basisversion sollte, mit dem Verzicht auf wichtige Ausrüstung, unter einem Systempreis von 90 Millionen DM liegen.

Während der Verteidigungsministerkonferenz vom 10. Dezember 1992 startete das überarbeitete, nun als EFA 2000 bezeichnete Jagdflugzeug neu. Das Einführungsdatum war nun drei Jahre später als ursprünglich beabsichtigt geplant. Um bis zu 30% Kosten einzusparen, sollte Deutschland ein Flugzeug mit niedrigerem Standard erhalten. Dieser Weg wurde jedoch später sukzessive verlassen, so dass auch die deutschen Eurofighter eine im Vergleich zum anderen Partnernationen fast identische Konfiguration erhielten. Am 15. Dezember 1992 veröffentlichte das Verteidigungsministerium die Eckpunkte des vom Jäger 90 zum Eurofighter 2000 gewandelten Kampfflugzeuges.

Vom Jäger 90 zum Eurofighter 2000

Grundsätzlich war vorgesehen, bei der Überarbeitung des Flugzeugs so weit wie möglich auf die für den Jäger 90 geleisteten Entwicklungsarbeiten zurückgreifen. An der Zelle und am Triebwerk sollte sich so wenig wie möglich ändern. Die Kostenreduzierung für den neuen Jäger wurde jedoch mit erheblichen Leistungsabstrichen erkauft, wie z. B. dem Verzicht auf die Fähigkeit, schneller als zweifache Schallgeschwindigkeit zu fliegen und nicht wie bisher zehn sondern nur noch vier Ziele gleichzeitig bekämpfen zu können. Fachleute verwiesen freilich darauf, dass schon das APG-65-Radar mehr als die nun geforderten vier Ziele gleichzeitig erfassen und bekämpfen konnte. Den einzelnen Partnern sollte es jedoch unbenommen bleiben, ihre Luftwaffe mit einer individualisierten Version des Eurofighters auszurüsten.

Der Prototyp wartet auf seinen Testflug.

Vorgesehen war weiter, die Entwicklung des bisher als Jäger 90 bezeichneten Eurofighter 2000 mit dem Einverständnis der drei Partner Italien, Spanien und Großbritannien bis ins Jahr 2001 zu strecken. Der Stückpreis für den Eurofighter 2000 sollte um mehr als 30% unter dem ursprünglichen Ansatz liegen und die Auslieferung an die Luftwaffe erst 2002 beginnen. Man setzte eine Stückzahl von 120 Flugzeugen plus 20 Maschinen fest. Schweren Herzens stellte man bei der Luftwaffe fest, dass man sich hiermit zu einer Lösung durchgerungen hatte, die gerade noch militärisch akzeptabel und bezahlbar war. Zu einem späteren Zeitpunkt, am 21. Januar 1994, wurden dann die überarbeiteten europäischen Entwicklungsanforderungen (European Staff Requirements) von den vier Luftwaffenstabschefs der Partnernationen für das neue europäische Kampfflugzeug in Madrid unterschrieben. Baustein für Baustein fügte sich in das Entwicklungsprogramm mit ein.

In einer modifizierten Bugnase, einer BAC 1-11, 479FU, die zu einem fliegenden Prüfstand ZE433 umgebaut worden war und nun das GEC-Marconi ECR 90 Radar für den Eurofighter 2000 enthielt, wurde am 8. Januar 1993 von Thurleigh aus der erste Flug durchgeführt.

Das ECR 90-Radar unter Führung von GEC-Marconi Avionics und von DASA, Siemens sowie FIAR und INISEL mit entwickelt, welches im X-Band arbeitet und auf dem Blue Vixen basiert, beherbergt laut Hersteller noch ein großes Wachstumspotenzial. Es zeichnet sich durch hohe Störresistenz und Zuverlässigkeit aus, sowie eine ausgezeichnete Fähigkeit der Zielidentifizierung. 31 Luft-Luft und Luft-Boden-Betriebsarten stehen zur Verfügung. Mit den Flugtests eines A-Modells an Bord der BAC 1-11 ging es zunächst darum, bei Bodentestes gewonnene Daten zu aktualisieren.

Vorbereitungen zum Erstflug

Nicht nur die Politik bremste das Programm, auch technische Probleme führten dazu, dass sich der Erstflug immer weiter hinauszögerte. Hauptsächlich lag es an der Software einiger wichtiger Systeme. Mit ausgelöst durch den Absturz des schwedischen Gripen-Prototypen und der amerikanischen YF-22 war man von Seiten der Industrie bestrebt, alle nur möglichen Fehlermöglichkeiten auszuschließen. Das kostete viel Zeit, eine Situation, die dem Projektleiter bei der DASA, Erwin Obermeier und der Eurofighter GmbH sehr viel Kopfzerbrechen bereitete.

Die Komplexität der Flugsteuerungs-Software war mittlerweile über das Ziel hinaus gewachsen, so dass es nur mit Mühe gelang, dieses, auch innerhalb des Firmenverbundes, wieder in den Griff zu bekommen. Alle Änderungen, die die in Ada programmierte Software betrafen, mussten in viele Module implementiert werden. Gesamtverantwortlich war hierfür GEC Marconi Avionics im britischen Rochester, hier fanden auch erste Kontrollen statt. Dann wurde die Software an die DASA nach Ottobrunn (ehemals MBB) übergeben, wo ein 60 Mann starkes Flugsteuerungs-Team diese in das Flight Control System (FCS) der Versuchsanlage integrierte. Dieser zeitintensive Prozess war sehr hinderlich, aber durch die politischen Vorgaben nicht zu vermeiden. Trotzdem gelang es allen Beteiligten, bei der DASA in Manching den ersten Prototypen für Rollversuche vorzubereiten. Cheftestpilot der DASA, Peter Weger, führte diese mit dem ersten Eurofighter 2000-Prototypen DA1 Ende Juli 1993 durch. Dabei konnte bei Geschwindigkeiten zwischen 55 km/h und 150 km/h das Verhalten der Maschine, des Fahrwerks und die Bremsen getestet werden. Auch die Datenübertragungen der Telemetrie wurden dabei überprüft.

In kleinen Schritten wurde das Programm fortgesetzt.

Dann endlich, nach drei Jahren Verzögerung, war es geschafft. Der Erstflug des DA1, 98+29, ausgerüstet mit zwei RB.199 Triebwerken, konnte erfolgen. Am 27. März 1994 startete DASA-Cheftestpilot Peter Weger von Manching aus zu seinem Jungfernflug. Begleitet von Maschinen der Wehrtechnischen Dienststelle 61, einer Phantom und einem Alpha Jet, nutzte Weger die Flugzeit von 45 Minuten für den ersten Testflug voll aus. Über 400 Parameter wurden dabei mittels Telemetrie aufgezeichnet. Auch politische wie militärische Prominenz trauten sich wieder in die Nähe des zeitweise so verschmähten Zöglings. Begeistert von der Präsentation, beglückwünschte Luftwaffeninspekteur General Hans-Jörg Kuebart und DASA-Vorstandsmitglied Hartmut Mehdorn den Testpiloten zu dessen gelungenem Erstflug.

Nachdem auch am 6. April 1994 der zweite Prototyp DA2, ZH588, dessen Endmontage bei BAe in Warton erfolgte (ebenfalls mit RB.199 Triebwerken ausgerüstet), mit Chris Yeo am Steuerknüppel seinen Jungfernflug absolviert hatte, rechnete man nun mit einem zügigen Fortgang des Programms. Doch hinter den Kulissen ging das Gerangel über die Systemverantwortlichkeiten weiter. Probleme mit den Flugsteuerungsprogrammen waren der Hauptgrund für die über zweijährige Verzögerung des Erstflugs. Zwar hatte die britische Seite mehrfach gefordert, die Gesamtverantwortung zu übernehmen, doch wurde dies von Seiten der DASA verständlicherweise zurückgewiesen. Mehr noch, der Einfluss von GEC und BAe wurde eingeschränkt.

Hierbei rächte sich auf deutscher Seite, dass in den Jahren 1986 nach Unterzeichnung des Entwicklungsvertrages erst die Arbeitsverteilung vorgenommen wurde.

Vorbereitungen auf den Testflug.

Denn, nachdem die »Single Design Responsibility« bei MBB gelandet war, verstand es BAe, die wichtigsten Posten im gemeinsamen internationalen Team zu besetzen. Das Flight Control System hatte man in England auf der Basis des EAP-Demonstrators entwickelt und nun ließ man trotz der DASA-Verantwortung nicht zu, die Technologie der Flugsteuerung auf Basis der CCV 104- und X-31-Programme weiterzuentwickeln und im Eurofighter anzuwenden. Nur ganz allmählich war das DASA-Management in der Lage, die Gewichtung wieder in richtige Bahnen zu lenken und eigene Entwicklungserkenntnisse einzubringen.

Derweil erfolgten von Manching und Warton aus

Alle Anstrengungen hatten sich gelohnt. Am 27. März 1994 startete der erste Prototyp, DA1, 98+29, nun als Eurofighter 2000 bezeichnet und mit zwei RB.199 Triebwerken ausgerüstet, mit DASA Cheftestpilot Peter Weger von Manching aus zu seinem Jungfernflug.

98+29
ZH590
Typhoon
ZH588

Es dauerte weitere drei Jahre (1997), bis alle Prototypen ihren Erstflug absolviert hatten. Hier im seltenen Verband die Prototypen DA1 und DA2 hinter dem doppelsitzigen DA4.

weitere Testflüge der DA1 und DA2, insgesamt 18 an der Zahl, mit den firmeneigenen Testpiloten Peter Weger, Richard Calver sowie Chris Yeo, Don Thomas und John Turner am Steuerknüppel. Am 8. Juli 1994, dem letzten Flug der ersten Phase, flog zum ersten Mal Harald Fehl, ein Pilot der WTD 61, die 98+29. Für ein sehr umfangreiches Software-Update-Programm wurden anschließend beide Maschinen in Warton sowie in Manching für mehrere Monate in die Werkshallen verbannt.

Die Entwicklung des EJ200-Triebwerks für den Eurofighter lief parallel zur Flugzeugentwicklung. Unter dem Dach der Eurojet Turbo GmbH, mit Sitz in Unterhaching, und mit den beteiligten Firmen Fiat Avio, aus Italien, der spanischen Industria de Turbo Propulsores (ITP), der Dasa-Tochter MTU, sowie Rolls-Royce, hatte man mit knapp 5000 Betriebsstunden, davon 1600 Stunden auf einem Höhenprüfstand, die Funktionssicherheit nachgewiesen. Nachdem alle Vorgaben für die Erreichung des Meilensteinplans M94 erfüllt waren, konnte Mitte 1995 die Flugfreigabe erteilt werden.

Nach der Aktualisierung der Flugsteuerungs-Software auf Phase 2-Status, startete am 17. Mai 1995 die DA2, ZH588 von Warton aus zur Fortsetzung der Testflüge. Kurze Zeit später gab es in Italien Grund zum Feiern, denn am 4. Juni 1995 erfolgte von Turin Caselle aus der Erstflug des bei Alenia Aeronautica (ehemals Aeritalia AIT) endmontierten EF2000 Prototypen DA3, MMX602. Napoleone Bragagnolo, Leiter des Flugbetriebs von Alenia, flog die Maschine 52 Minuten mit den beiden neuen Triebwerken EJ200.

Ein wichtiger Meilenstein in der Weiterentwicklung des EF2000 war am 4. Juli 1995 die Unterschrift unter das Memorandum of Understanding Nr.4 (MOU), welches die Ende 1992 von den Verteidigungsministern geforderte »Reorientierung« des Vier-Nationen-Programms regelte. Am 27. Juni 1995 hatte der Haushaltsausschuss des Bundestages bereits die lange erwartete Zustimmung bezüglich den Entwicklungs-Zusatzkosten des EF2000 erteilt. Nun lag es wieder an der Industrie, akzeptable und verbindliche Angebote zu unterbreiten. Um den Nachweis der notwendigen technischen Reife des Flugzeugs zu erbringen, planten die Hersteller eine Intensivierung

Der zweite deutsche Prototyp, DA5, 98+30, mit Wolfgang Schirdewahn am Steuerknüppel startete am 24. Februar 1997 von Manching aus zu seinem Jungfernflug.

Der italienische DA3 bei seinem Erstflug am 4. Juni 1995.

des Erprobungsprogramms mit dem Ziel, mindestens acht Flüge pro Monat mit jedem Flugzeug durchzuführen. Am 18. September 1995 reihte sich die DA1 nach einer langen Umrüstphase (Aktualisierung der Flugsteuerungs-Software Phase 2) in Manching wieder in den Flugtestbetrieb mit ein. Selbstbewusst konnte man nun auch an öffentlichen Veranstaltungen wie z. B. während der ILA `96 die beindruckenden Flugleistungen unter Beweis stellen. Auch diese Flüge wurden für das Testprogramm genutzt. Am 31. August 1996 folgte der fast einstündige Erstflug des von der CASA in Getafe montierten DA6, XCE.16-01. Am Steuerknüppel der Doppelsitzer-Version saß Testpilot Alfonso de Miguel Gonzalez.

Ende des Jahres 1996 bot Großbritannien als erstes Land eine feste Produktionsverpflichtung an, und Spanien meldete, dass eine Übereinkunft über die Produktion und die Bedingungen für den Beginn mit der Industrie vereinbart wurde. Auch Italien und Deutschland stimmten am 5. Dezember 1996 dem Produktionsstart zu. Anfang des Jahres 1997 folgten die weiteren Prototypen mit ihren Erstflügen. So am 27. Januar 1997 in Italien die DA7, MM-X603. Napoleone Bragagnolo von Alenia startete in Turin Caselle den zweiten italienischen Prototypen, einen Doppelsitzer, zu seinem Jungfernflug. Bald darauf war auch der zweite deutsche Prototyp, der DA5, 98+30, an der Reihe. Am 24. Februar 1997 führte Wolfgang Schirdewahn von der DASA mit der einsitzigen Maschine seinen Erstflug durch. Dieser Prototyp verfügte als erster über alle Schlüsselkomponenten des EF2000. Mit Inbetriebnahme des ECR 90-Radars (jetzt umbenannt in Captor) hatte man alle 137 Reifekriterien erfüllt. Mit dem Prototypen DA4, ZH590, einem Doppelsitzer ausgerüstet mit der gesamten Avionik, der seinen Erstflug am 14. März 1997 in England absolvierte, waren ab 1997 alle sieben Prototypen in das umfangreiche Testflugprogramm mit eingebunden.

Der von der deutschen Politik so kritisch beäugte Eurofighter hatte mittlerweile wieder Akzeptanz gewonnen. Trotzdem war es nicht so einfach, zusätzliches Geld »locker« zu machen. Schwierige Gespräche mit Verteidigungsminister Volker Rühe und Finanzminister Theo Waigel führten letztendlich zu einer Einigung über den Verteidigungsetat, somit auch über die Finan-

Die Prototypen											
Prototyp	Version	Triebwerk	Kennung	Erstflug	Pilot	Hersteller	Dauer	Ort	Land	Aufgaben	Anmerkung
DA1	Einsitzer	RB.199	98+29		Peter Weger	Dasa	45 min	Manching	Deutschland	Handling, Eröffnung des Flugbereiches, Triebwerksintegr.	Flog als Ersatz der DA6 in Spanien mit Kennzeichen XC.16-02 und EJ200-Triebwerk. Letzter Flug: 21.12.05. Am 14.03.07 in die Flugwerft Schleißheim überführt.
DA2	Einsitzer	RB.199	ZH588	06.04.1994	Chris Yeo	BAE	50 min	Warton	Großbritannien	Handling, Eröffnung des Flugbereichs »carefree handling«, Mess.der Fluglasten	
DA3	Einsitzer	EJ200	MMX602	04.06.1995	Napoleone Bragagnolo	Alenia	52 min	Caselle	Italien	Integration EJ200 Triebwerk, Schießversuche mit der Kanone und Lenkwaffen, Abwurfvers. mit Außenlasten	
DA4	Doppelsitzer	EJ200	ZH590	14.03.1997	Derek Reeh	BAE	80 min	Warton	Großbritannien	Flugeigenschaften Doppelsitzer, Radarentwicklung, Waffenintegration,	
DA5	Einsitzer	EJ200	98+30	24.02.1997	Wolfgang Schirdewahn	Dasa	60 min	Manching	Deutschland	Radarentwicklung- und Integration, Autopilotfunktionen, Waffenintegration	Am 8. Mai 07 fliegt DA 5 mit neuer CAESAR-Antenne
DA6	Doppelzitzer	EJ200	XCE.16-01	31.08.1996	Alfonso de Miguel Gonzalez	Casa	58 min	Getafe	Spanien	Flugeigenschaften Doppelsitzer, Klimatests, MIDS, Helmvisier-Integration, Avionik	Absturz am 21.Nov .02
DA7	Einsitzer	EJ200	MMX603	27.01.1997	Napoleone Bragagnolo	Alenia	35 min	Caselle	Italien	Navigation/ Kommunik. Waffenintegration, FLIR	

zierung des Eurofighter. Diese Einigung erhielt am 11. Juli 1997 grünes Licht aus dem Bundeskabinett. Für das Jahr 1999 veranschlagte man 1,18 Mrd. DM und für die folgenden Jahre 1,35 Mrd. und 1,578 Mrd. DM. Hintergrund hierfür war der Wunsch des Verteidigungsministeriums, statt der 140 insgesamt 180 Eurofighter für einen Stückpreis von 125 Mio. DM zu beschaffen. Endgültig stimmte das Bundeskabinett am 8. Oktober 1997 der Beschaffung von 180 Eurofighter 2000 zu, kurz darauf auch der Deutsche Bundestag. Am 26. November 1997, und nach viel politischem Streit um die Kosten, verabschiedete der Deutsche Bundestag schließlich das Verteidigungsbudget, welches die Produktionskosten des Eurofighters mit einschloss. Nachdem alle vier Regierungen die Haushaltsmittel für die Produktion freigegeben hatten, unterzeichneten die Verteidigungsminister am 22. Dezember 1997 in Bonn die notwendige Regierungsvereinbarung für die Produktionsvorbereitung, die Produktion von 620 Maschinen und die logistische Unterstützung.

Mit der DA2 wurde am 14. Januar 1998 die erste Luft-zu-Luft-Betankung mit einem RAF VC10 K.3-Tanker, ZA149, durchgeführt.

Unterzeichnung der Industrieverträge

Der 29. Januar 1998 repräsentiert einen der wichtigsten Meilensteine in der Geschichte des Eurofighter-Programms. Von der Industrie und der NETMA wurden die Verträge für die Produktion des EF2000 unterzeichnet. Von Seiten der NETMA war es General Manager Jack Gordon und von Seiten der Industrie Brian Phillipson, Geschäftsführer der Eurofighter GmbH sowie Ken Greenall, Geschäftsführer des Triebwerklieferanten Eurojet GmbH. Sie deckten mit einem Volumen von 55 Mrd. DM ungefähr die Hälfte der zu erwarteten Gesamtkosten für die 620 Flugzeuge ab.

Im Einzelnen beinhaltete die Vereinbarung:

Den Gesamtrahmen für das Programm mit den grundlegenden Konditionen für den Kauf von 620 Eurofightern plus 90 Optionen. Aufgeschlüsselt nach Ländern bedeutete das: Großbritannien 232 Maschinen, Deutschland 180, Italien 121 und Spanien 87. Die Investitionen für die Vorbereitung der Serienproduktion wie z. B. die Her-

stellung der Fertigungsanlagen. Die Vereinbarung regelte auch den Gesamtrahmen für die logistische Betreuung des neuen Kampfflugzeugs, die Bereitstellung der ersten Unterstützungsleistungen wie technische Dokumentation und Bodengeräte für den Betrieb des EF2000 oder die Entwicklung weiterer bodengestützter Anlagen, Ausbildungshilfen und Simulatoren. Serienflugzeuge waren mit diesen Verträgen noch nicht fest bestellt. Dafür musste der Eurofighter nach Angaben des britischen Verteidigungsministeriums erst noch eine Überprüfung der Serienreife (Production Readiness Review) überstehen, die für das Frühjahr 1998 angesetzt war. Danach sollte dann ein erstes Serienlos von 148 Maschinen bestellt werden, von denen 55 für die Royal Air Force bestimmt waren. Die Lieferungen sollten im Juni 2002 beginnen.

Verteidigungsminister Volker Rühe kommentierte bei der Unterzeichnung der Regierungsvereinbarungen mit den Verteidigungsministern der Partnerländer am 22. Dezember 1997 in Bonn folgendermaßen: »Dieses Projekt ist von größter wirtschaftlicher, industrie- und europapolitischer Bedeutung. Das Vorhaben sichert viele tausend Arbeitsplätze in der Hochtechnologie für alle vier Partnerstaaten«.

Unterdessen hatte man bei den beteiligten Firmen das Testprogramm fortgesetzt und wichtige Ziele erreicht. So durchbrach z.B. DA5 im Mai 1997 zum ersten Mal die Schallmauer und erreichte Mach 1.2. Mit dem DA2, ZH588, wurde diese Grenze am 23. Dezember 1997 über der irischen See überschritten und am 15. Dezember 1997 wurde mit dem DA7, MMX603, der erste AIM-9L Sidewinder-Schuss abgegeben.

Im neuen Jahr und zwar am 14. Januar 1998, erfolgte die erste Luftbetankung der DA2 mit einem RAF VC10 K.3-Tanker, ZA149. Insgesamt wurden bis zu diesem Zeitpunkt über 600 Flüge durchgeführt. Bei dem parallel laufenden Langzeit-Ermüdungsversuch einer Eurofighter-Zelle hatte man die 15.000 Flugstunde erreicht und am 30. Januar 1998 wurde der erste Produktions-Investitionsvertag bzw. ein Produktion-Unterstützungsvertrag unterschrieben. Er beinhaltete Werkzeuge und vorbereitende Arbeiten für die Produktion der 620 Flugzeuge plus der 90 Optionen, die von den vier Partnernationen bestellt wurden.

Das Programm gewinnt an Dynamik

Auch bei den Waffensystemen wurden Mitte 1998 die Weichen für Neuentwicklungen gestellt, so unter anderem auch für IRIS-T, eines in Deutschland initiierten Infrarotflugkörpers mit Schubvektorsteuerung. Sie sollte ab dem Jahre 2003 als Sidewinder-Nachfolger für den Eurofighter zur Verfügung stehen. Derweil hatte die Eurofighter GmbH mit der NETMA am 18. September 1998 den Supplement-2-Vertrag unterschrieben. Liefer- und Preisbedingungen für die erste Tranche von 148 Flugzeugen wurden damit festgelegt und die Verträge zur Produktion der Tranche 1-Flugzeuge unterzeichnet.

Durch das überaus erfolgreiche Erprobungsprogramm beflügelt begann man im Eurofighter-Konsortium Vermarktungsanalysen zu erstellen und zaghaft die Fühler nach eventuellen neuen Kunden auszustrecken. Die vier Partnerfirmen vereinbarten, zunächst keine zentrale Vertriebsorganisation zu schaffen, sondern die existierenden Exportabteilungen der Firmen samt ihrer Netzwerke zu nutzen. Man einigte sich auf das Prinzip, das immer eine Partnerfirma für Exportbemühungen in festgelegten Regionen zuständig sein sollte, in denen sie bereits fest vertreten war und Produkte exportiert hatte. So übernahm Alenia Teile Südamerikas und die Türkei, BAe den Nahen und Mittleren Osten sowie Teil Asiens, CASA Teile Südamerikas und Südkorea und die DASA Nord- und Mitteleuropa einschließlich Griechenland.

Es sollte aber auch noch ein neuer Name für den Eurofighter 2000 gefunden werden, der besonders auf den Wunsch britischer Marketing-Manager eine stärkere Ausstrahlung haben sollte. Doch so einfach war auch dieses nicht. Zwar einigte man sich am 3. September 1998 auf den Namen »Typhoon« doch mit der Einschränkung, dass der Name nur für das Marketing außerhalb Europas stehen sollte. Für den Eigenbedarf und den Europaraum sah man nach Ansicht des Verteidigungsministeriums keinen Anlass den Namen zu ändern. Mitte des Jahres 1998 hatte bereits eine Exportoffensive der DASA begonnen und diese führte in Richtung Norwegen. So war es Chris Worning, Testpilot der DASA, der mit dem DA5, 98+30, zum ersten Mal im Juni 1998 Norwegen besuchte. Der Besuch galt der königlich norwegische Luftwaffe auf der Rygge Air Force Base südlich von Oslo. Norwegen hatte am Eurofighter großes Interesse gezeigt und sich als potenzieller Kunde dargestellt. Dieses wurde am 11. Februar 1999 durch eine formelle Bitte Norwegens zur Erstellung eines

Der spanische Doppelsitzer DA6, der seinen Erstflug am 31. August 1996 unternahm.

Angebots für die Beschaffung von 20 Flugzeugen mit Optionen auf zehn weitere untermauert. Etwas früher, bereits am 15. und 16. Dezember 1998 war der norwegische Testpilot Major Frode Evenson der erste Pilot einer potenziellen Kundennation, der das Flugzeug bei einer Serie von Auswertungsflügen in Manching testen konnte. Ein erstes Angebot wurde Norwegen am 16. Juni 1999 vorgelegt.

Auch Griechenland gesellte sich zu den Interessenten. Am 12. Februar 1999 gab Griechenland die formelle Auswahl des Eurofighters als erster Exportkunde bekannt und im Juni 1999 erhielt das Eurofighter-Konsortium von der Republik von Korea eine Anfrage, ein Proposal für 40 bis 60 Flugzeug für ihren F-X-Jäger zu erstellen. Auch die Niederlande, die Tschechische Republik und Polen übergaben ihre Anfragen dem Eurofighter-Konsortium. Um die Aktivitäten der Partnerfirmen zu kanalisieren und zu unterstützen sowie auch das Flugzeug in Übersee zu vermarkten, wurde am 4. November 1999 von den vier Partnernationen die Exportvertriebsorganisation »Eurofighter International Limited« gegründet. Präsident der neuen Organisation wurde Cesare Gianni von Alenia.

Bei der DASA – ab 1999 EADS – in Manching gab man sich nun die Klinke in die Hand. Jeder, der auf Luftwaffen-Führungsebene etwas mit dem Eurofighter zu tun hatte, wollte sich über die mittlerweile bekannten außergewöhnlichen Eigenschaften informieren und sich darüber ein Bild machen. Am Anfang war es Luftwaffeninspekteur Generalleutnant Rolf Portz, der sich das agile Flugverhalten des Jagdflugzeugs vorführen ließ. Über eine Stunde demonstrierte EADS-Chef Testpilot Wolfgang Schirdewahn die hervorragenden Flugeigenschaften des von BAe ausgeliehenen DA4-Doppelsitzers. Am beeindruckensten waren ohne Zweifel die exzellenten Starteigenschaften, aber auch die optimal gestaltete Cockpitausstattung und der angenehme Martin Baker-Schleudersitz fanden Gefallen.

Ende 1999 hatten alle sieben Prototypen über 1000 Flüge absolviert und mit viel Zuversicht wechselte man in das neue Jahrtausend. An allen Produktionsstandorten hatte bereits der serienmäßigen Bau der Sektionen begonnen. So konnte das Augsburger EADS-Werk Ende Januar 2000 die Fertigstellung der ersten serienmäßigen Rumpfmittelteil-Struktur vermelden. Anschließend transportierte man dieses Teil per Tieflader in das Werk Manching, wo alle restlichen Komponenten, Verkabelungen und Rohrleitungen installiert wurden.

Für die EADS Manching war der 31. August 2000 ein sehr wichtiger Meilenstein auf dem Weg zur Serienfertigung. An diesem Tag wurde an BAE das erste komplett ausgerüstete Rumpfmittelteil für das »Instrumented Production Aircraft« 1 (IPA), welche ein Jahr später in Warton ausgeliefert werden sollte, übergeben. Geplant war, der RAF die ersten beiden Maschinen von insgesamt 55 für Testzwecke zur Verfügung zu stellen. Insgesamt war vorgesehen, im Jahr 2001 drei Maschinen zu fertigen, ein Jahr später sollten acht Flugzeuge folgen.

Die deutsche Luftwaffe hatte bis zu diesem Zeitpunkt ein IPA plus 43 Flugzeuge, Spanien 20 Maschinen, unter ihnen ein IPA, und Italien 29 Maschinen, darunter ein IPA bestellt. Die ersten Maschinen entsprachen aber nur dem IOC-Standard (Initial Operational Clearance) was so viel bedeutete, dass diese Flugzeuge (Minimalausstattung an Geräten) nur für die Luftkampf-Grundausbildung geeignet waren. Zu einem späteren Zeitpunkt sollten sie dann durch Einbau, Nachrüstung und Software-Update ihre Full Operational Capability (FOC) erhalten.

Eurojet erreichte im Frühjahr 2001 ein wichtiges Datum, denn am 8. März 2001 wurde die Produktionsversion des EJ200 zugelassen und schon bald darauf, am 1. Juni 2001, für die Installation am IPA3 an EADS in Manching ausgeliefert. Der Erstflug war für 2002 vorgesehen. MTU Aero Engines hatten derweil den Auftrag erhalten, alle für die 180 deutschen Eurofighter bestimmten Triebwerke zu bauen. Durch Verzögerungen bei der Auslieferung diverser Komponenten verschob sich auch der Zeitplan für das Flugprogramm nach hinten. Als erste Maschine hob am 5. April 2002 in Turin Caselle die IPA2, MMX614, ein Doppelsitzer, mit Cheftestpilot von Alenia Maurizio Cheli, ab. Es folgte am 8. April 2002 mit den Piloten Chris Worning von der EADS und Oberstleutnant Robert Hierl von der WTD, in Manching die deutsche IPA3, 98+03 und am 14. April 2002 startete Keith Hartley und Paul Hopkins von Warton zu ihrem Erstflug mit der IPA1, ZJ699.

Zwischenzeitlich hatte das Eurofighter-Konsortium im Hinblick auf Exporte des Eurofighter viel unternommen und weitere potente Interessenten umworben. Doch die norwegische Luftwaffe, welche sehr begeistert schien, trat bezüglich der Beschaffung auf die Bremse, und auch Griechenland legte die bereits festen Kaufabsichten mit der Begründung auf Eis, dass die Finanzierung noch nicht gesichert sei und dass vorrangig Sozialprogramme und die Austragung der Olympischen Spiele zu finanzieren waren. Unverständnis machte sich im Konsortium breit, hatte man doch Griechenland eine einmalige Chance geboten, sich an diesem sehr umfangreichen Militärprogramm zu beteiligen und ein sehr attraktives Angebot für deren Industrie vorgelegt.

Der letzte der sieben Prototypen, DA7 mit AIM-9 Sidewinder. Diese Maschine wurde u.a. zur Waffenintegration genutzt.

Erstflug des IPA3 am 8. April 2002 von Manching aus.

Instrumented Production Aircraft									
IPA	Werk Nr.	Kennung	Erstflug	Pilot	Hersteller	Dauer	Ort	Land	Aufgaben/ Anmerkungen
IPA1	PT001	ZJ699	15.04.2002	Keith Hartley Paul Hopkins	BAE	26 min	Warton	Großbritannien	Carefree handling, DASS
IPA2	PT002	MMX614	05.04.2002	Maurizio Cheli	Alenia	25 min	Caselle	Italien	EJ200 DECMU Test Test Luft-Boden Waffen
IPA3	PT003	98+03	08.04.2002	Chris Worning OTL Robert Hierl	EADS-D	31 min	Manching	Deutschland	Carefree handling, Avionik
IPA4	PS001	C.16-20	27.02.2004	Alfonso de Castro	EADS-S		Getafe	Spanien	Test Luft-Boden-Waffen Handling Charakteristics
IPA5	PS002	ZJ700	07.06.2004	Mark Bowman	BAE	28 min	Warton	Großbritannien	
IPA6	BS031		01.11.2007	Mark Bowman	BAE	54 min	Warton	Großbritannien	
IPA7	GS029	98+07	16.01.2008	Chris Worning	EADS-D		Manching	Deutschland	erster Tranche 2 EF

PT = Production Twinseater
PS = Production Singleseater

Ganz unverhofft landete dann Anfang 2002 die Bitte um Abgabe eines Angebots über die Beschaffung von 24 Abfangjägern als Ersatz für die Draken mit Liefertermin bis 2005 des österreichischen Verteidigungsministeriums auf dem Tisch der EADS. In die engere Auswahl kamen neben dem Eurofighter auch die SAAB/BAE JAS 39 Gripen. Für alle Außenstehenden überraschend, kündigte das österreichische Parlament am 2. Juli 2002 die Auswahl des Eurofighters für die österreichische Luftwaffe an. Zuerst beabsichtigte man die Beschaffung von insgesamt 24 Flugzeugen, doch bis zur Vertrags-Unterzeichnung im Juli 2003 reduzierte sich die Anzahl auf 18 Maschinen. Im Jahr 2007 erfolgte ein weitere Verringerung auf schließlich 15 Maschinen.

Die Unglücksmaschine. Am 21. November 2002 stürzte der DA6, XCE.16-01, in der Nähe von Toledo nach einem unerwarteten Triebwerksaufall ab.

Rückschlag

Eine unangenehme Überraschung erlebte das Eurofighter-Programm am 21. November 2002. Bei einem Flugeinsatz der DA6, XCE.16-01 von Getafe aus, trat an beiden Triebwerken unerwartet ein Strömungsabriss auf. Ein Wiederstart der Triebwerke misslang und so konnten sich beide Piloten, der EADS-CASA-Cheftestpilot Eduardo Cuadrano und Ignacio Lombo, Testpilot der spanischen Luftwaffe, nur noch mit dem Schleudersitz retten. Der spanische Doppelsitzer stürzte in der Nähe von Toledo ab. Dem Untersuchungsbericht zufolge flog die Maschine in etwa 13.700 m Höhe mit Mach 0.7. Während das Flugzeug stabilisiert worden war, um die vorgesehene Erprobungsaufgabe einzuleiten, kam es an beiden Triebwerke zum Strömungsabriss mit anschließendem Ausfall. Eingebaut waren EJ 200-Vorserienmodelle des Bauzustandes 03A. Die DA6 hatte es auf 325 FH und 362 Testflüge gebracht.

Zieleinlauf

Anfang des Jahres 2003 hatte man endlich sein Ziel erreicht. Die ersten für die Truppen bestimmten Eurofighter (Doppelsitzer) verließen die Produktionshallen und führten nach der Freigabe durch die NETMA in allen vier Partnerländern ihre Jungfernflüge durch. Zahlreiche kleinere Produktionsfehler innerhalb der Serienproduktionsvorbereitung, so z.B. Schwierigkeiten bei der superplastischen Formung und Beplankung der beiden Canards oder der Ablösung der Kohlefaserbeplankung am Seitenleitwerk verzögerten allerdings den Rollout.

Ohne »Publikumsscheu« konnte schließlich nach insgesamt 15 Jahren Entwicklungszeit am 27. Juni 2003 die Unterzeichnung des »Typ Acceptance Certificates« und am 30. Juni 2003 die offizielle Typenzulassung in Manching stattfinden – in Anwesenheit von Verteidigungsminister Peter Struck, den Staatssekretären Phillipo Berselli aus Italien, Victor Torre de Silva aus Spanien und Lord William Bach of Lutterworth aus England.

Die Typenzulassung bestätigte im Einzelnen, dass die vertraglichen Vereinbarungen eingehalten wurden. Sie bezog sich auf die Doppelsitzer des ersten Bauloses und die Flugzeuge der Tranche 1. Diverse Einschränkungen waren im Anhang aufgelistet. Dieses »Typ Acceptance Certificate« stellte die Voraussetzung zur Erteilung der vorläufigen Verkehrszulassung durch die Musterprüfstelle der Bundeswehr bei der WTD 61 dar. Am Ende der Zeremonie startete der deutsche Zweisitzer GT003 zu seinem Erstflug.

Seit den ersten Überlegung für dieses Programm waren mittlerweile 30 Jahre vergangen. Lange hatte es nicht danach ausgesehen, doch schließlich realisierten die europäischen Partner mit dem Eurofighter Typhoon ein höchst modernes Kampfflugzeug, das auf Jahrzehnte hinaus das Rückrat vieler Luftwaffen bilden wird.

Die stolzen Repräsentanten der Partnerländer, ganz links der deutsche Verteidigungsminister Dr. Peter Struck, bei der Type Acceptance des Eurofighter Typhoon am 30. Juni 2003 in Manching.

Trotz aller Probleme und Schwierigkeiten, die ein solch langes und komplexes Vorhaben mit sich bringt, ist dies sicher ein vorbildliches Ergebnis europäischer Kooperation.

Versammelte Mannschaft. Auf dem Vorfeld der WTD 61 fand ein ungewöhnliches Zusammentreffen statt. Fünf Eurofighter mit unterschiedlicher Nationalität. Zu zwei Flugzeugen des JG 73 gesellte sich eine italienische, eine spanische und eine britische Maschine.

98 07
Airbus Manc

Produktion und Industrieunterstützung

Entwicklung und Fertigung

Ein wesentlicher Erfolgsgarant für das Eurofighter-Projekt ist sicherlich seine Multinationalität. So war es möglich ein starkes Konsortium zu schaffen, welches trotz des langen Realisierungszeitraums mit diversen zu lösenden Problemen das Ziel nicht aus den Augen verlor. Der mit der Flugzeugentwicklung verbundene Know-How-Aufbau sowie die Sicherung bestehender und Schaffung neuer Arbeitsplätze war über die Jahre eine wesentliche Motivation, ein Fluggerät in Europa zu entwickeln und nicht von der Stange zu kaufen.

Als erstes galt es die Eurofighter Jagdflugzeug GmbH, die zentral für die Entwicklung den Bau und die Vermarktung des neuen Kampfflugzeuges verantwortlich zeichnen sollte, entsprechend der ursprünglich geplanten Flugzeuganzahl der einzelnen Luftwaffen von Großbritannien, Deutschland, Italien und Spanien aufzuteilen. So erhielt anfänglich BAE (jetzt BAE Systems) 33%, DASA (jetzt Airbus Defence and Space GmbH) 33%, Alenia (jetzt Leonardo) 21% und CASA (jetzt Airbus Defence and Space) 13% Anteile der gemeinsamen Firma. Diese Aufteilung sollte später auch bei der Produktion Anwendung finden doch passten die Partnerländer ihre Bedarfe vor Unterzeichnung des 620 Flugzeuge umfassenden

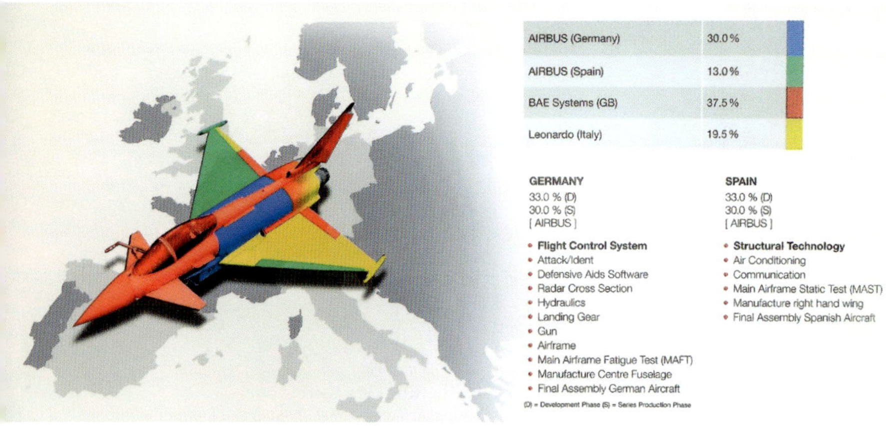

Die Produktionsaufteilung.

Rahmenvertrages vom 30. Januar 1998 unterschiedlich an. Dies beeinflusste die Produktionsaufteilung, die schließlich mit 37,5 % für BAE, 30 % für die DASA, 19,5% für Alenia und 13% für CASA festgeschrieben wurde. Da die DASA und die CASA unter dem Dach der EADS (jetzt Airbus Group) mittlerweile vereint sind, ergab sich ein kombinierter Produktionsanteil der EADS von 43%. Vertragspartner der Eurofighter GmbH für die vier Partnerländer ist die NETMA, die NATO Eurofighter and Tornado Management Agency.

Neben der Eurofighter GmbH bestehen vier weitere Industriezusammenschlüsse zur Entwicklung und Produktion von Eurofighter-Untersystemen (Subsystems): Die Eurojet GmbH ist für das EJ200 Triebwerk zuständig, EuroRadar verantwortet das ECR 90 Captor-Radar, EuroDass entwickelt das Selbstverteidigungs-System DASS und EuroFIRST kümmert sich um das PIRATE Infrarot-Such- und Darstellungssystem.

Neben den Hauptauftragnehmern spielte und spielt das Eurofighter-Programm für viele weitere Zulieferer vor allem aus den vier Partnerstaaten eine sehr wichtige Rolle. So steuern über 20 Firmen aus Deutschland wie zum Beispiel die Autoflug GmbH, AOA Gauting (jetzt Diehl Aviation), Diehl Avionik System GmbH, ESW, Liebherr-Aerospace, Nord Mirco und Rhode & Schwarz, Premium Aerotec und Hensoldt Systembauteile zu.

Insgesamt sind rund 400 europäische Unternehmen mit insgesamt ca. 100.000 Beschäftigten direkt oder indirekt am Hochtechnologie-Vorhaben Eurofighter beteiligt.

Entwicklungs- und Fertigungsaufteilung

Vor dem Entwicklungsstart des Eurofighter-Programms einigten sich die beteiligten Firmen wer für welches System verantwortlich zeichnen sollte. Die sogenannten System Design Responsibilities, (SDR, Systemverantwortlichkeiten) verteilten sich wie folgt und orientierten sich vom Umfang her an der ursprünglichen Arbeitsaufteilung:

BAE Systems

- Avionik Integration
- Cockpit: Anzeigen und Kontrollen, Integriertes Kontroll- und Aufzeichnungssystem
- Selbstverteidigungshilfen
- Elektromagnetische Verträglichkeit und Hochenergie-Verträglichkeit (Blitz)
- Elektriksystem
- Kraftstoffsystem
- Piloten-Rettungssystem

Airbus in Deutschland

- Flugsteuerungssystem
- Waffenkontrollgeräte
- Radar-Signatur
- Hydraulik-System
- Fahrwerk
- Dynamische Tests
- Bordkanone

Airbus in Spanien

- Kommunikation
- Klimaanlage
- Statische Tests
- Flugzeugstruktur

Leonardo
▪ Navigation
▪ Kraftstoff-Tests
▪ Triebwerks-Integration
▪ Energie-Versorgungssystem
▪ System-Überwachung

Die Arbeiten im Zusammenhang mit diesen Systemen beschränkten sich allerdings nicht nur auf die Länder mit Systemverantwortung, hier wurden die diesbezüglichen Aktivitäten gesteuert und verantwortet.

Die Entwicklungsarbeit der wichtigen Hauptkomponenten Triebwerk und Radar erfolgte bei den Lieferanten Eurojet und EuroRadar.

Unabhängig von Systemverantwortlichkeiten erhielten die Partnerfirmen anteilig Produktionsverantwortung für die diversen Flugzeug-Hauptkomponenten. Hierbei wurde folgende Aufteilung vereinbart:

BAE Systems
▪ Rumpfbug
▪ Canards
▪ Windschutzscheibe und Cockpithaube
▪ Leitwerk
▪ Rumpfrücken
▪ Erster Teil des Rumpfhecks
▪ Innere Flaperons
▪ Äußere Waffenträger

Airbus in Deutschland
▪ Komplettes Rumpfmittelteil

Airbus in Spanien
▪ Rechte Tragfläche
▪ Vorflügelklappen

Leonardo
▪ Linke Tragfläche
▪ Äußere Flaperons
▪ Zweite und dritte Stufe des Rumpfhecks

Komponentenfertigung

Die Fertigung bzw. der Geräteinbau dieser Hauptbaugruppen erfolgt für alle Eurofighter-Maschinen bei den jeweiligen Partnerfirmen. Die Komponenten-Fertigung von BAE Systems befindet sich überwiegend in Samlesbury, Lancashire in Nord-West England. In einer modern ausgestatteten Produktionshalle entstehen hier wesentliche Teile für den Eurofighter, wie die Canards, das Seitenleitwerk, die erste Stufe der Hecksektion die inneren Flaperons sowie das Cockpit.

Im Leonardo-Werk in Foggia, Italien, wird die linke Tragfläche und die äußeren Flaperons gebaut, dazugehörige dynamische Elemente werden von der Firma Microtechnica (dieses Unternehmen gehört heute zu UTC) in Turin beigesteuert.

Die Frontsektionen des Eurofighter werden von BAE im Montagewerk Salmesbury, England gefertigt.

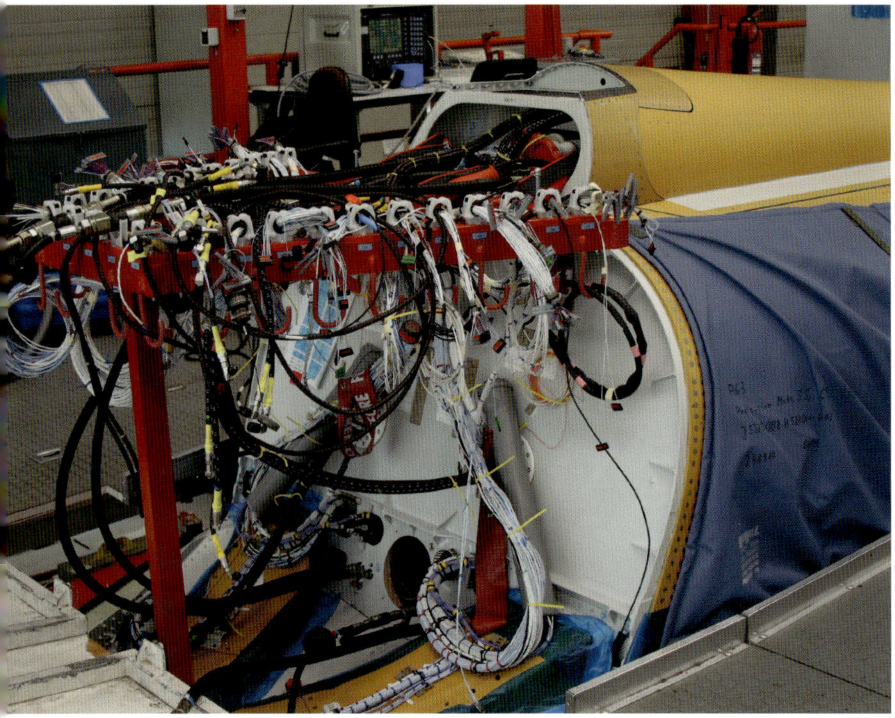

Für eine genaue Kabelidentifizierung und einer späteren Weiterführung werden die Kabel in einer dafür vorgesehenen Vorrichtung positioniert.

Die Einzelteilfertigung in Spanien findet vor allem im Werk Illescas (Getafe) statt, von hier stammt der rechte Flügel des Eurofighter. Die Vorflügelklappen der Maschine werden in Cadiz gebaut.

Auf deutscher Seite nimmt die vollständig zu Airbus SE gehörende Premium Aerotec am Standort Augsburg eine wichtige Stellung ein. So entsteht hier der Hauptteil des 6,5 Meter langen, 1470 kg schweren und aus 72% Aluminium bestehenden Rumpfmittelteils. Ein kleinerer Teil davon, die Sektion 3, wird vom Werk in Lemwerder, nahe Bremen, beigesteuert. In Bremen entstehen auch diverse Frästeile für das Rumpfmittelteil. Das Airbus Werk Stade liefert zudem wichtige Kohlefaserverbundwerkstoffe für den Eurofighter (16,5% des Rumpfmittelteils).

In dem mit modernsten Anlagen ausgestatteten Werk in Augsburg, das in den 80er-Jahren für die Produktion des Tornado-Mittelteils verantwortlich zeichnete, entstehen ca. 50 % der insgesamt 3500 Strukturbauteile für das Rumpfmittelteil des Eurofighter. Anschließend werden diese in verschiedenen Docks, Stationen genannt, von spezialisierten Teams zusammengebaut.

Zuerst gilt es die drei einzelnen Rumpfsektionen des Mittelteils zusammenzufügen. Dies geschieht an einer von drei identischen Stationen. Im folgenden Dock werden ca. 3500 Bohrungen computergesteuert eingebracht. Nun folgt als Teil zweier separater Ausrüstungsstationen das Anbringen der aus CFK bestehenden Oberschale sowie des von der BAE Systems stammenden Rumpfrückens (Spine). Als nächster Schritt wird die Tankabdichtung und Dichtigkeitskontrolle durchgeführt. Anschließend richten hochqualifizierte Techniker das Rumpfmittelteil auf und installieren den Lufteinlass. Abschließend montieren sie die fehlenden Abdeckungen und bringen Schutzanstriche auf. Nun steht das Rumpfmittelteil zur Versendung mit einem LKW zum Airbus Standort nach Manching bereit.

Dort angekommen folgt die weitere Systemausrüstung des Eurofighter.

Im März 2023 waren schon die ersten Rumpfmittelteile geliefert und befanden sich in Manching in der Ausrüstungphase. Hier zu sehen das Rumpfmittelteil des ersten Tranche 4-Einsitzers, GS0114.

Ebenfalls unterteilt in verschiedene Stationen, kommen nun nach und nach die Triebwerks-Kontrollsysteme, das Kraftstoffsystem, das elektrischen System sowie das Hydraulik- und Feuerwarnsystem zum Einbau. Bei den IPA-Flugzeugen (Instrumented Production Aircraft) erfolgt darüber hinaus die Installation der Flugversuchsinstrumentierungen. Nach Abschluss dieser Tätigkeiten schließt sich eine ausführliche Testphase an. Automatische Verkabelungstest sowie Dichtigkeitsprüfungen der Druckluft- und Hydraulikanlage werden vorgenommen. Weitere Funktionstests folgen, darunter auch die Justierung der großflächigen Luftbremse des Bugfahrwerks sowie der Hauptfahrwerksklappen. Eine erneute Dichtigkeitsprüfung des gesamten Kraftstoffsystems beendet die Fertigung des Eurofighter-Rumpfmittelteils. Die gesamte Systemausstattung und Testphase dauert in Manching etwa 40 Arbeitstage.

Nach exakten Vorgaben wie in einem Baukastensystem werden elektrische Kabel und Versorgungsleitungen in das Rumpfmittelteil eingebaut und beschriftet.

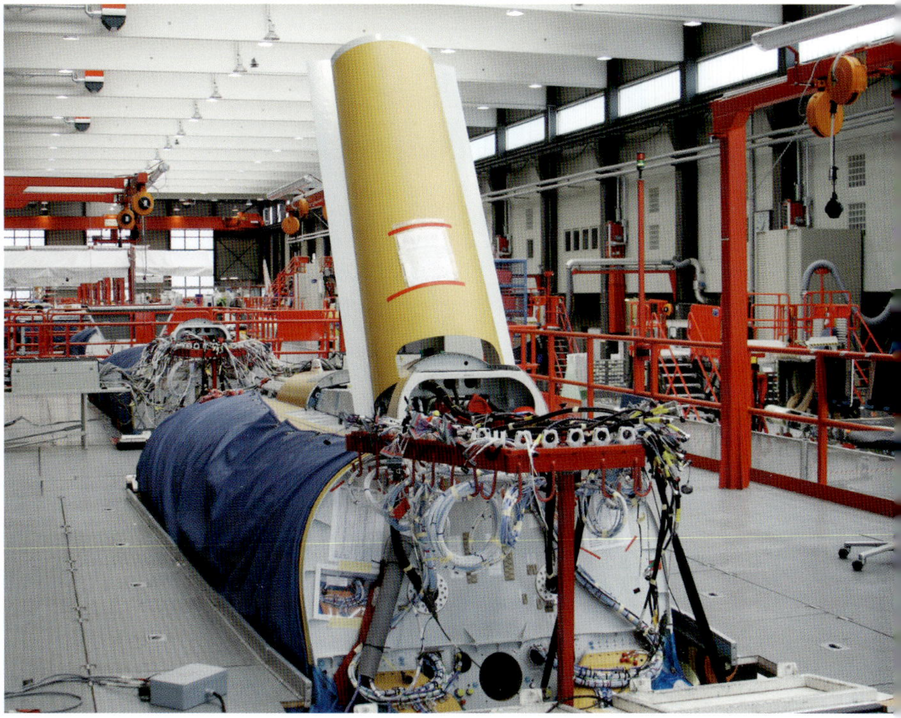

Endfertigung, Prüfflüge und Übergabe

Als Teil der Produktionsvereinbarung zwischen den Partnerländern wurde auch der Aufbau von vier eigenständigen Endmontagelinien vereinbart. Diese befinden sich in Manching bei Ingolstadt für die Auslieferung an die deutsche und österreichische Luftwaffe. Weiterhin in Warton, Großbritannien für die Royal Air Force (RAF), in Caselle, Italien für die italienische und in Getafe, Spanien für die spanische Luftwaffe. Saudi-Arabien hat 72 Eurofighter gekauft, die in Warton endgefertigt wurden. Dort findet auch die Endfertigung der 24 Maschinen für das Emirat Katar, für die zwölf Maschinen des Oman und für die 28 kuwaitischen Maschinen statt.

Die Manchinger Endmontagelinie befindet sich in einer 172 Meter langen und 32 Meter breiten Halle. Neben der Endfertigung findet hier auch die Systemausrüstung der Rumpfmittelteile statt. Ca. 1800 Mitarbeiter von Airbus arbeiten in Manching am Programm Eurofighter.

Die Fertigungslinie in der Montagehalle besteht aus insgesamt sechs Stationen an denen insgesamt 334 Haupt- und Subkomponenten zusammengefügt und integriert werden. Diese werden, um eine teure Lagerhaltung zu vermeiden, »Just in Time« geliefert.

Der Endmontageprozess beginnt der Prozess mit dem sogenannte »Marry Up«, d.h. die Cockpitsektion aus

Der Bau der linken Tragflächen und des Flugzeughecks erfolgt bei Alenia in Caselle/Turin.

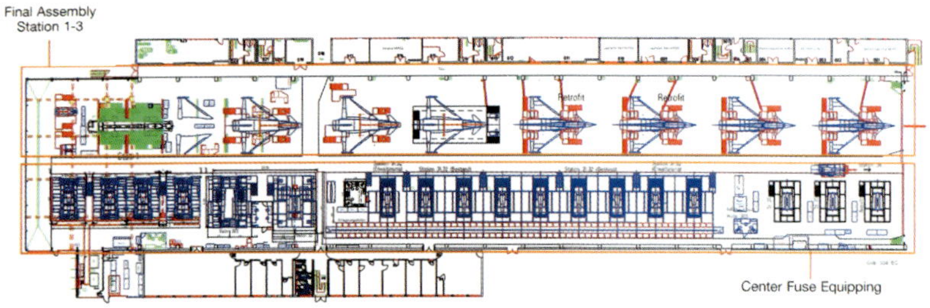

FAL and CFE

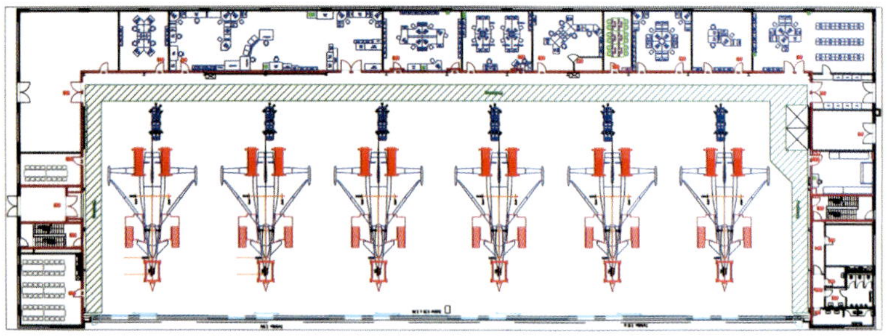

B-Test

Grafische Darstellung der Manchinger Endmontagelinie inklusive Rumpfmittelteil-Ausrüstung.

Großbritannien und die zwei weiteren Rumpfteile werden hier miteinander verbunden. An den nun folgenden Stationen erfolgt der Anbau der Tragflächen, des Leitwerks, der Vorflügel und der Fahrwerke. Weiterhin werden alle Hauptsysteme wie Kraftstoff, Elektrik, Hydraulik und Klimaanlage an den dazugehörigen Rohr- oder Kabelverbindungen angeschlossen.

Die Taktstraße. Je nach Bauzustand wird das Flugzeug um eine Station nach vorne gesetzt. Dabei führen die Spezialisten immer wieder dieselben Arbeiten aus bzw. bauen die entsprechenden Komponenten ein.

Eine Station weiter. Die Luftbetankungssonde sowie viele Bauteile im Cockpit sind bereits installiert.

Bei dem automatischen Verkabelungstest werden die ca. 100 Kilometer verlegten Kabel des Eurofighters bezüglich ihres Widerstands, ihrer Spannungsfestigkeit Isolation und auf Durchgang geprüft. Anschließend wird dann die Systemintegration mit elektrischen, hydraulischen und mechanischen Tests durchgeführt. Es folgt der Einbau diverser Avionik-Komponenten sowie Systemrechner. Danach wird die Cockpithaube eingepasst und die Hilfsturbine (APU) installiert. Aufwändige Systemtests schließen sich an, so werden zum Beispiel die Bedienelemente im Cockpit überprüft, das Fahrwerk getestet und die Kraftstoff- und Hydraulikanlage mittels Druckbeaufschlagung auf Dichtigkeit geprüft. Nun rückt das Flugzeug eine weitere Station vor. Dann steht die Integration der Triebwerke sowie der dazugehörigen Steuerelektronik im Mittelpunkt. Die Bk27 Mauser-Kanone wird auf der rechten Seite im Bereich der Tragflügelwurzel eingebaut, das Radarsystem mit Kühlflüssigkeit befüllt und das Hydrauliksystem entlüftet. Darüber hinaus wird das Kraftstoffsystem inklusive dem Luftbetankungsstutzen, die Flugsteuerungsanlage, der Fanghaken sowie die Bremsschirm-Anlage einem Systemtest unterzogen. An den letzten Positionen in der großen Endmontagehalle in Manching installieren die Elektronik-Spezialisten das Feuerleit- und Identifizierungssystem, die Kommunikationssysteme, das DASS-Selbstschutzsystem, das Waffensteuerungssystem, die Außen- und Innenbeleuchtung sowie die Klimaanlage. Danach werden die kompletten Systeme auf Herz und Nieren geprüft. An der nächsten Station werden nun diverse Test des Kraftstoffsystems inklusive der Luftbetankungsanlage und bei einigen ausgewählten Maschinen zusätzlich einen Wasser-Dichtigkeitstest durchgeführt. Nachfolgend wird der Schleudersitz eingepasst und es finden ausführliche Triebwerkstests statt. Nachdem alle Systemeinbauten und Tests beendet sind, kann die Maschine nun ihre Lackierung erhalten. Neben dem gewünschten Farbton erhält der Eurofighter hier auch diverse Beschriftungen und sonstige Markierungen. Danach wird bei ausgewählten Flugzeugen ein Test des elektronischen Selbstschutz-Systems DASS durchgeführt.

Die GS0106 (31+46) befindet sich in der Station »Wing and System Splice«.

Jetzt wird die Maschine für ihr eigentliches Element vorbereitet. Der erste von normalerweise zwei »Production Flight Acceptance Tests«, PFAT 1 und 2 stehen auf dem Testflugprogramm. Bei diesem Flug wird die Maschine von einem der Airbus-Werkstestpiloten auf Herz und Nieren geprüft. Sie bringen die höchst mögliche Qualifikation die Testflugberechtigung der Klasse 2 mit und haben alle einen militärfliegerischen Erfahrungs-

Dieser einsitzige Eurofighter, WerkNr. GS030 (Tranche 2) verließ nach dem Ausrüstungszustand und nach Durchführung umfangreicher Tests die Endmontagehalle.

Ein Eurofighter des TaktLwG 71 »R« rollt in Manching zum Start.

hintergrund. Vor jedem Flug erfolgen eine ausführliche Vorbereitung des Piloten sowie eine gründliche Vorflugkontrolle der Maschine durch das technische Personal. Danach startet die Maschine zu einem ca. 75-minütigen Erstflug, der meist in einen reservierten Luftraum führt. Hier kann das standardisierte Flugprogramm durchgeführt und die hauptsächlichen Systeme in ihrem Element getestet werden. Es besteht auch die Möglichkeit in einem bestimmten festgelegten Korridor einen Überschallflug durchzuführen. Danach geht es zurück nach Manching wo noch diverse Durchstart-Manöver auf dem Programm stehen. Anschließend findet eine ausführliche Flugnachbereitung statt und abhängig von den Ergebnissen des Testfluges folgen weitere Arbeiten am Flugzeug.

Der zweite PFAT steht dann normalerweise einem Piloten der Kundenluftwaffe zu. Mit einem eigenen Überprüfungsprogramm werden die Maschinen nochmals ausgiebig getestet. In Manching besteht eine gute Zusammenarbeit zwi-

Vorbereitungen für einen PFAT-Abnahmeflug.

schen den Testpiloten von Airbus und der ebenfalls auf dem Gelände ansässigen Wehrtechnischen Dienststelle 61, die dem Bundesamt für Ausrüstung, Informationstechnik und Nutzung der Bundeswehr (BAAINBw) unterstellt ist. Bei der WTD 61 sind die Testpiloten direkt in das Eurofighter-Programm mit eingebunden und führen die PFAT 2-Flüge durch. Die letzte Station der Werksfertigung ist vor allem dem Kunden vorbehalten. Nach den entsprechenden Übergabevorbereitungen finden erneut diverse Tests der Systeme statt. Gibt es hier keine Beanstandungen erfolgt schließlich der Überführungsflug zum zukünftigen Standort der Maschine.

Während der kompletten Fertigung der Eurofighter sind Gütestückprüfer der Kunden mit in den Produktionsprozess eingebunden und üben eine Bauaufsicht aus.

Die Tranchen

Die Produktionsaufteilung des Eurofighters ist gegliedert in Tranchen, Baulose (Batches) und Blocks, die die jeweilige Fähigkeit beschreiben. Die bis jetzt vereinbarte Anzahl der Gesamtbestellungen von Eurofighter-Flugzeugen für die verschiedenen Kunden liegt bei 680 Maschinen. Diese gliedern sich in vier Tranchen, die erste beinhaltet 147, die zweite 299, die dritte 176 und die vierte bis jetzt 58 Luftfahrzeuge.

Die Unterteilung in Tranchen soll vor allem die Kunden-Forderung nach einem kosteneffektiven Kampfflugzeug ermöglichen, welches einen Festpreis pro Tranche beinhaltet. So sind sich verändernde Rahmenbedingungen in einem separaten Tranchen-Vertrag für die Industrie kalkulierbarer und per Fixpreis anbietbar.

Im Zeitraum 2012 bis 2017 unterzeichneten Saudi-Arabien, Oman, Kuweit und Katar Bestellungen für den Eurofighter. Die damit verbundene nahezu ununterbrochene Fertigung von Mittelrümpfen trug entscheiden

Mittlerweile finden sich nicht nur neu gebaute, instandgehaltene oder modifizierte Eurofighter in Manching, sondern auch Flugzeuge, die nicht mehr fliegen werden. Die Tranche 1-Flugzeuge sind, auch bezüglich der Hardware, kaum kompatibel mit Flugzeugen ab Tranche 2 und werden trotz niedriger Flugstunden ausgesondert. Airbus Defence and Space gewinnt Hochwertteile, um sie wieder verwenden zu können. Hier zu sehen die 30+27.

Im Rahmen einer Zeremonie feierte Airbus Defence and Space (zum damaligen Zeitpunkt noch Cassidian Military Air Systems) am 4. Dezember 2013 in Manching die Übergabe der 400. gebauten Maschine.

zum Fähigkeitserhalt der Industrie bei, einschließlich dem Weiterbetrieb von Zulieferfirmen aus der Kette der Unterauftragnehmer.

Der letzte durch die Bundeswehr bestellten 143 Eurofighter (31+53) wurde im Dezember 2019 übergeben. Seit dieser letzten Auslieferung an die deutsche Luftwaffe ruhte die Endmontage in Manching. Nachdem der deutsche Verteidigungs- und Haushaltausschuss im November 2020 die Beschaffung weiterer 38 Eurofighter (Tranche 4), sieben davon Doppelsitzer, im Rahmen des Quadriga-Vertrags beschlossen hat, wird die Endfertigung nun wieder reaktiviert. Die ersten Rumpfmittelteile wurden schon von Premium Aerotec geliefert und befanden sich im März 2023 in Manching schon in der Aufrüstung. Die ersten fertigen Eurofighter sollen ab 2025 der Luftwaffe übergeben werden. Sie werden über das hochmoderne AESA-Radar (ECRS Mk.1) verfügen. Zu den 38 Eurofightern gehören auch drei zusätzlich für Testvorhaben instrumentierte Flugzeuge (Instrumented Series Production Aircraft IPA/ISPA). Darüber hinaus wird Airbus Defence and Space in Manching die Nachrüstung aller Tranche 2 und 3-Flugzeuge mit dem ECRS Mk.1-Radar vornehmen.

Im Rahmen des Halcon-Vetrages erhält auch die spanische Luftwaffe insgesamt 20 weitere Eurofighter, welche in vergleichbarer Konfiguration wie die Luftfahrzeuge des deutschen Quadriga-Programms ausgestattet werden. Die 16 einsitzigen und vier doppelsitzigen Maschinen erhalten durch Airbus in Manching ihren Mittelrumpf, werden im spanischen Getafe bei Madrid produziert und sollen ab 2026 ausgeliefert werden..

Ausblick

Das Wachstumspotential des Flugzeuges lässt Raum für Verbesserungen aller wesentlichen Elemente. Ganz konkret steht aktuell eine Version des Eurofighters im Blickpunkt, die für den elektronischen Kampf als Nachfolger für den Tornado ECR spezialisiert sein soll.

Die Spezifikation einer solchen Plattform findet gerade beim Kunden, dem BAAINBw, statt. Anschließend wird Airbus die Machbarkeit prüfen und ein Angebot abgeben. Nicht nur zusätzliche Waffensysteme, sondern auch die Nachrüstung existierender oder schon beauftragter Maschinen ist denkbar. Es scheint zum jetzigen Zeitpunkt nicht unwahrscheinlich, dass mit Auslieferung der letzten Tranche 4-Maschine, gegenwärtig geplant für das Jahr 2030, noch nicht das Ende der Eurofighter-Produktion in Manching erreicht sein wird.

Industrieunterstützung des Eurofighters

Um ein so komplexes Waffensystem wie den Eurofighter auf dem neuesten Stand zu halten, bedarf es eines leistungsfähigen und kosteneffizienten Unterstützungskonzeptes. Somit war schon sehr früh war klar, dass auf diesem Gebiet eine enge und kontinuierliche Zusammenarbeit zwischen den Herstellern und den Nutzern etabliert werden musste. Aus diesen Überlegungen entstand schließlich ein integrierter Lösungsansatz, das sogenannte »International Weapon System Support System« (IWSSS). Das IWSSS besteht aus einer zentralen Koordinationsstelle dem »International Weapon System Support Centre« (IWSSC) in Halbergmoos. Die Aufgabe des IWSSC besteht vor allem aus der Leitung, Koordinierung und Standardisierung des gesamten von der Eurofighter GmbH geleisteten Unterstützungsprozesses. So werden hier Änderungsanfragen der Kunden eingeschätzt und über die Umsetzung entschieden. Gegebenenfalls wird die Implementierung im System veranlasst. Im IWSSC arbeiten Repräsentanten der Eurofighter GmbH, von Eurojet und der NETMA Hand in Hand.

Als hauptsächlich tragende Säule der Industrieunterstützung gelten die nationalen Unterstützungszentren, die sogenannten »National Support Centres« (NSCs). Diese Einrichtungen finden sich in Warton, Manching, Cameri, Praticia di Mare sowie in Madrid, Ableger davon auch in Laage sowie in Coningsby.

Dieser Eurofighter wartet auf einen Platz in der Lackierhalle.

Das Systemunterstützungszentrum in Manching

Das in Manching neu errichtete Systemunterstützungszentrum Eurofighter (SUZ) wurde schon am 1. April 2003 offiziell eröffnet und besteht aus modernen Labor- und Bürogebäuden, die mit allen erforderlichen Prüfständen und Computersystemen ausgerüstet sind.

Im Systemunterstützungszentrum arbeiten Spezialisten von Eurofighter und von Airbus Hand in Hand mit Luftwaffenangehörigen, um eine direkte Betreuung des Waffensystems zu gewährleisten. Ein sogenanntes User-Help-Desk ist bei Bedarf rund um die Uhr besetzt.

Mit dem »Quadriga«-Programm erhält die Luftwaffe ab 2025 insgesamt 38 Eurofighter der Tranche 4, die sich auf dem neuesten technischen Stand befinden, inklusive dem sehr leistungsfähigen AESA-Radar ECRS Mk.1. Um die Vertragsunterzeichnung im November 2020 zu unterstreichen, erhielt die 31+49 diese tolle Sonderfolierung.

In Zusammenarbeit mit Experten der entsprechenden Fachbereiche geben die Mitarbeiter den Angehörigen der fliegenden Verbänden Hilfestellung, um die Wartungsaktivitäten am Eurofighter vor Ort zu unterstützen und erarbeiten Lösungen bei komplexeren technischen Problemen. Die ca. 80 Bordcomputer des Flugzeuges sind untereinander zum Teil vernetzt und machen deswegen bei bestimmten Problemen eine Betrachtung der gesamten Bordelektronik notwendig. Zur Problemanalyse können Spezialisten, überwiegend Ingenieure, auf einen speziellen, in Deutschland einmaligen Prüfstand zurückgreifen, der eine Fehlerdiagnose und Simulation der kompletten Avionik erlaubt. Ein wichtiger Aspekt der Tätigkeit ist auch die Pflege und Änderung der verschiedenen Softwareanteile der unterschiedlichen Systeme. Weiterhin findet im SUZ auch die firmenseitige Weiterentwicklung des Waffensystems statt und auch künftige Systemingenieure der Luftwaffe erhalten dort ihre Ausbildung. Schließlich kümmern sich Mitarbeiter des SUZ um die Validierung von diversen Eloka-Daten.

Die Mitarbeiter des SUZ werden bei größeren Übungen regelmäßig direkt eingebunden, um bei Problemen möglichst unmittelbar helfen zu können. Dies geschah erstmals 2012 im Rahmen der ersten Teilnahme des Eurofighters an einer Red-Flag-Übung. Zuletzt wieder bei der Rapid Pacific-Verlegung im Jahre 2022 der Luftwaffe in den pazifischen Raum.

Auch nationale Anpassungen am Waffensystem werden durch das Systemunterstützungszentrum umgesetzt. So war man maßgeblich an der erfolgreichen Integration des Recce Lite-Pods am Eurofighter im Jahr 2019 beteiligt. Dieser ermöglicht die Nutzung des Eurofighters als Aufklärer-Plattform. Weiterhin wirkte man maßgeblich an der Einführung der Software »Impact« mit, die die Zielführung bei Luft-Luft und bei Luft-Boden-Einsätzen weiter verbessert.

Im März 2023 wurde Richtfest des Sensor Roof Labs (Radartestanlage) gefeiert. In dieser Anlage wird es in naher Zukunft möglich sein alle Aspekte rund um das neue AESA-Radar im Detail zu untersuchen und voranzutreiben.

Den gleichen kooperativen Ansatz verfolgen die Industrie und die Luftwaffe auch bei den Eurofighter-Triebwerken und bei der Flugzeugstruktur. Neben der deutschen nutzen auch die österreichischen Luftstreitkräfte den Service in Manching.

In der großen Halle des EKZ in Manching können 16 Eurofighter gleichzeitig bearbeitet werden. Die Durchlaufzeiten konnten über die Jahre deutlich verkürzt werden, nicht selten sind die Maschinen schneller als geplant fertig.

Die Flugzeuge werden mittels Kran auf ihren Stellplatz und anschließend aus der Halle bewegt. Was sich umständlich anhört spart aber wertvollen Platz am Boden. Dieser ist bei Airbus in Manching mittlerweile knapp geworden.

Die Eurofighter Kooperation Zelle (EKZ)

Wartung und Instandhaltung spielt für den verlässlichen Einsatz eines Waffensystems die zentrale Rolle. Es liegt nahe diese Tätigkeiten in die Hände des Herstellers zu legen, um dessen Ressourcen und Expertise rund um sein Produkt optimal einsetzen zu können. Gleichzeitig ist es wichtig, dass der Nutzer detailliertes Know-How seines Waffensystems behält und weiterentwickelt. Aus diesem Ansatz heraus vereinbarte die Bundeswehr mit der EADS Manching schon sehr früh eine intensive Kooperation.

Ziel der Kooperation sollte ein zukunfts- und leistungsorientiertes Servicemodell rund um die Instandhaltung des Eurofighters sein. Konkret ging es um die Durchführung von flugstundenabhängigen Inspektionen, Einrüstung von Änderungen und Instandsetzungen von ungeplanten Ereignissen. Im Jahre 2003 startete die Kooperation mit der Ankunft der ersten Soldaten in Manching, in 2004 wurde der erste Eurofighter, die 30+02, gemeinsam bearbeitet. Gleichzeitig erklärte die EADS ihre »Instandhaltungsbereitschaft« für das Waffensystem. Im Fokus lag die Durchführung der Instandhaltungsmaßnahme »400-Stunden-Kontrolle«. Die erste Maschine mit diesem Ereignis war im Jahre 2009 die 30+39. Die Durchführung der sehr intensiven und detaillierten Inspektion dauert bis zu sechs Monate. In 2014 wurde die große Wartungshalle grundsaniert und modernisiert. Insgesamt 16 Stellplätze stehen dort für die Eurofighter zur Verfügung. Dies sind jeweils vier für die vier Einsatzgeschwader der Luftwaffe. In 2016 wurde der Eurofighter (31+07) in nur 75 Arbeitstagen bearbeitet, in 2019 lieferte das EKZ insgesamt 42 Eurofighter an die Luftwaffe aus. Beides zeigt die Leistungsfähigkeit der Einrichtung.

Die Robustheit des Waffensystems einerseits aber auch seine qualitativ hochwertige Wartung und die gewonnen Erfahrungen des Einsatzflugbetriebs führten dazu, dass das Intervall der 400-Stunden Kontrolle deutlich angehoben werden konnte. Im zweiten Quartal 2021 erfolgte die Umstellung auf die routinemäßige 600-Stunden-Kontrolle beim Eurofighter. Dieser Schritt wird die Flottenverfügbarkeit des Waffensystems deutlich erhöhen.

Die Airbus-Mitarbeiter und die Luftwaffen-Soldaten arbeiten im Zweischichtbetrieb. Bis 2023 wurden über 300 Inspektionen und über 1000 Aufträge durchgeführt. Fünf Jahre in Folge konnte das EKZ die Lieferzusagen erfüllen.

Am 8. Mai 2023 beging Airbus Defence und Space zusammen mit der Luftwaffe das 20-jährige Bestehen in einem feierlichen Rahmen. Die Partner können auf eine sehr erfolgreiche Kooperation zurückblicken, die neben den vielen positiven Aspekten einer gemeinschaftlichen Aufgabe vor allem entscheidend dazu beigetragen hat, dass die Luftwaffe mit dem Eurofighter auf ein zuverlässiges und robustes Waffensystem mit sehr hoher Verlässlichkeit zurückgreifen kann.

Am 8. Mai 2023 feierten Airbus und die Luftwaffe 20 Jahre Kooperation in Manching. Dr. Michael Schöllhorn, CEO Airbus Defence and Space (links), und Generalleutnant Ansgar Rieks, Stellvertretender Inspekteur der Luftwaffe, vor dem Erinnerungsstück: Eine Eurofighter-Finne mit Airbus-Luftwaffe-Kooperationslogo.

Luftbild des Standortes in Manching: Im vorderen Bereich sind die Gebäude und Hallen von Airbus Defence and Space zu sehen, im Hintergrund befindet sich die WTD 61. Platz ist mittlerweile ein knappes Gut geworden.

Flugbetrieb bei Airbus Defence and Space

Der IPA 7 ist bei diversen Erprobungsvorhaben intensiv eingebunden. Hier zu sehen im Rahmen der Meteor-Evaluierung. (Foto: Dr. Andreas Zeitler)

Airbus arbeitet am Standort Manching intensiv mit der WTD 61 zusammen. Die Liegenschaft gehört der Bundeswehr.

Die Airbus Defence and Space betreibt zwei Eurofighter, die IPA 7 und 8 intensiv im Rahmen verschiedener Weiterentwicklungsprogramme.

Auch der IPA 8 wird intensiv zur Flugerprobung genutzt.

Die GBU-48 wurde mittlerweile ebenfalls am Eurofighter integriert. Sie erweitert das Einsatzspektrum des Waffensystems enorm. Airbus Defence and Space war dabei maßgeblich bei der Zulassung beteiligt. In orange ist ein Test-Flugkörper zu sehen, in blau ein Gewichtsdummy.

In einer separaten Halle am Standort werden die IPAs von Airbus gewartet. Die Maschine neben IPA 7, die 30+91, soll mit einem ECRS-Radar für Bodentests ausgerüstet werden.

Der Luftfahrt-Standort in Manching, zunächst Flugzeug-Union-Süd dann MBB, DASA, EADS, Cassidian, nun Airbus Defence and Space mit seinen ca. 5600 Mitarbeitern feierte im Mai 2021 sein 60-jähriges Bestehen.

ALIGN ARROWS
LIFT CLEAR

Innere Werte

Das Eurofighter-Cockpit wurde konzipiert, um einen sicheren und wirkungsvollen Einmann-Betrieb für die verschiedensten Einsatzaufgaben sicherzustellen. Der Grundaufbau ist pilotengrecht und wurde nach den Erfahrungen und Wünschen bezüglich der Ergomie der Piloten als Mensch-Maschinen-Schnittstelle aufgebaut.

Die Technik im Detail

Auslegung und Zelle

Das Flugzeug ist auf gute Luftkampfleistungen bei hohen instationären Wenderaten und mit hohem Schubüberschuss hin optimiert. Es ist im Unterschallbereich der Nickachse (Querachse) aerodynamisch instabil, dabei liegt der mittlere Druckpunkt des Auftriebs vor dem Masseschwerpunkt. Im Überschallbereich verlagert sich der Druckpunkt hinter den Schwerpunkt und die Maschine fliegt aerodynamisch stabil, ist jedoch um die Hochachse instabil. Seine hohe Wendigkeit erreicht der Eurofighter mit Hilfe von Flugkontrollcomputern, die die Fluglage über das Fly-by-Wire-Steuersystem regeln. Das Fly-by-Wire-Flugsteuerungssystem (FBW) ist digital mit vierfacher Redundanz ausgelegt. Erreicht wird die Instabilität durch Vorflügel (Canards), die das Flugzeug instabil werden lassen, wobei der Grad der Instabilität von deren Größe und Position abhängt. Die Canards sind bei diesem Flugzeug weit vorn angeordnet, um kontrolliert eine größere Wendigkeit zu erreichen. So verfügt der Eurofighters einzigartig über die Möglichkeit, 9 g-Manöver auch im Überschallbereich bis Mach 1.2 zu fliegen.

Ein Hauptgrund für seine Agilität ist auch, dass der Eurofighter eingedenk seiner Einsatzrolle recht klein und leicht ist. Unter Verwendung modernen Baumaterials und fortschrittlicher Konstruktionstechnik ist die Maschine um ca. 50 % leichter als die F-22 oder auch

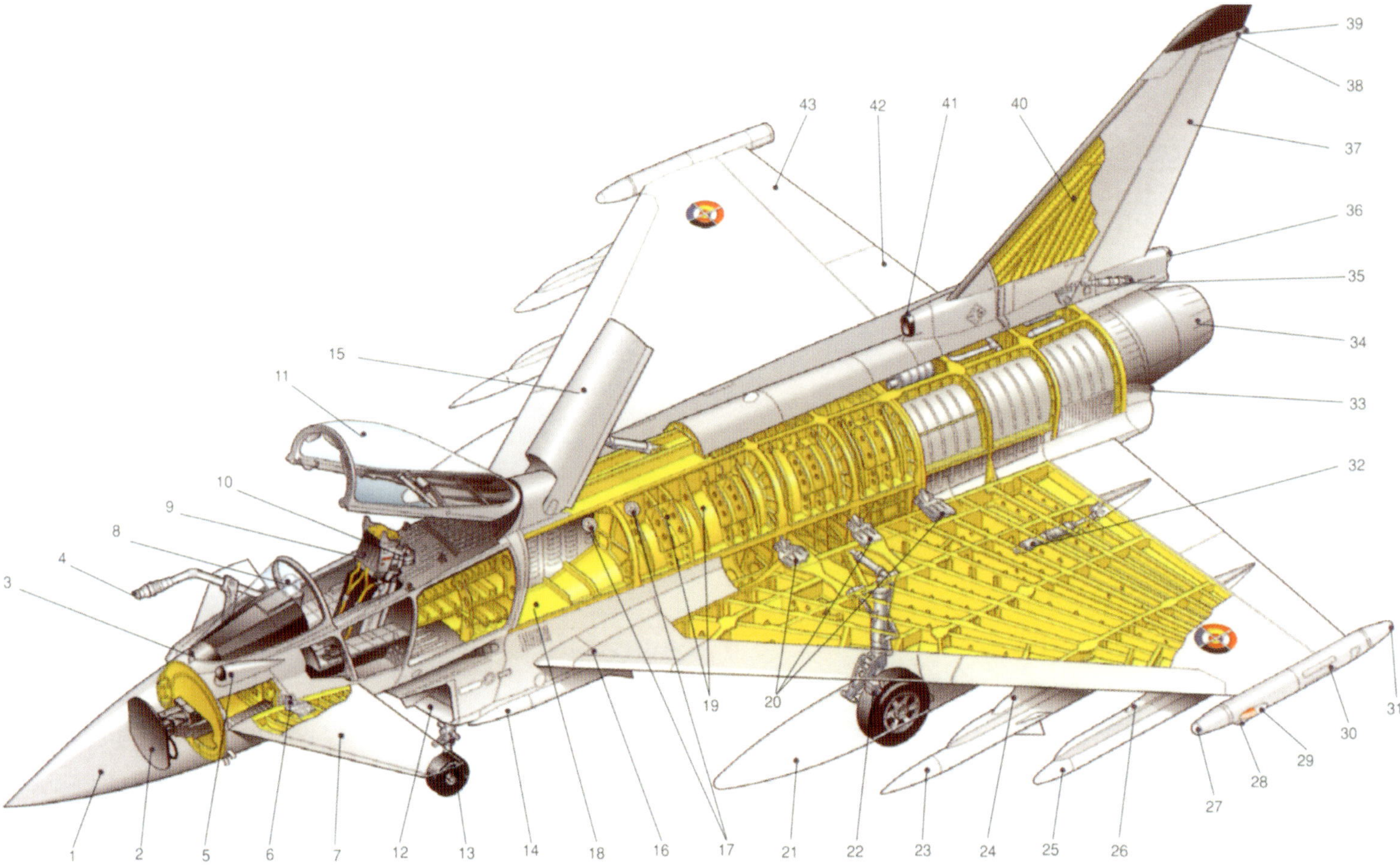

1 Radom (Glasfaser-Verbundwerkstoff);
2 Multifunktionales Puls-Doppler-Radar ECR90 Captor;
3 Temperatursonde;
4 einziehbarer Luftbetankungsstutzen;
5 Infrarot-Sensor (FLIR);
6 Drehzapfen für Vorflügel (Canard);
7 Backbord-Vorflügel;
8 Weitwinkel-HUD (Head-up-Display);
9 Schleudersitz Martin-Baker Mk.16A;
10 Ventile für Kabinendruckbelüftung;
11 Nach oben öffnendes Kabinendach;
12 Triebwerks-Lufteinlauf mit variabler Geometrie;
13 Nach hinten einfahrendes Bugfahrwerk;
14 Halbversenkter aktiver Luft/Luft-Lenkflugkörper mittlerer Reichweite (AMRAAM);
15 Luftbremse;
16 Feste Flügelvorderkante;
17 Deckel für Schwerkraftbetankung (ergänzend zur Druckbetankung);
18 Vorderer Tankraum;
19 Integraltanks im Rumpfmittelteil aus CFK;
20 Tragwerk-Anschlussbeschläge aus Titan;
21 Externer Kraftstoffbehälter;
22 Landescheinwerfer;
23 Aktiver Luft/Luft-LFK mittlerer Reichweite;
24 Äußere Flügel-Außenlaststation;
25 Luft/Luft-LFK kürzerer Reichweite (ASRAAM);
26 Integrierte Flügelspitzen-Außenlaststation;
27 Vordere Antenne für Selbstschutzsystem DASS;
28 Kühlluft-Baucheinlauf für Selbstschutzanlage;
29 Backbord-Positionslampe;
30 Backbord-Behälter für Selbstschutzsystem (DASS);
31 Hintere Antenne für Radarwarnanlage;
32 Hydraulik-Stellmotor für Flügelklappen (Flaperons);
33 Abdichtung des Rumpf/Triebwerkübergangs;
34 Konvergent-Divergent-Schubdüse des Triebwerks EJ200;
35 Hydraulik-Stellmotor für Seitenruder;
36 Bremsschirmklappe;
37 Seitenruder;
38 Entlüftungsventil für Tankanlage;
39 Hintere Positionslampe;
40 »Sinus-Wellen«-Leitwerkspanten aus Aluminium/Lithium;
41 Stauluft-Einlauf für Wärmetauscher;
42 Innere Flaperons;
43 Äußere Flaperons

die F-18; auch die F-15C wiegt ca. 30 % mehr. Etwa 70 % der Flugzeugaußenhaut und 29 % des strukturellen Gewichts entfallen auf Kompositmaterial, was das Gewicht um annähernd 1500 kg reduziert. Damit werden auch einfache und schnelle Reparaturen ermöglicht. Kohlefaser-Verbundwerkstoffe werden für den Rumpf, die Tragflächen sowie die inneren Steuerflächen (Flaperons) verwandt. Die Canards, die Führungen der Abgasdüsen und die äußeren Steuerflächen (Flügelhinterkantenklappen) sind aus Titan und die Vorflügelklappen (Slats), die Tragflächen/Rumpfverbindungen und Teile des Seidenruders aus einer leichten Aluminium-Lithium-Legierung gefertigt. Etwa 12 % der Außenfläche besteht aus Glasfaser-Verbundwerkstoff (GFK), einschließlich des Radoms, der Flächenspitzen und Teilen des Rumpfes. Besonderer Wert wurde auch auf niedrige Flächenbelastung, hohes Schub-/Gewichtsverhältnis, exzellente Sichtverhältnisse sowie die Entlastung des Piloten (»Care-free handling«) gelegt.

Signaturverringernde Maßnahmen (Stealth Technologien) sind Bestandteil der gesamten Flugzeugauslegung. Die geringe frontale Radar-Rückstrahlfläche mit installierten Außenlasten wurde vertraglich festgelegt. Die Flugzeugzelle besteht überwiegend aus Kohlefaser-Verbundwerkstoffen (CFK) und hochfesten wie leichten Legierungen, bei denen neuartige Fertigungstechniken wie superplastisches Umformen und Diffusionsschweißen angewandt werden. Bestimmte kritische Flächen tragen eine radarabsorbierende oder nicht-reflektierende Schutzschicht. Der Kabinenhaube wurde diesbezüglich große Aufmerksamkeit gewidmet.

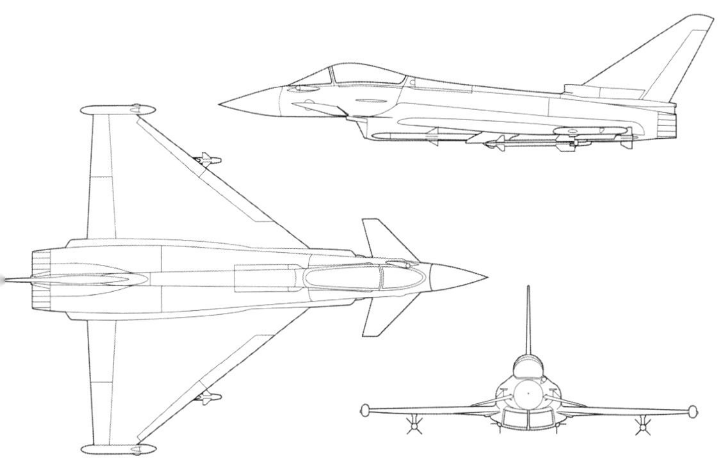

Technische Daten Eurofighter	
Verwendung	Jagdflugzeug, Jagdbomber
Hersteller	Eurofighter GmbH
Ursprungsland	Deutschland, Großbritannien, Italien, Spanien
Triebwerke	2 x Eurojet EJ200
Triebwerksleistung, Trockenschub	2 x 60 kN
Triebwerksleistung Nachbrenner	2 x 90 kN
Besatzung	1 (2)
Belastung	+9 g, -3 g
Länge über alles	15,96 m
Spannweite	10,95 m
Höhe	5,28 m
Flügelfläche	50 m²
Flügelpfeilung	53°
Leergewicht	11.150 kg (Einsitzer), 11.700 kg (Doppelsitzer)
max Abfluggewicht	23.500 kg
Treibstoffmenge intern	4.500 kg
Zusatzbehälter	2 x 1.000 Liter Flächenaußentank, 1 x 1.500 Liter zentraler Außentank
Startrollstrecke	<700 m
Marschgeschwindigkeit	1.275 km/h in 10.975 m Höhe bei Horizontalflug (als Abfangjäger) Mach 1,18
Höchstgeschwindigkeit	Mach 2,0+
max. Steiggeschw. (bis 10.600 m mit Mach 1,5):	<2,5 min
Zeit Bremse lösen bis Abheben	<8 sec.
Dienstgipfelhöhe	16.764 m (55.000 feet, 55.000 Fuß)
Aktionsradius	600-1300 km je nach Einsatzprofil (Luft-Boden, Luft-Luft)
Überführungsreichweite	3.700 km
Bewaffnung	1 x BK27 Mauserkanone Bis zu zehn Luft-Luft-Lenkflugkörper. Etwa 6.500 kg externe Lasten, Waffen und Treibstoff.

Nicht nur bei Luftfahrtschauen sondern auch beim Vergleichsfliegen mit Flugzeugen der gleichen Generation zeigt der Eurofighter seine überlegene Agilität. Erreicht wird diese Beweglichkeit durch seine aerodynamische Instabilität, diese wiederum durch die Vorflügel – den so genannten Canards. Er verfügt über die einzigartige Fähigkeit, 9 g-Manöver auch im Überschallbereich bis Mach 1.2 zu fliegen.

Rollout des ersten einsitzigen deutschen Eurofighters GS001 für die deutsche Luftwaffe. In unlackiertem Zustand ist es recht einfach, die unterschiedlichsten Materialien zu erkennen. Grau sind dabei die Glasfaser-Verbundwerkstoffe, wie Radarnase und Leitwerkspitze. Hellgrün die Aluminium-Lithium- oder Aluminium-Gussteile und hellbraune die restliche Beplankung, die hauptsächlich aus Kohlefaser-Verbundwerkstoff (CFK) besteht.

Der Rumpfbug beinhaltet die Stellantriebe für die Canards, auf der rechten Seite die voll einziehbare Flugbetankungssonde, das Bordradar mit seinen Komponenten, den Infrarot-Sensor sowie die Räume für die Avionik und Klimatisierung, Belüftung und Sauerstoffversorgung des Cockpits. Die Struktur des Rumpfbugs besteht überwiegend aus CFK.

Die Zelle besteht aus den sechs Hauptbaugruppen Rumpfbug, Tragwerk, Vorflügel, Rumpfmittelteil, Rumpfheck und Leitwerk. Sie wurde für eine Lebensdauer von 25 Jahren entwickelt, was bei normaler Beanspruchung etwa 6000 Flugstunden entspricht.

Der Rumpfbug

Die Bugnase des Eurofighters ist mit ihrer besonderen Formgebung für die Aufnahme der großen Radarantenne ausgelegt. Das Rumpfvorderteil enthält das Cockpit einschließlich Windschutzscheibe und Kabinenhaube, die Stellantriebe für die Canards, die voll einziehbare Flugbetankungssonde, das Bordradar, den Infrarot-Sensor sowie die Schächte für die Avionik und Klimatisierung, Belüftung und Sauerstoffversorgung des Cockpits. Die Struktur besteht überwiegend aus CFK.

Das Bugdesign garantiert auch einen ungehinderten Luftstrom zu den Lufteinlässen der Triebwerke. Der Baucheinlauf aus Aluminium hat ein keilförmiges Oberteil, eine senkrechte, mittlere Trennplatte sowie äußere Begrenzungswände mit Einrichtungen zur Beeinflussung der eintretenden Triebwerkluft. Die Lufteinlaufsgeometrie wird durch die bewegliche untere Rampe optimiert. Diese Rampen, auch Eintrittslippen genannt, sichern den Luftzustrom bei hohen Anstellwinkeln und im Überschallbereich. Die S-förmige Ausführung des Luftkanals verbirgt die Verdichter vor gegnerischem Radar, ohne den Luftstrom zu beeinträchtigen. Im Überschallflug agieren Vorverdichtung vor dem Lufteinlass und dem Rumpf als »Führung« und garantieren optimalen Luftdurchfluss bis Mach 1,4 bevor Luftverwirbelungen einsetzen. Durch das Eurofighter-Design wurde erreicht, dass Mach 1,8 eine Dauer-Einsatzgeschwindigkeit ist. Die Lufteinlaufkonstruktion führte zu einem etwas nach hinten versetzten Bugfahrwerk.

Nach der Entscheidung gegen ein Doppelseitenruder wurde es notwendig, auf der linken und rechten Rumpfseite in Höhe des Cockpits ein Paar Leitbleche anzubringen um die Steuerungsfähigkeit bei hohen Anstellwinkeln und niedriger Geschwindigkeit zu erhalten. Sie dienen dazu, den Luftstrom in Richtung des Ruders zu führen und dadurch die Richtungsstabilität zu verbessern.

Das spezielle Bugdesign garantiert einen ungehinderten Luftstrom zu den Lufteinlässen der Triebwerke in allen Fluglagen. Dabei helfen auch die beweglichen unteren Lippen an den Lufteinlässen.

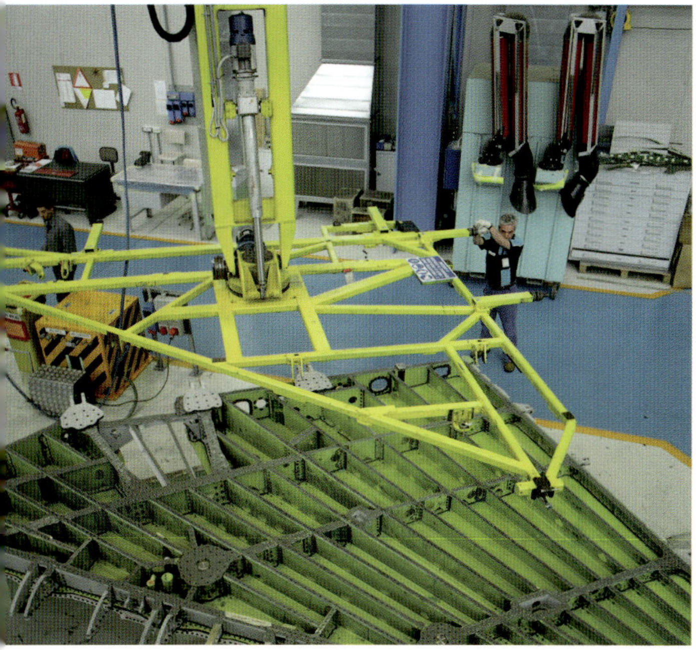

Sehr gut erkennt man auf diesem Bild, dass der Tragflügel aus einem Mehrfach-Spanten-System besteht.

Tragwerk

Die Flügel mit einer Fläche von 50 m² bestehen aus einem Mehrfach-Spanten-System mit integrierten Kraftstofftanks. Innere und äußere Flaperons an den Flügelhinterkanten sowie die Vorflügel reichen über die gesamte Spannweite. Die aerodynamischen Behälter an den Flügelspitzen nehmen das Selbstschutzsystem DASS auf. Das Hauptfahrwerk ist im Tragwerk untergebracht. Beplankung und Spanten bestehen aus CFK, wobei die Spanten mit der Beplankung der Flügelunterseite in einem Aushärtevorgang (»Co-bonding«) verbunden sind. Die Rippen bestehen aus Kohlefaser, welches an den tragenden Stellen für die Außenlasten mit Metall verstärkt wurde. Titan wird für die Flügelbeschläge und die äußeren Flaperons verwendet.

Steuerklappen

Zusätzlich zum Ruder hat der Eurofighter als Steuerflächen Vorflügel (Canards). Um geringes Gewicht, hohe Festigkeit und optimales aerodynamisches Profil zu erreichen, werden die vollbeweglichen Vorflügel aus Titan unter Anwendung von superplastischer Umformung und Diffusionsschweißen hergestellt. Ergänzend erhielt der Eurofighter noch innere und äußere Flügelhinterkantenklappen (Flaperons) und zweiteilige automatische Manöverklappen (Slats) an den Flügelvorderkanten die das Flügelprofil für die besten Flugbedingungen optimieren. Die Slats und eine große Luftbremse auf dem Rumpfrücken bilden die sekundären Flugkontrollflächen.

Drei aus Titan bestehende Flügelbeschläge verbinden die Tragflächen mit dem Rumpf.

Diese Art der Konstruktion und die Kombination der Steuerklappen verhilft dem Eurofighter zu hohen Anstellwinkeln und großer Manövrierbarkeit, sogar in extremen Fluglagen. Die Beweglichkeit der Vorflügel ist dafür maßgebend. Daten aus Windkanaltests, Computersimulationen und Flugversuchen haben ergeben, dass der Eurofighter in stabilem Flug Anstellwinkel von bis zu 30° erreichen kann. Wenn Tragflächen und Flaperons ihre Wirkung zu verlieren beginnen, sind es die Vorflügel, die das Flugzeug in kontrolliertem Flugzustand halten. Die niedrige Flächenbelastung und der hohe Auftrieb in Verbindung mit der hohen Triebwerksleistung erlauben eine ständige Kurvenrate von 18°-20°/s und eine abrupte Rate von mehr als 25°/s. Ohne Außenlasten liegt die Rollrate des Flugzeugs bei über 200°/s. Die Rollbeschleunigungsrate beträgt 90° in weniger als einer Sekunde, wobei die Nase in einer Rate von 20°/s angehoben werden kann.

Eine große Luftbremse wird nach dem Aufsetzen hinter dem Cockpit ausgefahren. Sie ermöglicht im Normalfall die Landung ohne Bremsschirm. Optional kann ein Bremsschirm mit eingebaut werden.

Rumpfmittelteil

Das Rumpfmittelteil nimmt zwei Kraftstofftanks, die Systeme für Stromversorgung und Hydraulikdruck, die Klimaanlage, die Hilfsgasturbine, Teile des Hauptfahrwerkraums, das Bugfahrwerk, die Beschläge für die Tragwerkbefestigung und die Bordkanone auf. Die Luftbremse befindet sich auf der Rumpfoberseite hinter dem Cockpit. Die Hauptspanten bestehen aus Aluminium-Lithium, die Außenhaut ist überwiegend aus CFK.

Die äußeren wie inneren Flügelhinterkantenklappen, so genannte Flaperons, werden von jeweils einem inneren und äußeren hydraulischen Flaperon-Stellmotor bewegt.

Rumpfheck

Zur Reduzierung des Widerstands wurde auf die Formgebung des hinteren Rumpfteils im Bereich der Abgasdüsen besonderen Wert gelegt. Ohne Höhenleitwerk bedurfte es aber viel Ingenieursarbeit, ein optimales Zusammenspiel mit den variablen Schubdüsen zu erreichen. Zwei Hauptspanten dienen der Triebwerkbefestigung, der hintere Spant nimmt dabei auch die Beschläge für das Leitwerk und den Fanghaken auf. Der Triebwerkraum wird nun von einer senkrechten Schottwand unterteilt, die aus superplastisch umgeformtem und diffusionsgeschweißtem Titan besteht. Im unteren Teil wird der Triebwerkraum von zwei großen Klappen geschlossen. CFK wird überall da als Beplankung verwendet, wo es die Temperaturen erlauben.

Leitwerk

Der Eurofighter besitzt ein großflächiges Seitenleitwerk mit einer Pfeilung von 54° an der Vorderkante. Das Leitwerk und das konventionell ausgelegte Seitenruder bestehen aus CFK, Vorder- und Hinterkanten sind aus Aluminium-Lithium gefertigt.

Alles im Blick

Das Cockpit

Das Eurofighter-Cockpit wurde konzipiert, um einen sicheren und wirkungsvollen Einsatz für die verschiedensten Einsatzaufgaben durch einen Piloten sicherzustellen. Das große Kabinendach erlaubt eine vollständig freie Rundumsicht, wobei jedoch die Nutzung eines blasenförmigen Kabinendachs zugunsten einer zweiteiligen Konstruktion, die u.a. einen besseren Vogelschlagschutz bietet, verworfen wurde. Der Pilot sitzt in einer etwas überhöhten Position, welches eine bessere Sicht nach unten bei Anstellwinkeln bis zu 15° bietet. Als Schleudersitz kommt der leichte Martin Baker Mk.16A zum Einbau. Bei einer Neigung von 18° gibt er dem Piloten eine komfortable Sitzposition, von der aus er alle Instrumente und Bildschirme sicher im Blickfeld hat. Um eine 9 g-Dauerbelastung aushalten zu können, muss der Pilot einen einteiligen Anti-G-Anzug tragen, verbunden mit einer Sauerstoffanlage. Diese Kombination sichert eine Toleranz von 4 g im Gegensatz zu den 2 g normaler Anti-G-Anzüge. Der Anti-G-Anzug bietet außerdem einen hervorragenden thermischen Schutz.

Den diversen Schnittstellen Mensch-Maschine wurde große Aufmerksamkeit gewidmet. Die fortschrittliche Digitaltechnologie schafft nicht nur erhöhte Einsatzwirksamkeit und Überlebensfähigkeit, sondern erleichtert auch die Flugzeugwartung. Sehr gute Sichtverhältnisse, die Darstellung wichtiger Informationen im Gesichtsfeld des Piloten und optimale Ergonomie sind die wesentlichsten Prinzipien des EF2000-Cockpits. Die Anzeigegeräte und Bedienelemente des Cockpits korrespondieren mit den Flugzeugsystemen über die Cockpit-Schnittstelle (Cockpit Interface Unit/CIU), Computer-Symbolgeneratoren (CSG) und Datenbusse. Aus Gründen der Systemintegrität sind einige Elemente mit den dazugehörigen Systemen unmittelbar verdrahtet.

Die Zahl der konventionellen Anzeigen wurde auf ein Minimum reduziert. Die wesentlichste Interaktion zwischen Pilot und den Flugzeugsystemen findet über die manuelle Dateneingabe (Manual Data Entry/MDE), die drei multifunktionalen Farbmonitore (Multi-Function Head-Down Displays/MHDDs), die Schalter und

Das Eurofighter-Cockpit wurde konzipiert, um einen sicheren und wirkungsvollen Einmann-Betrieb für die verschiedensten Einsatzaufgaben sicherzustellen.
Der Grundaufbau ist pilotengrecht und wurde nach den Erfahrungen und Wünschen bezüglich der Ergomie der Piloten als Mensch-Maschinen-Schnittstelle aufgebaut.

Regler an Steuerknüppel und Schubhebel (Hands-on-Throttle-and-Stick/HOTAS) und ein Spracheingabesystem (Direct Voice Input/DVI) statt.

Dem Flugzeugführer stehen sieben Anzeigesysteme zur Verfügung: Das HUD, drei multifunktionale Farbmonitore, ein Helm-Sichtsystem (Helmet-Mounted Display), ein Warnanzeigesystem (Dedicated Warning Panel/DWP) und ein Display für multiple Informationsverteilung (Multifunction Information Distribution System/MIDS). Die Cockpitbeleuchtung ist mit dem Betrieb von Nachtsichtverstärkern kompatibel, die Helligkeit der Anzeigesysteme wird bei Tageslicht automatisch angepasst. Die fortschrittliche Cockpitauslegung wurde auch aus einer Vielzahl von Bewertungen durch Einsatzpiloten der vier beteiligten Luftwaffen in einem Prototyp-Testsystem dem »aktiven Cockpit«, abgeleitet. Das Layout und die Bedienbarkeit der Anzeigen wurden während aller Phasen der Entwicklung und Auslegung für alle Luft/Luft- und Luft/Boden-Missionen bewertet.

Multifunktions-Farbmonitore (MHDD)

Die drei Farbmonitore (15 cm) stellen Informationen wie

- taktisches Lagebild
- Angriffsformate
- Darstellung von Landkarten und Flugsicherungsverfahren
- Status der Flugzeugsysteme und Checklisten

dar. Alle verfügbaren Formate können auf jedem der drei MHDDs dargestellt werden, wobei detaillierte Informationen mittels programmierbarer Tasten an den Bildschirmen, durch X/Y-Cursor-Steuerung oder durch die Spracheingabe (DVI) ausgewählt werden.

Head-up-Display (HUD)

Das fortschrittliche Weitwinkel-Frontscheibensichtgerät von BAE Systems Avionics (früher GEC) nutzt ein flaches, einteiliges, holographisches Projektionselement, um Daten direkt in das Gesichtsfeld des Piloten zu projizieren. Es ist die wesentlichste Informationsquelle für den Flugzeugführer. Dank der filigranen Halterung ist eine hervorragende Sicht nach vorne garantiert. Das optische Design in Verbindung mit einem flachen, einteiligen holographischen Projektionselement gewährleistete ein großes Gesichtsfeld (30° Azimut, 25° Elevation). FLIR-Bilder können ebenfalls auf dem HUD dargestellt werden. In einer Konsole unter dem HUD sind die Wahlschalter für die Funkgeräte, Anzeigen für Kraftstoff- und Triebwerkstatus sowie das Display für das multiple Informationsverteilungssystem MIDS untergebracht. Weiterer integraler Bestandteil des HUD ist eine kompakte Kamera für farbige Videoaufzeichnungen.

Bodenkollisionswarnsystem (GPWS)

Das Bodenkollisionswarnsystem (Ground Proximity Warning System/GPWS) alarmiert den Piloten bzw. leitet Steuerbefehle ein, wenn es errechnet, dass das Flugzeug einen vorgegebenen Mindestabstand zum Boden unterschreitet. Durch ständiges Abgleichen der Informationen einer eigenen Geländedatenbank, des Radarhöhenmessers, der Satellitennavigation (GPS) und der Laserträgheitsplattform (LINS) wird die Relation des Flugzeugs zur Erdoberfläche kontinuierlich überwacht und somit das Risiko von Bodenberührungen nahezu ausgeschlossen.

Warnanlagen

Um die Arbeitsbelastung des Piloten bei Notzuständen zu reduzieren, verfügt der Eurofighter über ein intelligentes Warnsystem. Dieses alarmiert den Flugzeugführer mittels visueller Signale (»Attention Getters«), Tönen oder Sprachwarnungen. Warnungen werden auch auf einer speziellen Konsole dargestellt. Die Warnhinweise werden entsprechend der Schwere des jeweiligen Geräte- oder Systemausfalls kategorisiert und im Falle von Mehrfach-Fehlern automatisch priorisiert und dargestellt. Notverfahren, Informationen über Ausfallkonsequenzen und den Status der Flugzeuggrundsysteme (Utility Control System/UCS) werden auf den multifunktionalen Farbmonitoren (MHDD) angezeigt.

Piloteneingaben mit HOTAS

Der Flugzeugführer kann das Flugzeug und eine Vielzahl seiner Systeme durch Eingaben über Schalter und Regler am Griff des Steuerknüppels und des Schubhebels (Hands on Throttle and Stick/HOTAS) kontrollieren und kann so seine Hände in komplexen Situationen am Steuerknüppel und dem Schubhebel belassen – ein großes Sicherheitsplus. Etwa 24 verschiedene Funktionen können so über die Betätigung von HOTAS-Schaltern bedient werden, z.B.

- Ansteuerung von Sensoren und Waffen
- Bedienung der elektronischen Selbstschutzsysteme (DASS)
- Flugeigenschaften
- Kommunikation
- Daten des Luft- oder Bodenziels
- Cursorsteuerung (x, y).

Helmsichtsystem (HEA)

Der von BAE Systems entwickelte Multifunktionshelm HEA (Head Equipment Assembly) eröffnet dem Piloten eine Vielzahl von Möglichkeiten. Er stellt eine Kombination aus Kopfschutz, Sichtunterstützung vor allem bei Nacht- und Schlechtwetterbedingungen und Sauerstoffversorgung dar. Ein wichtiges Kriterium bei der Entwicklung war, eine stabile Lage auch bei extremen Beschleunigungen zu erreichen. Im Visiersystem des Helms können dem Piloten Flugzeug-Systemdaten aber auch Sensor- und Waffenzustandsinformationen dargestellt werden. Eine Verbindung zum Flugzeug ermöglicht es, die Sensoren und Waffen mittels einer Kopfbewegung entsprechend auszurichten. Der Helm ist ergonomisch optimiert und wurde schon bei Schleudersitzversuchen bis zu einer Geschwindigkeit von 600 Knoten erfolgreich getestet. Allerdings befindet sich das HEA weiterhin in der Erprobung, so dass der Helm im Einsatz zur Zeit noch keine Verwendung findet.

Interessante Aufnahme durch das HUD des Eurofighters. Sie entstand im Rahmen der Verlegung »Rapid Pacific« nach Asien und Australien. Im Hintergrund ist Singapur zu sehen.

Direkte Spracheingabe (DVI)

Die direkte Spracheingabe ermöglicht es dem Piloten, für die Flugsicherheit unkritische Betriebsarten und Datenverarbeitungsfunktionen als Alternative zu manuellen Bedienvorgängen zu verwenden. Folgende Möglichkeiten stehen unter anderem zur Verfügung:

- Dateneingabe
- Anwahl von Multifunktionsmonitoren (MHDD)
- Ansteuerung von Funkgeräten und Navigationshilfen
- Zielauswahl
- Übermittlung von Zielinformationen an Begleitflugzeuge.

Über DVI gegebene Befehle werden optisch und/oder akustisch bestätigt.

Multiples Informationsverteilungssystem (MIDS)

Das MIDS ist ein leistungsfähiges Informationssystem, das den sicheren und störfesten Austausch von Daten in Echtzeit zwischen unterschiedlichsten Nutzern, darunter alle taktischen Luftwaffeneinrichtungen und gegebenenfalls auch Land- und Seestreitkräfte, ermöglicht. MIDS stellt ein umfassendes taktisches Lagebild auf den multifunktionalen Farbmonitoren dar und befreit so den Flugzeugführer von der Notwendigkeit, sich die notwendigen Informationen aus einer Vielzahl separater Nachrichtenquellen zusammenstellen zu müssen. Das MIDS gibt dem Piloten ferner die Möglichkeit, sich ein Bild von der Luftlage außerhalb der Erfassungsreichweite seiner eigenen Flugzeugsensoren (Radar, IR) zu machen.

Schleudersitz

Der Schleudersitz Martin Baker Mk.16A, abgeleitet aus dem bei der US Navy verwendeten Typ Mk.14, ist rund 30 % leichter als herkömmliche Sitztypen. Dies wird dadurch erreicht, dass die äußeren Rohre der beiden Ausschuss-Kanonen zugleich Teil des pyrotechnischen Systems als auch der Primärstruktur des Sitzes sind. Der Sitz ist nicht nur ergonomisch optimiert, sondern verfügt auch über eine integrierte Sauerstofferzeugung (On-board Oxygen Generation System/OBOGS), Schutz vor chemischen Kampfstoffen und Kommunikationssysteme. Die kompakte Kopfstütze sorgt für einen guten Blick nach hinten. Das vereinfachte, kombinierte Gurtsystem kann ohne fremde Hilfe angelegt werden. Dank des passiven Rückhaltesystems für die Beine sind Beingurte entbehrlich geworden. Neben guter Erreichbarkeit der anderen Cockpitkomponenten bei installiertem Sitz ist der Mk.16A vor allem auf hohe Zuverlässigkeit und gute Wartbarkeit ausgelegt.

In Großbritannien wird für den Eurofighter der Martin Baker Mk.16A Zero-Zero-Schleudersitz gebaut.

Flugsteuerungssysteme

Der Eurofighter besitzt eine aerodynamisch instabile Delta-Canard-Konfiguration. Die Vorteile einer bewusst instabilen Auslegung gegenüber konventionellen Flugzeugen liegen in der größeren Agilität, vor allem im Überschallbereich, im reduziertem Luftwiderstand und in einem höheren Auftrieb (einschließlich verbesserter Kurzstart- und Landefähigkeit/STOL). Ein instabiles Flugzeug kann jedoch nicht mit herkömmlichen Mitteln geflogen werden, sondern erfordert ein computergestütztes Flugsteuerungssystem, da es permanent Lagekorrekturen sprich Steuereingaben erfordert.

Flugzeugsteuerung

Die Flugzeugsteuerung wird im Cockpit wie auch bei anderen Maschinen über den Steuerknüppel (Stick) für Steig- und Sinkflug sowie das Betätigen der Vorflügel und die Flaperons (Querachse) eingeleitet. Die Fußpedale steuern das Seitenruder an und dienen Bremsbetätigung am Boden. Dieser Kraftaufwand wird über elektronische Geber an das Flugführungssystem FCS (Flight Control System) übermittelt. Digital werden diese Informationen dann an die jeweiligen hydraulischen Stellmotoren übermittelt. Das FCS ist ein vierfach redundantes, digitales System, das für

- ausgezeichnetes Steuerungsverhalten im gesamten Flugbereich
- die künstliche Stabilisierung des Eurofighters um alle Achsen und
- die sichere Einhaltung aller aerodynamischen und strukturellen Grenzwerte (»Carefree handling«)

sorgt.

Das FCS ist weitestgehend automatisiert und verfügt über integrierte Test- und Überwachungseinrichtungen, die bei auftretenden Hard- oder Softwarefehlern Störungen ohne Verschlechterungen der Flugeigenschaften oder -leistungen eliminieren. Flugzeugbewegungen um die Querachse werden durch die Vorflügel (Canards) und die Flaperons (Flügelhinterkantenklappen) gesteuert, um die Längs- und Hochachse durch die Flaperons und das Seitenruder. Die Canards dienen zugleich auch der Trimmung und Widerstandsverringerung. Vorflügelklappen (Slats) und Flaperons optimieren das aerodynamische Verhalten des Flügels bei allen Anstellwinkeln. Zum Sekundärsteuersystem gehören die auf der Rumpfoberseite installierte Luftbremse, der variable Lufteinlauf und die Bugradsteuerung. Das FCS ist funktional mit der Avionik und den anderen Flugzeug-Grundsystemen über Datenbusse und zusätzliche Direktleitungen gekoppelt.

Der Steuerknüppel des Eurofighters ist voll digitalisiert und beinhaltet außer der Flugsteuerung zusätzlich die Betätigungsschalter für die Waffenanwahl, Entsichern der Waffen, Waffenauslösung, Anwahl der verschiedenen Luftkampfmodi des Radargeräts, Autopilot ein/aus, Trimmung (nur wenn gewünscht – ansonsten durch Computer gesteuert) und die höhenverstellbare Handauflage. Der Recovery-Switch (automatisches Abfangen) ist hinter dem Knüppel auf dem unteren Panel auf der rechten Seite eingebaut.

Autopilot

Der Autopilot ist nicht nur ein Hilfsmittel für lange Überführungsflüge, sondern unterstützt den Flugzeugführer auch bei taktischen Entscheidungen. Er bietet unter anderem automatische Betriebsarten für konstante Flugrichtung, Höhe, Flugzeuglage und Geschwindigkeit, sowie für bestimmte optimale Einsatzprofile. Beispielsweise sind automatisierte Verfahren für den Steigflug, Luftraumüberwachungs- und taktische Angriffsmanöver sowie für den Landeanflug vorhanden.

Automatische Restabilisierung

Sollte der Pilot die Orientierung verlieren, kann er per Knopfdruck die automatische Restabilisierungseinrichtung des Eurofighter aktivieren. In diesem Fall übernimmt das FCS sofort die volle Kontrolle über die Triebwerke und die Flugsteuerungsorgane, indem es das Flugzeug in einem flachen Steigflug bei 300 Knoten Geschwindigkeit so lange stabilisiert, bis der Pilot wieder handlungsfähig ist.

Das Avionik-System

Das integrierte Avioniksystem sichert Einsatzwirksamkeit und Überlebensfähigkeit des Eurofighter. Es besteht aus sieben funktionalen Subsystemen:

- Cockpit-Anzeige und Bedienelemente
- Feuerleitung und Identifizierung
- Elektronischer Selbstschutz
- Waffenkontrolle
- Navigation
- Integrierte Überwachung und Datenaufzeichnung
- Kommunikation

Die hohe Integrität und der Datenaustausch zwischen den Subsystemen gibt dem Piloten die Fähigkeit, die taktische Situation schnell und autonom zu erfassen. Die automatisierten Systemfunktionen erleichtern die Arbeitsbelastung im Cockpit. Das Redundanz-Management der Avionik vermeidet bei Fehlern den Ausfall des Systems. Eingebaute Testsysteme (Built-in-Test/BIT) zeigen dem Bodenpersonal die Systemzustände an, die zu schnellen Diagnosezwecken per BIT-Überwachung aufgezeichnet werden.

Software und Datentransfer

Das Avionik-Systemkonzept basiert auf einem multiplen, doppelt redundantem Netzwerk. Dieses besteht aus standardisierten digitalen und optischen Datenbussen sowie Mikroprozessoren. Bei der Avionik wird die Programmier-Hochsprache ADA für folgende Systemanwendungen genutzt:

- Bordsysteme
- Synthetische Trainingshilfen
- Einsatzplanung

Instrumentierung, Navigationsgeräte

Wesentliche Elemente des Navigationssystems:

- Laser-Trägheitsplattform (LINS)
- Satellitennavigationsanlage (GPS)
- Datenfernübertragungssystem
- Flugsteuerungssystem
- Radarhöhenmesser
- Mikrowellen-Landesystem (MLS)
- Bodenkollisionswarner (GPWS)
- Funknavigationsanlage (TACAN).

Dank des Ringlaser-Prinzips ist bei LINS die Kursabweichung unterhalb einer nautischen Meile pro Flugstunde. Die Plattform-Stabilisierung erfolgt in weniger als vier Minuten. Bei Verwendung von MLS, Radarhöhenmesser und Autopilot können automatische Landeanflüge unter Cat 2-Bedingungen durchgeführt werden.

Integrierte Überwachung und Datenaufzeichnung

Dieses Subsystem zeichnet fortlaufend Daten und Informationen über den Missionsablauf sowie über Belastungs- und Systemzustände für die Instandhaltung auf. Es ist somit für die technische Verfügbarkeit sowie für niedrige Betriebskosten des Flugzeugs bedeutsam. Wesentliche Komponenten dieses Systems sind:

- Hitze- und stoßgeschützter Flugschreiber
- Speicher für Strukturbelastungsdaten
- Video-/Audio-Aufzeichnung von Außensicht, Sprache und Cockpitgeräuschen
- Eingabegerät für Missionsdaten mit tragbarem Datenspeicher
- Konsole für Wartungs-/Instandhaltungsdaten
- Transportabler Speicher für Instandhaltungsdaten.

Kommunikationssysteme

Die Kommunikation wird über störfeste, wahlweise offene und abhörsichere UHF-Funkgeräte sowie über offene VHF-Sender/Empfänger abgewickelt. Das System ist zweifach redundant und verfügt im Falle eines totalen Datenbus-Ausfalls über eine zusätzliche Not- Betriebsart.

Feuerleit- und Identifikationssystem

Dieses System führt die Entdeckung, Erfassung, Identifizierung und Bekämpfung von Zielen durch. Es verfügt über folgende Betriebsarten:

Betriebsaft Luft/Luft

- Zielerfassung oberhalb/unterhalb des Flugwegs (look up/look down)
- Mehrfachzielerfassung
- Zielidentifizierung und -priorisierung
- Berechnung von Bedrohungsanalysen und taktischen Operationen
- Berechnung der optimalen Waffenauslösung

Betriebsart Luft/Boden

- Berechnung und Vermessung von Bodendaten (Ground mapping and ranging)
- Hindernisvermeidung
- Berechnung der Waffenauslösepunkte
- Suche nach Seezielen
- Berechnung der optimalen Waffenauslösung

Zur Kompatibilität mit halbaktiven Lenkflugkörpern besteht die Möglichkeit zur Einrüstung eines Beleuchters.

Die Radarsysteme ECR-90 CAPTOR-M, CAESAR und CAPTOR-E (ECRS)

Das Bordradar ECR-90 (European Collaborative Radar), jetzt als CAPTOR bezeichnet, ist der Hauptsensor des Eurofighters und wurde von dem durch GEC Ferranti (jetzt BAE Systems Avionics) geführten EuroRadar-Konsortium entwickelt. Das kohärente Puls-Doppler-Radar ist ein Mehrbetriebsarten-Puls/Doppler-Radar der dritten Generation. Es erkennt, identifiziert, priorisiert und bekämpft Ziele außerhalb des Wirkungsbereichs der feindlichen Waffensysteme und ist dabei selbst resistent gegen elektronische Störattacken. Der dritte Kanal wird in einem EloKa-Szenario zur Ausschaltung von Seitenkeulen und Interferenzen sowie zur Klassifizierung von Störstrahlern verwendet.

Die Schlüsselfunktionen von CAPTOR beinhalten die Fähigkeit zur Aufspürung und Verfolgung von Zielen auf große Entfernung sowie zur Bewertung von Angriffen und zur Identifizierung der Ziele. Das Radar verfügt über effiziente elektronische Gegenmaßnahmensysteme (Electronic Counter Counter Measures- ECCM), deren Leistungsfähigkeit dank ihrer Flexibilität selbst in ei-

Geöffneter Zugang zur großen Radarantenne und den dazugehörigen Komponenten.

nem extremen Störumfeld erhalten bleibt. Die Antenne ist mit einem Durchmesser von 60 cm ungewöhnlich groß und hat eine durchschnittliche Leistung von über 1 kW. Sie wird mechanisch gesteuert und reagiert sehr schnell auf Richtungsänderungen durch vier spezielle Samarium-Kobalt Stellmotoren.

Wie alle modernen Kampfflugzeug- Radargeräte bietet das CAPTOR eine Reihe von Arbeitsmodi, die automatisch oder auch durch den Piloten angewählt werden können. Die Software unterstützt 32 Betriebsarten unter anderem:

- Einzelziel-Suche
- Track-while-scan (TWS)
- Range-while-scan (RWS)
- Sonderbetriebsarten für den Einsatz auf kurze Distanz
- Bodenabtastung (Luft/Boden-Einsatz)
- Hinderniswarnung (Terrain Avoidance)

Die drei Hauptbetriebsarten sind Luft/Luft (große Reichweite), Luft/Luft (geringere Reichweite) und Luft/Boden. Das Radar wählt automatisch die günstigste Pulswiederholungsfrequenz. Es schaltet auch automatisch auf TWS zur Anzeige gleichzeitiger Ziele oder auf Einzelzielverfolgung, wenn das Flugzeug in den Luftkampf auf kurzer Distanz geht. Es ist auch möglich, das Radar mit dem Helmsichtsystem zu koppeln, so dass der Pilot über eine direkte Verbindung zum Radar verfügt.

Das Radar bietet die Möglichkeit Abfangeinsätze bis zu einer Entfernung von 90 bis 150 km durchzuführen, wobei bis zu acht Ziele gleichzeitig in den Betriebsarten »Look-Down/Shoot-Down« oder »Look-Up/Snap-Up« geführt werden können. Diverse Tests haben auch gezeigt, dass das CAPTOR die Fähigkeit hat, bis zu 20 Ziele gleichzeitig zu verfolgen, automatisch zu identifizieren und für den Piloten zu priorisieren.

Das Radar bildet die Hauptkomponente der ISS (Integrated Sensor Suite), die elektrooptische Sensoren, ESM (Electronic Support Measures, elektronische Unterstützungsmaßnahmen) und Datalinks umfasst. Um eine eindeutige Unterscheidung zum AESA-Radar CAPTOR-E zu ermöglichen wird das Radar nun CAPTOR-M (mechanisch) genannt.

Speziell zur Erprobung des ECR90 CAPTOR-Radars wurde diese BAC 1-11, ZE433, mit einer modifizierten Nase versehen. Auf diesem Bild wird die Maschine von dem Eurofighter Prototyp DA4 begleitet.

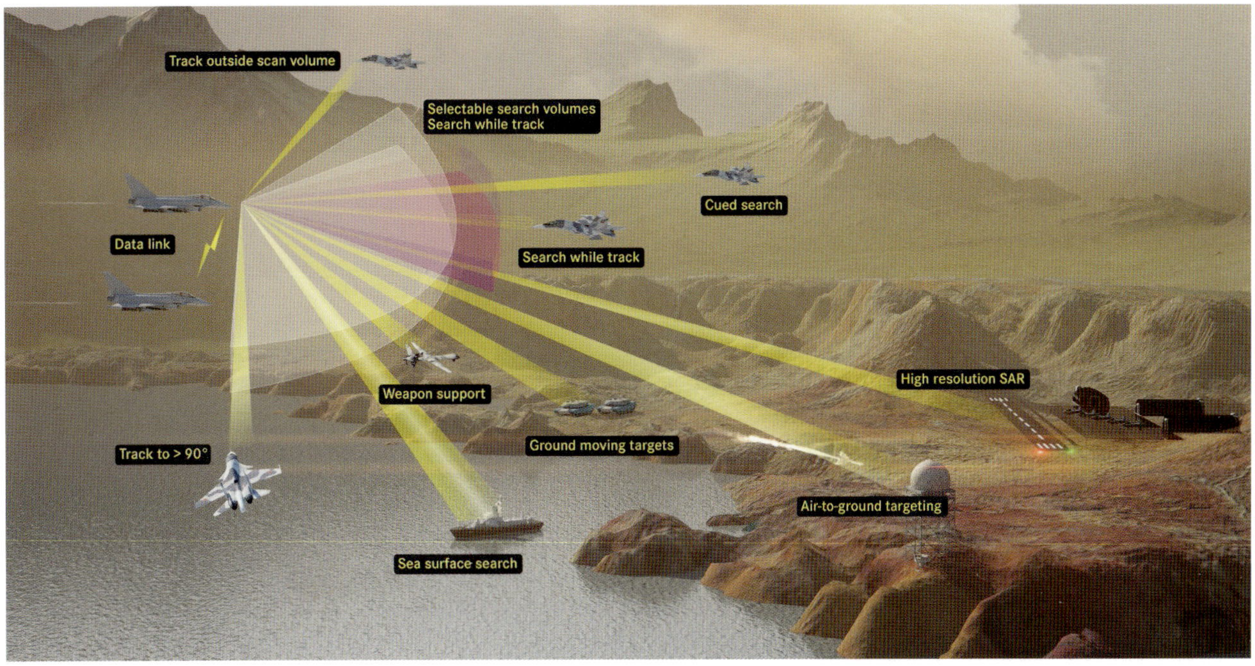

Die AESA-Radare CAESAR, CAPTOR-E und ECRS

Die neue Radargeneration baut auf der neuen AESA-Technologie (AESA = Active Electronically Scanned Array) auf, die an die Stelle von Antennen mit mechanischer Strahlschwenkung tritt. Die neuartige AESA-Antenne besteht aus über 1000 Sender-/Empfänger-Modulen, die dem Radar eine einzigartige Flexibilität und Zuverlässigkeit bieten. Hierdurch ergeben sich neue Einsatzmöglichkeiten für Kampfflugzeuge, wie z.B. die simultane Ausführung von Radarfunktionen, Luftüberwachung, Luft-Boden-Übertragungen und Feuerleitung.

Die Funktionsweise

Die grundlegenden funktionalen Forderungen an ein modernes Bordradar sind das Absuchen eines Raumbereiches vor dem Flugzeug nach Luft- oder Bodenzielen und die Verfolgung mehrerer bereits erkannter Ziele. Dazu wird eine klassische Antenne, also z.B. eine Parabolreflektor- oder Hohlleiter-Schlitzantenne, durch eine Vielzahl in einer Ebene angeordneten Strahler-Elementen ersetzt. Gespeist werden diese Elemente nach wie vor von einem zentralen Sender über ein geeignetes Verteilnetzwerk. Jedes der Strahlerelemente kann über einen Phasenschieber, der mit PIN-Dioden oder magnetisierten Ferriten bestückt ist, die Phase des zugeführten Signals vor der Abstrahlung verändern. Geschieht dies über das gesamte Strahlerfeld von mehreren Hundert oder gar Tausend Elementen nach einem geeigneten Muster, so kann damit eine im Raum geschwenkte Antennenkeule erzeugt werden. Diese passiven »Phased Arrays« können, da keine mechanisch bewegten Teile mehr vorhanden sind, ihre Strahlrichtung praktisch verzugsfrei ändern. Die Antennenkeule wird, genau genommen, nicht mehr geschwenkt, sondern »geschaltet«. Damit wird die Raumposition eines zu verfolgenden Objektes bis zum Faktor 106 schneller eingenommen als bei mechanisch bewegten Antennen. Ein entscheidender Grund dafür ist, dass eine passiv phasengesteuerte Antenne von einem zentralen Sender, der z.B. mit einer Wanderfeldröhre bestückt ist, gespeist wird. Die Zuverlässigkeit eines solchen Systems ist damit, wie im Fall des klassischen Radars, wesentlich von der Standzeit dieser Komponente abhängig.

Das moderne Captor-E-Radar bietet eine breite Palette Einsatz-Fähigkeiten auf höchstem Niveau.

Nicht nur diese Abhängigkeit wird durch den Schritt

zur aktiven phasengesteuerten Antenne beseitigt. Sie bietet darüber hinaus eine Reihe weiterer, bisher nicht gekannter und für den Einsatz als Bordradar unschätzbarer Vorteile. Der wesentliche Entwicklungsschritt vom passiven zum aktiven phasengesteuerten Radar ist die Ergänzung der Strahler-Elemente der Antenne um so genannte Sende/Empfangs-Module (T/R-, d.h. Transmit/Receive-Module). In diesen T/R-Modulen kann neben der Phase des Sende- und Empfangssignals auch dessen Amplitude individuell eingestellt werden. Funktional beinhalten sie den Leistungsverstärker des Sendezweiges, einen rauscharmen Vorverstärker für das Empfangssignal, gemeinsame Phasen- und Amplituden-Stellglieder für die beiden Pfade, die für deren Ansteuerung notwendige Elektronik und letztlich das Strahler-Element selbst als Grundbaustein des Arrays. Ein solches T/R-Modul erzeugt zwar nur eine vergleichsweise geringe Ausgangsleistung, die gesamte abgestrahlte Leistung einer AESA ergibt sich aber aus der Summe der Einzelleistungen von Tausend oder mehr solcher Module. Eine elektronische Kontrolleinheit (ACU, Antenna Control Unit) steuert entsprechend der Vorgabe der Antennenblickrichtung durch den Radar-Prozessor jedes dieser T/R-Module mit einem Phasen- und Amplitudenstellsignal an.

Das AESA-Radar an Bord eines Kampfflugzeuges bietet nicht erreichbare Fähigkeiten. So ist der Suchvorgang nicht mehr an ein bestimmtes Suchmuster gebunden, sondern kann in frei wählbaren Abfolgen von Strahlpositionen erfolgen; dadurch können die Beleuchtungsintervalle der zu verfolgenden Objekte entsprechend ihrer dynamischen Eigenschaften adaptiv eingestellt werden. Die taktische Forderung nach gleichzeitigem Absuchen eines bestimmten Raumsegments vor dem Flugzeug und deren Verfolgung kann ein AESA-Radar ungleich besser erfüllen als ein klassisches Radar. Seine Antennenkeule kann ohne Unterbrechung des Suchvorgangs auf ein vorher identifiziertes Ziel geschaltet und somit dessen Koordinaten bestimmt werden. Ebenso ist die quasi gleichzeitige Überwachung von Sektoren in der Luft und am Boden möglich.

Die vollkommene Flexibilität erreicht das AESA-Radar durch das Erzeugen unterschiedlicher oder mehrere voneinander unabhängige Antennenkeulen, die simultan erzeugt werden. So können neben der primären Funktion des Radarbetriebs gleichzeitig Datenlinks zu abgesetzten Flugkörpern realisiert werden. Auch kann mit einer breiten Keule gesendet und mit mehreren schmalen Keulen empfangen werden.

Weitere operationelle Vorteile ergeben sich bei der Detektion von schnellen, den eigenen Flugweg kreuzenden Zielen und von Stealth-Zielen sowie bei der Detektion und Lokalisierung von Hubschraubern. Mit modernen Datenverarbeitungs-Verfahren lassen sich bisher nicht bekannte Möglichkeiten zur Unterdrückung von Clutter realisieren und damit eine zuverlässige Erkennung von sehr langsamen Objekten.

Was die Zuverlässigkeit eines AESA-Radars anbelangt, so bietet die Vielzahl der verwendeten T/R-Module gegenüber einem zentralen Sender einen gewichtigen Vorteil. Selbst beim Ausfall einer größeren Anzahl von Modulen (5 bis 10%) nimmt der Pilot keine Einschränkung der Leistungsfähigkeit des Radars wahr. Diese, als >>Graceful Degradation<< bezeichnete Eigenschaft einer AESA-Antenne, ermöglicht deutlich längere Wartungsintervalle als im Falle eines zentralen Senders und garantiert eine hohe Verfügbarkeit des Radars während der Mission.

Einbau der AESA-Antenne des CAESAR-Radarsystem in den Eurofighter-Prototypen DA5 in Manching.

Im April 2002 startete das Euroradar-Konsortium (EADS Defence Electronics/ Deutschland, SELEX

Sensors&Airborne Systems/Großbritannien, INDRA/Spanien und Galileo Avionica/Italien) die Entwicklung eines AESA Radar-Demonstrators. Er sollte sich zum einen weitestgehend an der Installationsumgebung der Plattform Eurofighter orientieren und zum anderen wesentliche Bestandteile des bestehenden CAPTOR-Radars im Sinne einer kontinuierlichen Evolution des Systems übernehmen. Der Demonstrator, mit dem Namen CAESAR (CAPTOR AESA Radar), basierte auf einem unveränderten Empfänger und Prozessor von CAPTOR, neu entwickelt wurden die AESA Antenne und die Antennensteuereinheit (ACU). Die Stromversorgung des Systems wurde den Anforderungen der AESA angepasst. Das Kernelement der AESA ist das SMTR (Standardised Modular Transmit/Receive)-Modul, etwa 1500 Stück davon sind in der Antenne verbaut. Das Modul hat ein Volumen von weniger als 4 cm^3 und eine Masse von etwa 15 g. Während eines Zeitraums von etwas mehr als drei Jahren wurden die neuen Komponenten für CAESAR entwickelt, getestet und zum Gesamtsystem integriert. Es folgten der Einbau in ein Erprobungsflugzeug BAC 1-11 und die System-Bodentests.

Am 24. Februar 2006 startete CAESAR an Bord der BAC 1-11 vom südenglischen Flughafen Bournemouth aus zu seinem Erstflug. Im Rahmen der anschließenden fünfwöchigen Flugkampagne war CAESAR während sieben Flügen mehr als 20 Stunden in Betrieb, ohne dass irgendwelche Ausfälle zu verzeichnen gewesen wären. Nach Abschluss der Flüge wurde eine gewaltige Menge aufgezeichneter Daten analysiert. Das Ergebnis dieser Auswertungen zeigte, dass CAESAR die in ihn gesetzten Erwartungen weit übertraf. Unmittelbar nach diesen Testflügen begannen die Vorbereitungen für das eigentliche Ziel der Entwicklungsarbeiten, den Flug von CAESAR im Eurofighter.

Das neue Captor-E-Radar wird es in drei Versionen geben ECRS Mk.0 für Exportkunden, ECRS Mk.1 für die deutsche und spanische Luftwaffe und Mk.2 für die RAF und ggfs. auch für die italienische Luftwaffe.

Die deutsche Firma Hensoldt wird in Ulm das ECRS Mk.1 für die Luftwaffen-Eurofighter der Tranche 4 bauen.

Nach mehreren Einbautests, der endgültigen Installation des Systems in den Eurofighter DA5 und den darauffolgenden Boden- und EMV-Tests, wurde am 7. Mai 2007 die Flugfreigabe durch die Wehrtechnische Dienststelle 61 (WTD 61) erteilt. Am 8. Mai 2007 startete der Eurofighter Prototyp DA5 von Manching aus zu seinem ersten Flug mit einem E-Scan Bordradar der neuesten Generation.

Bei weiteren Flügen zeigte CAESAR eindrucksvoll seine Leistungsfähigkeit in Flugszenarien gegen Ziele (Tornado und F-4 Phantom) sowie in der Bodenabbildung (RBGM, Real Beam Ground Mapping). Die Flugvorbereitung wurde durch das nationale Vorhaben seitens des BWB, heute BAAINBw, ermöglicht und der Versuchsträger durch »Sponsoring« des BMVg sichergestellt.

Ende 2007 wurde die Antenne wieder in die BAC 1-11 installiert und die gleichzeitige Nutzung von Luft-Luft und Luft-Boden-Einsätzen erprobt.

Hieran schloss sich Entwicklungsarbeit mit dem Fokus »more than a radar« an, das zusätzliche Potentiale wie z.B. die Verwendung als Kommunikationsantenne oder Nutzung zur Störung feindlicher Radargeräte und Flugkörper testen sollte. Als nächster Schritt folgte nun die Weiterentwicklung des Radars hin zu einem Serienbauteil. Schon im Laufe des Jahre 2013 wurde der britische IPA5 mit einem CAPTOR-E ausgerüstet, doch aufgrund diverser Verzögerungen technischer und kommerzieller Natur begann die Erprobung bei BAE Systems erst ab Juli 2016. Nun drängte die Zeit, denn der Kunde Kuweit und kurz darauf auch Katar forderten für ihre Serienflugzeuge das hochmoderne Avionik-Herzstück. Zur Unterstützung der Testkampagne erhielt auch der deutsche IPA8 einen CAPTOR-E-Sensor. Um die Auslieferungsvariante der kuwaitischen Version zu testen, flog am 23. Dezember 2019 der italienische ISPA6 erstmals mit dem CAPTOR-E. Die diesbezüglichen Arbeiten konzentrierten sich bei Leonardo, die italienische Firma hat die übergreifende Führung beim CAPTOR-E inne. Hauptaugenmerk galt der Realisierung der geforderten ECCM-Funktionen (Electronic Counter Counter Measures) und die Softwareabstimmung auf die Kundenwünsche. Am 14. Dezember 2021 erfolgte die Auslieferung des ersten kuweitischen Eurofighters mit CAPTOR-E-Radar, auch bezeichnet ECRS Mk.0. ECRS steht für »Eurofighter Common Radar System«.

Für die 38 deutschen Quadriga und für die 20 spanischen Halcon Tranche 4-Flugzeuge wird das CAPTOR-E ECRS Mk.1 verwendet werden. In Zusammenarbeit des deutschen Radarhersteller Hensoldt und der spanischen Firma Indra entsteht als Weiterentwicklung des ECRS Mk.0 ein sehr leistungsfähiger Sensor mit breitem Fähigkeitsspektrum. Zwei Hauptverbesserungen sind vorgesehen: Zum einen verbesserte T/R-Elemente, die eine höhere Frequenz-Reichweite und eine größere Bandbreite bieten. Zum anderen ein neuer, leistungsfähiger Mehrkanal-Empfänger. Im Ergebnis kann der Auffassungsbereich und die Genauigkeit noch weiter gesteigert werden und auch die Auflösung z.B. bei Darstellungen am Boden ist noch deutlich besser. Im Blickpunkt steht aber die Nutzung des Radars bei der aktiven Störung und Abwehr gegnerischer Radargeräte und die Erhöhung der eigenen Störunempfindlichkeit. Der große Vorteil ist, dass das aktuelle CAPTOR-M-Radar der Tranche 2 und 3-Maschinen entsprechend umgerüstet werden kann. Dies war sicher auch ein wichtiger Faktor, dass die Bundeswehr schon 2020 die Bestellung von insgesamt 110 neuer bzw. modifizierter Radare für insgesamt 2,8 Mrd. Euro getätigt hat. Sie werden überwiegend bei Hensoldt in Ulm entstehen.

Die britische Luftwaffe beschreitet bei ihrem künftigen Eurofighter-Radar einen gänzlich anderen Weg. Erst sehr viel später, geplant ist Erlangung der Einsatzbereitschaft für das Jahr 2030, soll das ECRS Mk.2 als Nachrüstung für die Tranche 2 und 3-Maschinen zur Verfügung stehen. Das Mk.2, entwickelt und gebaut von Leonardo und integriert von BAE Systems, wird sich vollständig vom CAPTOR-M unterscheiden, es gibt keine baugleichen Komponenten mehr. Ziel ist die Entwicklung des weltweit leistungsfähigsten Radargeräts, das neben seinen klassischen Funktionen über bisher noch nicht realisierte Fähigkeiten des elektronischen Kampfs verfügen soll. Weiterhin soll eine sehr große Reichweite zur Verfügung stehen und die Möglichkeit bestehen multiple sich bewegenden Bodenziele zu verfolgen. Diverse zentrale Bauteile, z.B. Zentralprozessor, Empfänger, Bewegungs-Mechanismus der Radarantenne sind neu, es werden deutlich mehr T/R-Elemente verwendet. Auch ein neues Radom wird benötigt. Aktuell läuft der Einbau eines Radar-Prototyps in einem britischen Typhoon (ZK355) in Warton. Bis Ende des Jahres 2023 soll der Erstflug erfolgen. Die RAF hat bis jetzt die Umrüstung von insgesamt 40 Tranche 2 und 3 Flugzeugen mit dem ECRS Mk.2 fest beauftragt.

Flugzeugsysteme

Das PIRATE System

Das »Passive Infrared Airborne Tracking Equipment« (PIRATE) besteht, ergänzend zum Bordradar des Eurofighters, aus einem in Flugrichtung wirkenden Infrarot-Sensor (Forward Looking Infrared/FLIR) und einem Sensor zur Zielsuche und -verfolgung (Infrared Search and Track/IRST), der auf der linken Flugzeugseite vor dem Cockpit eingebaut ist. Es wurde von dem internationalen Konsortium EuroFIRST entwickelt, angeführt von Galileo Avionica (Fiar) unter Beteiligung von Thales Optronics Ltd (früher Pilkington Optronics) und Tecnobit aus Madrid entwickelt und von diversen Zulieferern unterstützt.

Das »Passive Infrared Airborne Tracking Equipment« (PIRATE) beinhaltet einen nach vorne gerichteten Infrarot Sensor sowie einen Sensor zur Zielsuche und Verfolgung. Zu Testzwecken ist das PIRATE-System im IPA3, 98+03, eingebaut.

In der Luft-Luft-Betriebsart wird der mit dem Radar integrierte IRST-Sensor für die passive Entdeckung und Verfolgung von Zielen verwendet. In der Luft/Boden-Rolle dient das IR-System der Zielerfassung und -identifizierung; es dient auch als Landehilfe und unterstützt die Tiefflugfähigkeit bei Nacht. Die IRST-Bilder können wahlweise auf dem Frontscheibensichtsystem HUD, den multifunktionalen Farbmonitoren (MHDDs) oder dem Helmsichtsystem (HMSS) dargestellt werden.

Kontrollsystem für die Flugzeug-Grundsysteme (UCS)

Das Kontrollsystem für die Flugzeug-Grundsysteme (Utility Control System/UCS) ist in die Gesamtsystemarchitektur integriert. Es überwacht die Grundsysteme Elektrik, Fahrwerk, Hilfsantrieb, Hydraulik, Klimaanlage und Kraftstoffanlage. Dedizierte Digitalrechner stellen über serielle Datenbus-Koppler Signalverbin-

dungen zu den Anzeige-Bildschirmen im Cockpit her und gewährleisten die Information über die Funktion der Bordsysteme. Bei Ausfall einzelner Einheiten werden diese automatisch abgeschaltet oder isoliert. Jedes UCS-Subsystem besitzt eine integrierte Test-, Überwachungs- und Fehleranzeige-Fähigkeit. Das UCS sorgt für die Entlastung des Piloten und auch für Massen- und Gewichtsreduzierung durch Verzicht auf die große Zahl der in den meisten heutigen Flugzeugen verbauten Analog-Steuerrelais.

Elektriksystem

Das hochredundante Elektriksystem wurde auf maximale Ausfallsicherheit hin ausgelegt. Autonomer, von Bodengeräten unabhängiger Betrieb ermöglicht das Starten der Hilfsturbine (APU), das Testen der Bordsysteme sowie die Inbetriebnahme und die Stabilisierung der Avionik. Die Stromversorgung liefert einen dreiphasigen 110/200 V 400 Hz-Wechselstrom und 28 V Gleichstrom. Vor dem Anlassen der Haupttriebwerke wird Wechselstrom von der APU in das Bordnetz gespeist, danach übernehmen dies zwei Generatoren. Die normale Gleichspannung wird von zwei Transformator/Gleichrichter-Einheiten (Transformer/Rectifier Unit/TRU) erzeugt, zusätzlich können zwei Wechselstromgeneratoren mit nachgeschalteten Gleichrichtern bei TRU-Ausfall Gleichstrom herstellen. Die Bordbatterie liefert Energie für den APU-Start sowie teilweise für die Notstromversorgung und für eingeschränkten Bodenbetrieb.

Hydrauliksystem

Zwei separate, unabhängige Hydrauliksysteme versorgen die folgenden Flugzeug-Subsysteme:

- Flugsteuerung (FCS)
- Bugradsteuerung
- Steuerung des Lufteinlaufs für die Triebwerke
- Luftbremse
- Fahrwerk
- Bremsen
- Luftbetankungsstutzen
- Bordkanone Mauser Bk27
- Kabinendachbetätigung.

Beide Hydrauliksysteme verfügen über einen Betriebsdruck von 4000 psi, der über ein Getriebe (Gearbox) von den beiden EJ200-Triebwerken erzeugt wird. Im Falle eines Triebwerkausfalls wird die Gearbox des defekten Triebwerks mit Zapfluft der intakten Turbine betrieben. Die Stellmotoren für die Flächen des Primärsteuersystems besitzen eine leckagesichere, doppelte Hydraulikversorgung mit 270 bar Druckbeaufschlagung und werden elektrisch vierfach angesteuert. Die Integrität des FCS-Primärsystems wird ferner durch kürzestmögliche Länge der Hydraulikrohre, Trennventile zwischen den beiden Hydraulikkreisen und größtmögliche Autonomie beider Systeme sichergestellt.

Sekundäre Energieversorgung

Das sekundäre Energieversorgungssystem (Secondary Power System) versorgt die Hydraulik- und Elektriksysteme mit Energie und startet die Triebwerke. Es besteht aus einer Hilfsturbine (Auxiliary Power Unit/APU) sowie zwei mechanisch gekoppelten Getrieben/Pumpen/Generatorgetrieben (Gearbox) der Haupttriebwerke. Bei Ausfall eines Haupttriebwerks oder der Getriebe-Kupplung werden die Getriebe mit Zapfluft des intakten Haupttriebwerks versorgten Luftturbinen angetrieben. Das sekundäre Energieversorgungssystem befähigt den Eurofighter zum autonomen Betrieb ohne Verwendung von Bodendienstgerät.

Klimatisierungs- und Belüftungsanlage (ECS)

Die Klimaanlage (Environmental Control System/ECS) belüftet die Kabinendach-Abdichtung, die Enteisungs- und Anti-Beschlag-Düsen der Windschutzscheibe, den Anti-g-Anzug, das Radargerät, den Infrarot-Sensor (FLIR) sowie die Einbauräume für die Avionik und für bestimmte Grundsysteme. Für das Radar, das Flüssigkeits-Kühlsystem des FLIR sowie den ebenfalls flüssigkeitsgekühlten »Libelle«-Pilotenanzug leitet das ECS die Wärme ab.

Die Sauerstoffversorgung wird durch das bordeigene »Molecular Sieve Oxygen Generation System« (MSOGS) gewährleistet. Das System stellt die benötigte Atemluft mit der der jeweiligen Flughöhe entsprechenden Sauerstoffkonzentration aus der Triebwerkzapfluft her. Die bordeigene Sauerstoffversorgung bedeutet, dass der Eurofighter von externen Flüssigsauerstoffanlagen oder Druckflaschen unabhängig ist. Am Boden versorgt die Hilfsturbine (APU) bei abgestellten Haupttriebwerken das ECS mit Luft für die Cockpit-Klimatisierung, für die MSOGS-Sauerstofferzeugung sowie mit Flüssig-Kühlmittel.

Das Fahrwerk

Das Fahrwerk des Eurofighters ist konventionell als Drei-Punkt-Fahrgestell ausgelegt und wird hydraulisch aus- und eingefahren. Die Beschläge für das Hauptfahrwerk befinden sich in den Tragflächen, die Räder fahren in das Rumpfmittelteil ein. Die Verwendung von Lufteinlässen auf der Rumpfunterseite führte zu einem einrädrigen, steuerbaren Bugrad. Es ist am vorderen Ende des Rumpfmittelteils befestigt und fährt nach hinten ein. Die Duplex-Bremsanlage verfügt über einen Anti-Skid-Blockierschutz. Bugradsteuerung und Radbremsen werden digital angesteuert, die Radsteuerung ist mit dem Flugsteuerungssystem FCS verbunden. Zusätzlich zur Fahrwerk-Bremsanlage verfügt das Flugzeug über einen Fanghaken für Notfälle sowie über einen Bremsschirm. Hiermit kann das Flugzeug sowohl auf normalen Landebahnen als auch auf kurzen Notpisten operieren.

Das Kraftstoffsystem

Der benötigte Kraftstoff wird in zwei Mittelrumpftanks und in den Tragflächen mitgeführt, insgesamt 4500 kg, das entspricht etw 5625 Litern. Sie sind als Integraltanks ausgeführt. An drei Außenstationen (Tragflächen und Mittelrumpfstation) können noch zusätzlich 1000 bzw. 1500 Liter in entsprechenden Tanks mitgeführt werden. Aus Rumpf und Flügeln wird er mittels Pumpen gefördert, aus den Zusatztanks mittels Triebwerk-Zapfluft. Beide Triebwerke verfügen über Kraftstoff-Pumpen, für außergewöhnliche Fälle besteht die Möglichkeit des Quertransfers. Das Kraftstoffsystem dient zusätzlich zur Wärmeableitung von Hydraulikpumpen, Generatoren und Getrieben. Ein hydraulisch ein- und ausfahrbarer Luftbetankungsstutzen ist in der rechten Rumpfbugstruktur unterhalb der Cockpitverglasung installiert.

Nach dem Einbau des Fahrwerks werden umfangreiche Funktionstests durchgeführt.

Schub satt

Das Eurojet 200-Triebwerk

Parallel zur Entwicklung des Eurofighters erfolgte auch die Entwicklung eines komplett neuen Triebwerks. Um das umfangreiche Anforderungs-Spektrum des neuen Kampfflugzeugs erfüllen zu können, benötigte man einen modernen, sehr leistungsfähigen Antrieb. Mitte der 80er-Jahre waren europäische sowie amerikanische Hersteller bemüht, eine neue Triebwerksgeneration für künftige Kampfflugzeuge zu entwickeln. So arbeitete SNECMA in Frankreich an dem modernen, 7,5 bis 8,5 Tonnen Schub Antrieb M88. Dieser war für das französische ACX-Programm vorgesehen. Die britische Firma Rolls Royce versuchte das RB.199 für den Einsatz im Tornado ADV (Jagdflugzeug) bzw. dem Agile Combat Aircraft (ACA) zu verbessern und General Electric war in den USA mit dem GE F404 beschäftigt.

Um für die anstehende Jäger 90-Entwicklung gegen die starke amerikanische Konkurrenz bestehen zu können, fanden in den Jahren 1983 und 1984 schon erste Kontakte zwischen Rolls-Royce, SNECMA und MTU statt. Dabei zeigte sich, dass Rolls Royce eine Triebwerks-Neuentwicklung favorisierte. Britisch Aerospace neigte jedoch dazu, das neue Kampfflugzeug mit einem modifizierten und leistungsgesteigerten RB.199 auszurüsten. Die Britische Regierung war aus finanziellen Überlegungen bestrebt, eine europäische Lösung herbeizuführen, denn nach den guten Erfahrungen im Tornado-Programm lag es nahe, die Industriepartner der Turbo Union, Rolls-Royce, MTU und Fiat mit einzubinden. So beauftragte sie British Aerospace und Rolls-Royce, mit den anderen Firmen wie Messerschmitt-Bölkow-Blohm, Dassault, Aeritalia, SNECMA und der Turbo Union offizielle Gespräche aufzunehmen. Ziel war die gemeinsame Entwicklung eines 90 kN leistenden Antriebs. Doch auch bei den angesprochenen Partnern war das Geld knapp und so prognostizierte man auf der Hardthöhe, dass vor 1986/87 kein Geld für die Entwicklung eines neuen Triebwerks zur Verfügung stehen würde. Auf der deutschen Prioritätenliste stand das Triebwerk nach der Zelle, der Bewaffnung und der Missionsavionik erst an vierter Stelle. Aus diesem Grund war es nicht verwunderlich, dass Rolls-Royce in Eigeninitiative versuchte, auf diesem Gebiet vorzupreschen. Der britische Motorenhersteller hatte zu diesem Zeitpunkt bereits einen neuen Triebwerksprototyp in Entwicklung. Es handelte sich dabei um das RR XG-40. Dieses Zweiwellentriebwerk arbeitete bei Temperaturen von über 1800 °C, es verfügte über so genannte Einkristall-Schaufeln und war mit einem Nachbrenner ausgerüstet. Das Schub-/Gewichtsverhältnis hatte man gegenüber dem Tornado-Triebwerk RB.199 deutlich verbessert.

Mitte 1986 bereitete die Entwicklung des Triebwerks noch einige Sorgen und so musste man, bis ein Motor mit einer Leistung von 90 kN zur Verfügung stehen würde, nach einem Interimstriebwerk Ausschau halten. Dieser Forderung kam das F404J RM12 von General Electric mit 86 kN Schub am nächsten. Da es jedoch bis zur Einführung von EFA, Mitte der 90er-Jahre, kein Wachstumspotenzial mehr zuließ, befürworteten unter anderem auch die deutschen Planer die Entwicklung eines neuen Triebwerks. Mittlerweile hatte das überarbeitete RB.199 Mk.104-Triebwerk seine Bewährungsprobe im Einsatz des EAP hervorragend bestanden.

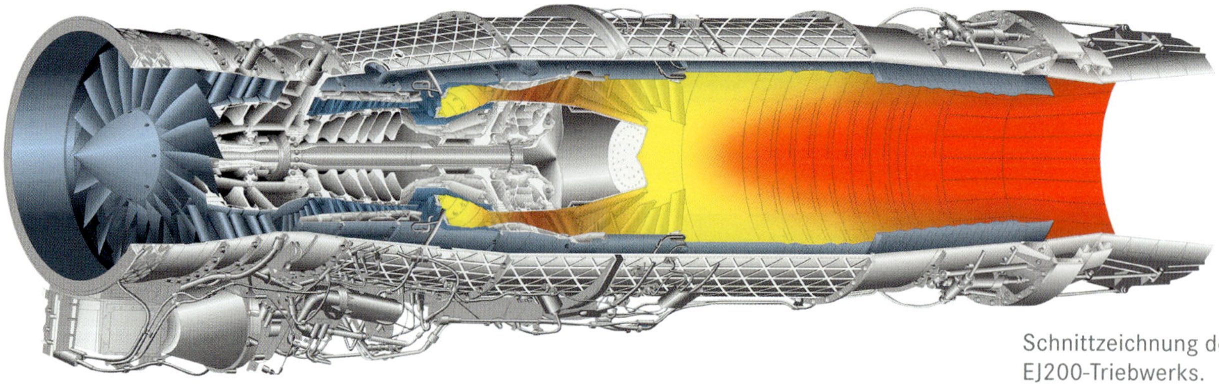

Schnittzeichnung des EJ200-Triebwerks.

So war es nicht verwunderlich, dass sich Rolls-Royce im entscheidenden Kampf um den Auftrag für das Eurofighter-Triebwerk große Hoffnung machte, den in Entwicklung befindlichen XG-40-»Erprobungsträger« als Grundlage zu verwenden. Von Seiten Rolls-Royce legte man aber Wert darauf, dass dieses Triebwerk auf der Bauelemente-Ebene nicht einfach eine Imitation des XG-40 sein würde, denn die Partner hätten jeden Aspekt des XG-40 überprüft und die Gesamtkonfiguration als geeignet empfunden. Das neue EFA-Triebwerk war durch die Beiträge von MTU, Fiat oder SENER so verändert, dass man nicht mehr von einem aufgerüsteten XG-40 sprechen konnte. Die Rolle des XG-40 bestand nun darin, erste Erfahrungen mit bestimmten Entwurfkonzepten zu sammeln, während die Technologie der anderen Partner direkt in das EFA-Triebwerk einflossen. Im August 1986 absolvierte das Rolls-Royce XG-40 seinen ersten Testlauf. Gegenüber dem RB.199 konnte eine Steigerung der Schubleistung um beachtliche 40 % erreicht werden.

Anlässlich der 16. Internationalen Luftfahrtausstellung in Hannover vom 6. bis 15. Juni 1986 erhielt das neue Triebwerk für das Jagdflugzeug 90 (EFA) die Bezeichnung »Eurojet 200«. Es handelte sich dabei um einen zweiwelligen Turbofan mit Nachbrenner im 90kN-Schubbereich. Die Betriebsorganisation Eurojet Turbo GmbH etablierte sich für die Entwicklung und den Bau des EJ200 in München. Der heutige Firmensitz befindet sich in Halbergmoos, nahe des Münchner Franz-Josef Strauß-Flughafens. Die förmliche Gründung erfolgte dann am 29. August 1986. Das Gemeinschaftsunternehmen bestand aus den Firmen Fiat Avazione SpA/Italien, der Motoren und Turbinen-Union München (MTU)/ Bundesrepublik Deutschland, Rolls-Royce/Großbritannien und SENER Ingenieria y Sistemas SA/ Spanien. Am 16. Mai 1988 wurde in Bonn zwischen der Bundesrepublik Deutschland, Großbritannien und Italien eine Übereinkunft bezüglich der Entwicklung des viernationalen Flugzeugprogramm EFA /Jäger 90 sowie des dazugehörenden Triebwerks EJ200 von der Eurojet Turbo GmbH unterzeichnet. Erster Managing Director war Colin Green.

Zu diesem Zeitpunkt waren bereits Teile für den Prototypen des Demonstrator-Triebwerks, der zum Nachweis der Triebwerksauslegung noch vor Ende des Jahres 1988 erstmals laufen sollte, gefertigt. Außerdem erfolgten schon die ersten Prüfstand-Tests diverser Komponenten bei den Partnerfirmen. Die frühe Erprobung der Triebwerksauslegung sollte das Erreichen der Einsatzziele schon zu Beginn der Indienststellung sicherstellen. Nationale Forschungs- und Technologieprogramme für Baugruppen wie Nieder- und Hochdruckverdichter, Nieder- und Hochdruckturbine, Brennkammer und Nachbrenner, hatten schon Jahre davor bei den Partnerfirmen begonnen. Die Ergebnisse dieser Programme flossen dann in das »Design Verification Programme« ein. Zusätzlich wurden Testergebnisse des 90 kN-Technologie-Demonstrators XG-40 von Rolls Royce mit verschiedenen Auslegungskonzepten in die EJ200-Entwicklung integriert.

Hauptentwurfsziele beim EJ200 waren das Erreichen eines Schub-/Gewichtsverhältnisses von 10:1, eines Gesamtdruckverhältnisses von mehr als 25:1 sowie eines Nebenstromverhältnisses von etwa 0,4. Daneben wurden geringstmögliche Lebenswegkosten sowie optimale Wartbarkeit und Zuverlässigkeit angestrebt. Um diese Ziele erreichen zu können, wurde eine Vielzahl fortschrittlicher Technologien in ein einfaches Zweiwellenkonzept mit modularem Aufbau integriert. Dazu gehörten Breitschaufelprofile mit hohem Wirkungsgrad, die weniger empfindlich gegen Beschädigungen sind. Ferner eine hocheffiziente, leichte, transsonische Verdichter- und Turbinenauslegung nach einem 3D-Berechnungsverfahren. Außerdem verfügte das neue Triebwerk über Einkristall-Turbinenschaufeln, die für dauerhaft hohe Leistungsfähigkeit sorgen. Die konvergent-divergente Schubdüse verlieh dem EJ200 bei hohen Machzahlen bessere Einsatzleistungen. Das Triebwerk erhielt auch eine hochmoderne Steuerung, die »Full Authority Digital Engine Control« (FADEC). Diese sorgt für eine wirksame digitale Regelung und Fehlerdiagnose und verfügt zur einfachen Wartbarkeit über ein integriertes Zustands-Überwachungssystem.

Sowohl der thermodynamische Kreisprozess als auch die Triebwerkskonfiguration wurden gezielt nach den EFA-Forderungen ausgelegt. Entsprechend liefert das EJ200 für die geforderten Manöver und die Beschleunigung auf Überschall einen hohen Schub, hat aber dennoch einen geringen spezifischen Kraftstoffverbrauch. Wenn das EJ200 auch für einen Standschub von 90 kN ausgelegt ist, so besitzt es doch ein beachtliches Wachstumspotenzial bei gleichbleibenden Triebwerksabmessungen.

Die Arbeitsaufteilung

Das Unternehmen Eurojet Turbo GmbH mit seinem Sitz in Unterhaching ist in der Bundesrepublik Deutschland registriert. Es ist für das Gesamtmanagement und die Koordination zuständig, während jedes der beteiligten Partnerunternehmen Entwicklung und Fertigung von speziellen Baugruppen durchführt. Die Aufteilung ist proportional zu den erwarteten Beschaffungsstückzahlen der vier Nationen. Entsprechend hat Fiat Aviazione 21 %, MTU und Rolls-Royce je 33 % und SENER 13 %. Jeder der vier Partner verantwortet einen Anteil der Hauptmodule. Die Aufgabenverteilung wurde wie folgt vorgenommen:

Endmontage des ersten FSD-Triebwerks (Full Scale Development) Anfang 1990 bei MTU in München.

Fiat Aviazione ist für die Niederdruckturbine, die Niederdruckwelle, das Zwischenlager, den Nachbrenner sowie das Getriebe verantwortlich und partizipiert ferner am Zwischengehäuse.

MTU hat die Verantwortung für den Nieder- und den Hochdruckverdichter und ist an der Hochdruckturbine beteiligt. Ferner hat MTU die Systemverantwortung für die digitale Triebwerksregelung (FADEC; Full Authority Digital Engine Control).

Rolls-Royce ist für das Brennkammersystem, die Hochdruckturbine und das Zwischengehäuse zuständig und ist beteiligt am Nieder- und Hochdruckverdichter, an der Niederdruckturbine, am Zwischenlager, am Nachbrennersystem und an der Konvergent-divergent-Schubdüse.

SENER übernimmt die Verantwortung für die Konvergent-divergent-Schubdüse, das Abgasrohrs, den Abgasdiffusor und den Nebenstromkanal.

Die Montage und die Triebwerktests in der Entwicklung und in der Produktion laufen jeweils bei allen Partnern. Jeder Partner unterstützt weiterhin die jeweiligen nationalen Luftstreitkräfte mit einer umfassenden technisch-logistischen Betreuung einschließlich aller Möglichkeiten für komplette Zerlegung, Reparatur und Zusammenbau. Der anfängliche EFA-Bedarf der vier Nationen liegt bei ca. 1800 Triebwerken.

Am 23. November 1988 wurden von der NEFMA, der Eurofighter Jagdflugzeug GmbH sowie der EUROJET Turbo GmbH in München die Entwicklungsverträge für den Jäger 90 und das Triebwerk EJ200 unterzeichnet. Dies wurde nur möglich, nachdem die vier beteiligten Nationen Bundesrepublik Deutschland, Großbritannien, Italien und Spanien das so genannte Memorandung of Understanding für die Entwicklung des EFA ebenfalls unterschrieben hatten.

Das erste Eurojet 200-Triebwerk führte am 28. November 1988 bei der MTU in München seinen erfolgreichen Erstlauf durch. Das Aggregat war das erste von drei »Design Verification Engines« und sollte somit den Nachweis für die Richtigkeit des Entwurfs erbringen. Dabei übertraf es beim Betrieb innerhalb der Temperaturlimits sogar die angestrebten Schubwerte. Die Aufgabe des DVE-Programms war, die neuen Technologien die während der Konzeptphase von den Partnerfirmen entwickelt worden waren, in ein komplettes Triebwerk zu integrieren, bevor man mit dem vollen Entwicklungsprogramm beginnen konnte. Das zweite DVE-Triebwerk lief dann bei Fiat Aviazione, das dritte Triebwerk bei Rolls-Royce. Der Hochdruckteil des Triebwerks (Verdichter und Turbine) wurde ebenfalls bei Rolls-Royce getestet, und zwar auf dem Höhenprüfstand in Bristol. Damit wollte man die richtige Aero- und Thermodynamik dieser Komponente nachweisen.

Noch im Sommer 1990 erfolgte der nächste große Schritt des EJ200-Programms, denn die so genannten FSD-Triebwerke (FSD = full scale development; voll umfängliche Entwicklung), die in der Bundesrepublik Deutschland, Großbritannien und Italien zusammengebaut wurden, gingen in die Erprobung.

Derweil hatten die DVE-Triebwerke die vertraglich festgelegten Leistungsdaten übertroffen sowie alle Handling-, Start- und Wiederzünd-Anforderungen erzielt. Die Dauerbetriebstests wurden ebenfalls erfolgreich absolviert. Die nächste wichtige Phase war nun die weitere Erprobung der FSD-Triebwerke. Insgesamt wurden zwölf dieser FSD-Triebwerke gebaut und bei Fiat Aviazione in Turin, bei der MTU in München sowie bei Rolls-Royce in Filton/Bristol getestet. Das Erprobungsprogramm umfasste eine Vielzahl von Tests in Seehöhe und in Höhenprüfständen und zwar sowohl mit kompletten Triebwerken als auch mit Komponenten. Die Tests dienten dazu, das EJ200 für die Flugerprobung vorzubereiten und seine Zuverlässigkeit, gute Wartbarkeit und seine niedrigen Lebenswegkosten nachzuweisen. Die Triebwerksleistung wurde bezüglich Schub, spezifischem Kraftstoffverbrauch, Startcharakteristiken, Ölverbrauch, Wiederzündverhalten in großer Höhe und Handling über das gesamte Einsatzspektrum getestet. Nachdem man die vorläufige Flugzulassung erreicht hatte, begann die intensive Flugerprobung. Dies führt dann zur Serienfreigabe des EJ200. Es lieferte nun mit Nachbrenner rund 90 kN (20 000 lb.) Schub.

Im Jahr 1990 änderte sich die Zusammensetzung des Konsortiums. Am 14. März wurden die Rechte und Verpflichtungen der SENER auf die Firma ITP übertragen. Die ITP stellte somit Spaniens Partner innerhalb der EUROJET Turbo GmbH dar. ITP gehört zu 25,5 % SENER, zu 12,75 % CASA, zu 12,75 % Bazan (zusammen

Das EJ200, erster Prototyp am Kran bei MTU.

Technische Daten Eurojet EJ200	
Hersteller:	Eurojet GmbH (Avio, ITP, MTU, Rolls-Royce)
Ursprungsland:	Deutschland, Großbritannien, Italien, Spanien
Bauart:	Zweiwellen-Turbofan mit Nachbrenner
Maximaler Trockenschub:	60 kN
Maximaler Schub mit Nachbrenner:	90 kN
Nebenstromverhältnis:	0,4:1
Gesamtdruckverhältnis:	26:1
Schub/Gewichtsverhältnis:	10:1
Mittlerer spezifischer Kraftstoffverbrauch bei maximalem Trockenschub:	21–23 g/kNs
Mit Nachbrenner:	47–49 g/kNs
Luftdurchsatz:	75–77 kg/s
Verdichterstufen:	3 ND, 5 HD
Turbinenstufen:	1HD, 1ND
Brennkammer:	ringförmig
Gesamtlänge:	4,00 m
Frontdurchmesser des Triebwerks:	0,74 m
Gewicht:	ca. 1000 kg

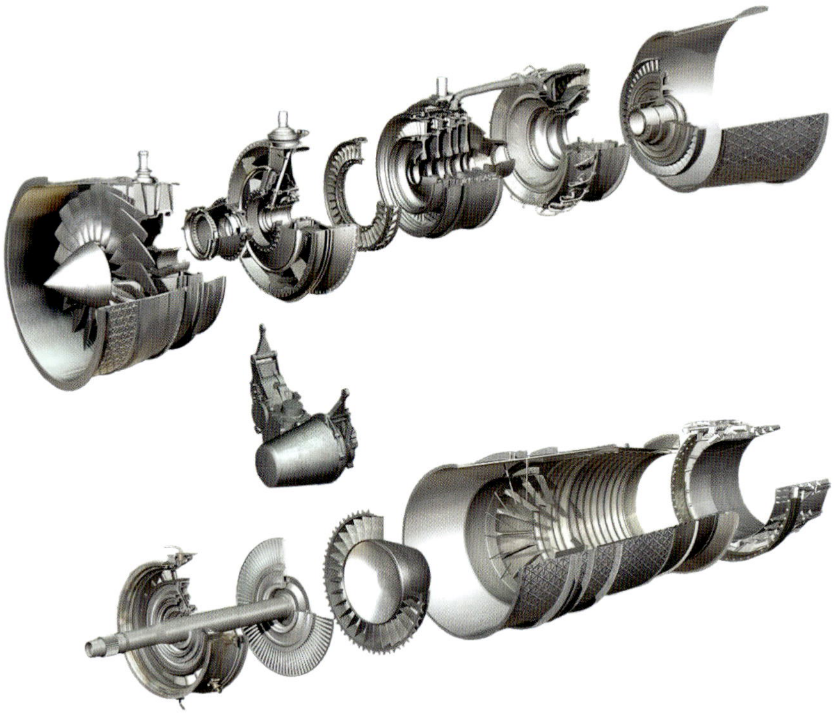

Explosionsdarstellung des EJ200:
Oben, von links nach rechts: Niederdruckverdichter, Unterstützungslager, Zwischengehäuse, variable Leitschaufeln, Hochdruckverdichter, Brennkammer, Hochdruckturbine, Nebenstromkanal. Mitte: Getriebe- und Ölsystem. Unten, von links nach rechts: Niederdruckverdichter Stator, Niederdruckverdichter Rotor, Turbine Austrittsgehäuse, Nachbrenner, variable Schubdüse.

Durch große Klappen auf der Unterseite sind die Triebwerke gut zugänglich.

51 %), sowie zu 45 % Rolls-Royce und zu 4 % der Bilbao-Vizcaya-Bank. Die neue Arbeitsaufteilung sah nun wie folgt aus: Fiat Aviazione 21 %, ITP 13 %, MTU München 33 %, Rolls-Royce 33 %.

Das erste vollumfängliche Entwicklungstriebwerk des EJ200 lief am 9. November 1990 erstmalig und übertraf die Ziele bei weitem. So lag nicht nur der maximale Trockenschub (ohne Nachbrenner) über dem entsprechenden Sollwert, gleichzeitig war auch der spezifische Kraftstoffverbrauch niedriger als seinerzeit im Entwicklungsvertrag für das Triebwerk des Jäger 90 festgelegt. Detaillierte Nachbrenner- und Höhenprüfstandstests konnten dann schon in den Folgewochen beginnen. Dabei wurden auch Flugbedingungen simuliert. Das erste FSD-Triebwerk, das am 25. Oktober 1990 bei der MTU lief, verfügte bereits über Modifikationen, die aus dem DVE-Programm resultieren. Es beinhaltet auch Komponenten wie Blisks (Blade integrated disk – aus einem einzigen Bauteil gearbeitetes Turbinenrad, bei dem die Turbinenschaufeln nicht mehr separat eingehängt werden) Leitschaufeln und Anbaugeräte, die nach neuesten Fertigungsstandards hergestellt wurden.

Folgende Auslegungsmerkmale charakterisieren das EJ200:

- Leitschaufelloser, vor dem ersten Wellen-Hauptlager angeordneter Niederdruck-Verdichter.
- Monokristalline Turbinenschaufeln geringer Dichte.
- Integrale Verdichterschaufel- und -scheiben-Technologie (Blisks)
- Rauchlose Brennkammer
- Variable Schubdüse (konvergent/divergent)
- Bürstendichtungen
- Volldigitale, mit der Flugsteuerung vernetzte Triebwerkregelung (FADEC).

Dank seiner Auslegung ist das EJ200 ein kompaktes, leichtes Triebwerk und verfügt über eine hohe mechanische und thermische Festigkeit. Die Zuverlässigkeit des Triebwerks stellte ein zentrales Entwicklungsziel dar.

Im Frühjahr 1991 fanden auf dem MTU-Prüfstand die ersten EJ200-Prüfläufe statt.

Sie wurde durch folgende Maßnahmen erreicht:

- Einfache, robuste Konstruktion
- Durchgängig modularer Aufbau
- Gute Zugänglichkeit der Komponenten
- Konsequente, zustandsorientierte Wartung
- Geringe Zahl von Prüfmitteln und Werkzeugen nötig
- Schnelle Triebwerkwechsel (von vier Mann in 45 Minuten realisierbar)
- Langlebige Komponenten und insgesamt geringe Komponentenanzahl

Der Erstflug des EJ200 fand am 4. Juni 1995 mit dem Prototyp DA3, bei Alenia in Turin/Caselle statt. Am 8. März 2001 wurde die Produktionsversion des EJ200 zugelassen und schon bald darauf, am 1. Juni 2001, für die Installation am IPA3 an EADS in Manching ausgeliefert. Der Erstflug des IPA 3 erfolgte von Manching aus am 8. April 2002. MTU Aero Engines hatten derweil den Auftrag erhalten, alle für die 180 deutschen Eurofighter bestimmten Triebwerke zu bauen. So wurde prognostiziert, bis 2014 in München pro Jahr rund 30 EJ200-Motoren zu produzieren. Mittlerweile hat das Triebwerkskonsortium von Avio (ehemals Fiat Aviatione bzw. FiatAvio) ITP, Rolls-Royce und MTU Aero Engines über 400 EJ200-Triebwerke ausgeliefert. Die Übergabe des 400. Aggregats fand am 30. November 2007 in der spanischen Endmontagelinie bei ITP statt.

Die Bewaffnung des Eurofighters

Neben den Flugleistungen und der Sensorleistung spielt bezüglich der Effektivität natürlich der einsetzbare Waffenmix eine entscheidende Rolle. Da das Flugzeug vor allem als Abfangjäger konzipiert wurde, stand die Integration von Luft-Luft Flugkörpern an erster Stelle. Mittlerweile steht dafür eine breite Palette von neuesten Abstandswaffen zur Verfügung. Die Evolution des Flugzeuges zu einem vollwertigen Mehrkampfflugzeug erforderte in jüngerer Vergangenheit allerdings verstärkt die Integration von diversen Luft-Boden Waffen.

Die BK27 verfügt über eine innovative gurtgliedlose Munitionszuführung mit Hülsenrückführung in die freigewordenen Plätze der Munitionstransportkette. Die Waffe hat ein Magazin mit 150 Schuss. Mehrere Munitionsarten können verwendet werden.

In der rechten Tragflächenwurzel befindet sich die Mauser BK27-Bordkanone. Normalerweise ist die Austrittsöffnung mit einem Deckel verschlossen, der im Bedarfsfall einfach durchschossen wird.

Die Bordkanone

Auch wenn bei künftigen Einsatzszenarien die Bordkanone eine untergeordnete Bedeutung spielen wird, entschloss man sich früh auch für den Eurofighter eine solch konventionelle Bewaffnung vorzusehen. Eine durchgeführte Leistungsbewertung von Bordkanonen ergab Mitte der 80er Jahre hierfür keine andere Alternative als die bekannte BK27. Diese einläufige gasgetriebene Trommelwaffe mit dem Kaliber 27 mm x 145 mm wurden von der Firma Mauser in Oberndorf ab 1970 für den MRCA Tornado entwickelt. Später fand die Kanone auch ihren Weg in den Alpha Jet und wird auch in der Saab Gripen verwendet. Die Forderung nach einem leichten und geschlossenen System, das die Munitionszufuhr- und Leergutproblematik beseitigt, führte zu der im Eurofighter realisierten Entwicklung einer gurtgliedlosen Munitionszuführung mit Hülsenrückführung in die freigewordenen Plätze der Munitionstransportkette. Dies wird auch als LAB-System bezeichnet (»Linkless Ammunition Box«). Dadurch konnte auch eine deutliche Reduzierung des Einbauvolumens erreicht werden. Die Gesamtlänge der Kanone beträgt 2,3 Meter, der Lauf weist eine Länge von 1,4 Metern auf, das Gesamtgewicht ohne Munition beläuft sich auf nur 100 kg. Die Feuergeschwindigkeit ist mit 1700 Schuss pro Minute sehr hoch und kann vom Piloten auf 1000 Schuss pro Minute begrenzt werden. Insgesamt verfügt die Waffe über ein Magazin mit 150 Schuss. Mehrere Munitionsarten können verwendet werden. Die Kanone befindet sich in der rechten Tragflächenwurzel des Flugzeuges. Die Austrittsöffnung ist permanent mit einer Abdeckung versehen, die im Ernstfall einfach »durchschossen« wird.

Die Mauser-Werke Oberndorf wurden 1995 von der Düsseldorfer Rheinmetall übernommen und gehören heute zur Sparte »Rheinmetall Waffe Munition GmbH«.

Der britische Typhoon BS117 mit der Produktverbesserung P3E zeigt die damit mögliche Waffenladung im Flug.

Es steht eine große Waffenpalette für den Eurofighter zur Verfügung, mittlerweile auch diverse Luft-Boden-Waffen. Hier zu sehen von rechts nach links, hinten: ASRAAM, AMRAAM, Storm Shadow, Meteor, Paveway IV, Meteor, Taurus und IRIS-T. Davor der Litening Behälter und Brimstone.

Bild aus der Filmsequenz einer Hochgeschwindigkeitskamera, die den Testabschuss einer AIM-9 Sidwinder zeigt.

Kurzstreckenlenkwaffen AIM-9L/M, IRIS-T und ASRAAM

Die westliche Infrarot Standard-Lenkwaffe der letzten Jahrzehnte war sicher die AIM-9 Sidewinder, mit keiner Lenkwaffe wurden mehr Abschüsse nach dem 2. Weltkrieg erzielt. Die Entwicklung ihrer wichtigsten Variante der AIM-9L begann in den 70er Jahren, hierbei erhielt die Waffe ein neues optisches System und neben dem herkömmlichen Aufschlag- auch einen modernen Laser-Annäherungszünder. Die AIM-9L war die erste Infrarot-Lenkwaffe, die Ziele aus allen Anflug-Richtungen erfassen konnte was die Effektivität deutlich steigerte. Mit 2,87 Metern Länge und 87 kg Gewicht verfügte die Lenkwaffe über eine Reichweite von ca. 18 km. Der AIM-9L folgte die AIM-9M mit raucharmem Raketenmotor, überarbeiteter Elektronik und besserer Unterdrückung von IR-Gegenmaßnahmen. Die AIM-9 wurde als erstes am Eurofighter qualifiziert, obwohl die Waffe

Übergabe der IRIS-T an die Luftwaffe am 5. Dezember 2005.

Der Zielsuchkopf mit einem so genannten Schielwinkel von +/-90° verfügt über eine im Vergleich zur AIM-9L erheblich gesteigerten Auffassreichweite.

Ein Eurofighter der No. 3 (F) Sqn. verschoss im März 2007 erfolgreich eine ASRAAM. Die RAF wird als Nachfolger der AIM-9 die ASRAAM einführen.

nur noch eine untergeordnete Rolle spielt. Grund hierfür sind zwei deutlich modernere Kurzstreckenwaffen, die Diehl Defence IRIS-T sowie die MBDA ASRAAM.

An der gemeinschaftlichen Entwicklung der IRIS-T (Infra Red Imaging System Tail/Thrust Vector Controlled) beteiligten sich neben Deutschland auch Schweden, Italien, Norwegen, Kanada und Griechenland. Später ersetzte Spanien allerdings Kanada. Unter Federführung der Diehl BGT Defence (heute Diehl Defence) in Überlingen begann nach einer dreijährigen Definitionsphase im Jahre 1998 die Entwicklung der diversen Systemkomponenten. Das Kernelement der Waffe ist der Infrarot- und bildverarbeitenden Zielsuchkopf (Schielwinkel +/-90°) mit erheblich gesteigerter Aufaß-Reichweite und wesentlich verbessertem Schutz gegen Infrarot-Täuschungsmaßnahmen. Diese Verbesserungen, sowie die Möglichkeit der Zieleinweisung durch ein Helmvisier, erhöhen die direkte Trefferquote selbst bei widrigsten Umgebungsbedingungen. Die IRIS-T verfügt über Stabilisierungsflächen und eine kombinierte aerodynamische beziehungsweise Schubvektorsteuerung, die ihr in jedem Höhenbereich extreme Wendigkeit verleiht. Bei der Entwicklung der IRIS-T achtete man darauf, dass die Kompatibilität zum Sidewinder-System gewahrt blieb. So kann sie zum Beispiel die Startschiene der Sidewinder benutzen und mit bereits vorhandenen Anschlusssystemen gekoppelt werden.

Die IRIS-T ist drei Meter lang, wiegt 87 kg und hat eine Reichweite von ca. 20 km. Nach einer erfolgreichen Erprobung, die bei der WTD 61 an einer F-4F Phantom durchgeführt wurde, konnte die erste IRIS-T am 5. Dezember 2005 der Luftwaffe übergeben werden. Bis 2011 wurden an die sechs Partnernationen insgesamt 4000 IRIS-T ausgeliefert, davon 1250 an die deutsche Luftwaffe. Darüber hinaus hat sich Österreich im Januar 2006 dazu entschlossen, insgesamt 25 IRIS-T zu übernehmen. Der Eurofighter (in Schweden wird die Gripen mit der IRIS-T ausgerüstet werden, in Norwegen die F-16) verfügt somit über einen äußerst modernen Luft-Luft Flugkörper, sodass das Potential des Waffensystems optimal genutzt werden kann.

Auch das ASRAAM-Programm begann als gemeinschaftliches Entwicklungsvorhaben und zwar zwischen Frankreich, Großbritannien, Deutschland den USA, Norwegen und Kanada. Die 1982 erzielte Übereinkunft sah zwei neue Lenkflugkörper vor, die AMRAAM, die in den USA und die ASRAAM (Advanced Short Range Air-to-Air-Missile), die vor allem in Europa entwickelt werden sollte. Durch die sehr schleppende Entwicklung der ASRAAM (die AMRAAM hatte Priorität) entschloss

Präzision ist gefragt beim Anbau einer AIM-120 AMRAAM. Die moderne Mittelstreckenwaffe wiegt immerhin 150 kg und ist 3,6 m lang.

Ein Eurofighter mit vier AMRAAM.

sich Frankreich 1989 aus dem Programm auszusteigen und mit der MICA eine eigene Entwicklung zu beginnen. Auch Deutschland und die USA stiegen schließlich aus, Deutschland wandte sich der IRIS-T zu und die USA startete die Entwicklung der AIM-9X, die eigentlich eine völlig neue Luft-Luft Lenkwaffe repräsentiert. Großbritannien hielt allerdings am Programm fest, doch wurde das Konzept 1992 komplett überarbeitet und von der Firma BAe Dynamics (ab 1996 Matra BAe Dynamics, ab 2001 Teil der neuen Firma MBDA Missile Systems) voll verantwortlich weitergeführt. Die 87 kg schwere ASRAAM ist 2,70 Meter lang und hat eine maximale Reichweite von 20 km. Der Flugkörper ist flügellos, verfügt aber am Heck über kleine Delta-Kontrollflächen die eine sehr gute Manövrierfähigkeit bietet. Kernstück der Waffe ist ein moderner Infrarotsuchkopf, der durch seine Empfindlichkeit eine Bekämpfung aus großem Winkel zum Ziel möglich macht. Dieses von Raytheon entwickelte Bauteil wird auch von der AIM-9X und von der IRIS-T verwendet. Im Vergleich zur IRIS-T ist die ASRAAM schneller, verfügt aber nicht über deren hervorragende Wendigkeit.

Als erster Kunde führte die australische Luftwaffe die ASRAAM im Jahre 2002 für ihre Boeing F/A-18 ein. Für die Royal air Force, die insgesamt 1000 Flugkörper bestellt hat, wurde die ASRAAM im September 2002 einsatzbereit erklärt. Im Mai 2005 führte die No 17(R) Squadron, die in Coningsby stationierte Eurofighter-Erprobungsstaffel der RAF, Live-Abschüsse durch. Die ASRAAM wird von den Eurofighter-Nutzern nur von der RAF verwendet. Hauptgrund soll der hohe Preis, bzw. das damit verbundene ungünstige Preis-Leistungsverhältnis im Vergleich mit der IRIS-T sein, die auch durch Spanien, Österreich, Italien und Saudi-Arabien verwendet wird.

Mittelstreckenlenkwaffen AIM-120 AMRAAM und Meteor

Die für die Luftraumüberwachung derzeit noch wichtigste Waffe des Eurofighter ist die AIM-120 AMRAAM. Dieser Luft-Luft Lenkflugkörper wurde als Nachfolger der bekannten AIM-7 »Sparrow« ab Anfang der 80er Jahre durch die US-Amerikanische Firma Raython entwickelt. Ein erster Abschuss eines Flugkörper-Prototypen durch eine F-16 erfolgte im Februar 1984, trotzdem dauerte die Auslieferung an die USAF noch bis Okto-

ber 1988 und erst im Laufe des Jahres 1991 erhielte die AMRAAM ihre volle Einsatzreife zuerkannt. Der 3,6 Meter lange und 150 kg schwere Flugkörper verfügt über eine eigene kleine Radaranlage, die den Flugkörper unabhängig vom Trägerflugzeug ins Ziel steuert. Vor dem Start erhält der Flugkörper via Datenlink Zieldaten aus den Radarinformationen des Flugzeuges. Die AMRAAM ist ca. Mach vier schnell und hat eine Reichweite von ca. 50 km.

Nachdem auch die deutsche Luftwaffe Anfang der 90er- Jahre die AIM-120 für ihre F-4F Phantoms einführte, genoss die Integration der Waffe am Eurofighter hohe Priorität. So wurden schon früh während der Waffenerprobungen mit dem Eurofighter Live-Abschüsse mit einer AMRAAM erfolgreich vorgenommen. Der erste Schuss erfolgte am 17. Mai 2001 durch den Prototyp der italienischen Luftwaffe DA7 von Decimomannu aus. Ein weiterer Versuch fand am 1. Juni desselben Jahres statt. Der erste vollständig geleitete Test fand mit dem britischen Doppelsitzer DA4 am 2. April 2002 statt. Hierbei wurde eine Drone abgeschossen. Insgesamt kann der Eurofighter sechs AIM-120 gleichzeitig mitführen. In einer Standard-Konfiguration werden vier am Rumpf und je eine am mittleren Flügelpylon befestigt.

Einen deutlichen Leistungssprung zur AMRAAM bietet die Meteor. Sie ist mittlerweile auch bei der Luftwaffe eingeführt.

Wie das Flugzeug selbst so muss auch die Bewaffnung künftigen Anforderungen gewachsen sein. Das modernste Kampfflugzeug kann ohne adäquate Bewaffnung seine Vorteile nicht umsetzten. Da die AIM-120 AMRAAM die Entwicklung der 80er Jahre darstellt, lag es nah auf diesem Gebiet frühzeitig ein Nachfolgemodell auf den Weg zu bringen. Dies erfolgte nach einer Initiative Großbritanniens im Jahre 1994 der sich Deutschland, Italien, Spanien und Schweden schon ein Jahr später anschlossen. Im Dezember 1995 gab das britische Verteidigungsministerium die offiziellen Herstelleranfragen heraus, die die Entwicklung einer neue BVRAAM (Beyond visual Range Air-to-Air Missile) zu Inhalt hatte. Die Spezifikation forderte vor allem eine deutlich größere Reichweite als die AMRAAM, ein lineareres Geschwindigkeitsprofil und ein verbessertes Führungssystem. Aus den Industrie-Anfragen ergaben sich zwei konkrete Angebote, eines von Matra-BAe Dynamics mit der Meteor und ein weiteres von einem US-Konsortium unter Führung von Raytheon für die FMRAAM/ERAAM (Future Medium Range Air-to-Air Missile/ Extended Range Air-to-Air Missile). Nach einer Risikostudie und der Einholung finaler Angebote entschied sich das britische Verteidigungsministerium schließlich am 16. Mai 2000 für die Meteor. Auf dem hochtechnologischen Gebiet der Waffentechnik kam es industrieseitig etwa zur selben Zeit in Europa zu einer Konsolidierung. So entschieden sich am 28. Oktober 1999 die Firmen BAe Dynamics, Aerospatiale Matra und die Finmeccanica Gruppe zur Gründung eines gemeinsamen Unternehmens, spezialisiert auf Raketensysteme. Im Dezember 2001 folgte dieser Intention die offizielle Gründung des neuen Unternehmens MBDA. Mittlerweile gehört die ca. 13.000 Beschäftigte zählende MBDA zu 37,5% Airbus, zu 37,5% der BAE Systems und zu 25% der italienischen Leonardo. Der deutsche Anteil der MBDA sitzt in Schrobenhausen und beschäftigt ca. 1300 Mitarbeiter und Mitarbeiterinnen. Die 3,65 Meter lange und 185 kg schwere und über Mach 4 schnelle Meteor basiert auf einem neuartigen Ramjet-Antrieb, der von der deutschen Firma Bayern-Chemie Protac in Aschau entwickelt wurde. Die Bayern-Chemie gehört mit ihrer französischen Tochter Protac zu 100% der MBDA und baut Antriebssysteme für verschiedenste Raketen und Lenkflugkörper. Die Meteor verfügt über einen Rumpf mit zwei asymmetrischen Lufteinlässen für den Ramjet auf der Unterseite. Auf Höhe der Lufteinlässe befinden sich zwei feste und am Heck der Rakete vier bewegliche Leitflächen. Im Kopf der Lenkwaffe befindet sich ein aktiver Radarsucher, der eine eigenständige Zielbekämpfung ermöglicht. Weiterhin verfügt Meteor über ein internes Navigationssystem, einen Datenlink für mögliche Updates nach dem Abschuss und über ein Autopilot-System.

Erst im Juni 2001 wurde auf der Luftfahrtschau in Le Bourget eine Vereinbarung zwischen Frankreich, Schweden und Großbritannien zur Entwicklung und Beschaffung der Meteor unterzeichnet. Im September 2001 trat Italien, im Dezember 2001 schließlich Spanien dem Konsortium bei. In Deutschland bestand ebenfalls großes Interesse an der Meteor.

Ursprünglich sollte die Meteor mit dem Eurofighter 2005 eingeführt werden. Die zähe Entwicklungsphase zog das Programm allerdings sehr in die Länge. Es dauerte bis Dezember 2005 bis ein erster Test-Flugkörper, der bezüglich Größe, Gewicht und Aerodynamik der Meteor entsprach an einer britischen Maschine in die Luft gehen konnte. Im Laufe des Jahre 2007 wurden dann an der italienischen IPA2 ausgiebige Tests zur Datenermittlung im Fluge unternommen. Am 22. Mai 2007 erfolgte von einer Saab Gripen ein Start einer Meteor, hierbei konnte der Übergang auf den Ramjet-Betrieb erfolgreich nachgewiesen werden. Es dauerte dann aber noch bis zum 4. Dezember 2012, bis der erste scharfe Schuss mit dem britischen IPA1 erfolgte. Mitte 2014 begann die Produktion, ab 2016 führte die RAF die Waffe ein. Die Luftwaffe folgte deutlich später, offiziell erst im April 2021.

Luft-Boden-Bewaffnung

Obwohl der Eurofighter als Jagdflugzeug konzipiert wurde, stand die Luft-Boden Rolle von Anfang an als zweite Priorität fest. Nach und nach verschoben sich die Einsatzprioritäten, so dass das Waffensystem mittlerweile von allen Kunden, außer von Österreich, voll für die Luft-Boden-Rolle eingeplant ist.

Die Integration und Anpassung von Luft-Boden Bewaffnung begann im Juni 1999 mit ersten Abwürfen von konventionellen Bomben, die die anfängliche Erdkampfbewaffnung des Eurofighters darstellen sollten. Als Grundbewaffnung formulierte die RAF im Jahre 2004 mit der Änderungsanfrage 117 allerdings die Integration der lasergelenkten 454 kg (1000 lb) schweren GBU-16 Paveway II-Bombe, die durch den Zielbeleuchter Rafael Litening III gleitet wird. Der Einsatz konventioneller Bomben waren von den Nationen nicht mehr vorgesehen. Somit konzentrierten sich frühe Flugtests auf die Integration der Paveway II, von der bis zu sechs Stück am Eurofighter mitgeführt werden können. Als Zieltermin der vollen Luft-Boden-Fähigkeit mit eigenem Laserbeleuchter-Behälter wurde 2011 mit den Luftwaffen vereinbart.

Durch diverse Krisenherde gezwungen, forderte die RAF aber auch die spanische Luftwaffe von der Industrie den Eurofighter noch früher als geplant als Jagdbomber einsetzen zu können. Teil der Änderungsanfrage 193, die im Mai 2006 an die Eurofighter GmbH gerichtet und am 20. Juli desselben Jahres unterschrieben wurde war die Einführung einer autonomen Luft-Boden-Fähigkeit mit integriertem Laserbeleuchter-Behälter (sogenanntes Austere-Paket) für britischen Maschinen der Tranche 1.

Am 21. Februar 2006 hob die deutsche IPA3 mit der bis zu diesem Zeitpunkt höchsten Waffenladung ab. Die Maschine trug vier GBU-16 Paveway II, vier AIM-120 AMRAAM, drei 1000 Liter Zusatztanks und zwei IRIS-T. Dieser Flug markierte den Start einer intensiven Versuchsphase bezüglich der Luft-Boden Bewaffnung bei der mehrere Test- aber auch schon Serienflugzeuge eingebunden waren. Am 29. Juni 2006 warf das britische IPA1 erstmals Paveway II erfolgreich ab. Mitte Februar 2007 war es das spanische IPA4 dessen Pilot eine 908 kg (2000 lb) schwere GBU-10 Paveway III vom Flügel auslöste.

Die Luftwaffe konzentrierte sich bei der Integration von Luft-Boden-Bewaffnung zunächst auf die ca. 450 kg wiegende GBU-48 Enhanced Paveway II. Die Freifallwaffe mit einer Reichweite von maximal 25 km wird mittels dem Zielbeleuchter Litening III geleitet. Nach langer Integrations- und Zulassungsphase wurde die Waffe Anfang 2018 beim TaktLwG 31»B« eingeführt. Maximal sechs GBU-48 können von ei-

Der britische IPA 1 mit insgesamt sechs Paveway II lasergelenkten Bomben während eines Testflugs im April 2006.

Im November 2007 unternahm diese Maschine der No. XI Sqn. den ersten Abwurf einer Paveway II. Die Bombe traf präzise ins Ziel.

Als Abstandswaffe ist der KEPD 350 Taurus für den Eurofighter vorgesehen.

nem Eurofighter mitgeführt werden. Dies gilt auch für die GBU-54, die mittlerweile ebenfalls beim Eurofighter integriert wurde. Sie wiegt mit ca. 230 kg etwa die Hälfte der GBU-48 und steht auch schon für den Tornado zur Verfügung. Im Jahre 2018 vereinbarten Boeing mit Diehl eine entsprechende Vereinbarung über die sogenannte Laser JDAM (Joint Direct Attack Munition). Im September 2020 erhielt dann Diel Defence den Auftrag über die Lieferung von 2290 Lenksysteme und Zünder und 910 Bombenkörper (1380 Bombenkörper sind schon im Bestand). Auch die RAF und Saudi-Arabien nutzen mittlerweile eine lasergeleitete Freifallwaffe mit 230kg am Eurofighter, die von Raytheon UK gebaute Paveway IV.

Als Luft-Boden Lenkwaffe konzentrierte sich die Luftwaffe auf die Integration der KEPD 350 Taurus. Diese Abstandswaffe, gebaut durch die MBDA Deutschland, mit einer Länge von rund fünf Metern und einem Gewicht von 1400 kg besteht prinzipiell aus drei Baugruppen: Der Frontsektion mit Elektronikkomponenten, IR-Suchkopf und Gefechtskopf, dem Rumpfmittelteil welches vor allem die Tanks enthält, sowie die Hecksektion mit dem Turbofantriebwerk Williams P8300. Der Antrieb verleiht ihm eine Marschgeschwindigkeit von rund 850 km/h. Um dem Taurus eine hohe Wendigkeit zu verleihen, verfügt er über zwei ausfahrbare, stark gepfeilte Flügel und, zur Stabilisierung, über ein Heckleitwerk mit vier einzelnen Steuerrudern. Herzstück der Abstandswaffe ist ein sehr genaues Tri-Tec-Navigationssystem, das aus GPS, einer Trägheitsnavigationsanlage und einem Geländereferenz-System besteht. Zusätzlich verfügt Taurus über einen Infrarotsuchkopf der während des Fluges vorgegebene Referenzpunkte anpeilt und den Flugkörper vor allem im Endanflug steuert. Der Hochleistungsgefechtskopf vom Typ Mephisto besteht aus einem aus Spezialmetall hergestellten Penetrator.

Nach einer längeren Phase in denen Boden- und Rolltests durchgeführt wurden, flog der deutsche IPA8 am 15. Januar 2014 erfolgreich mit zwei Taurus an den inneren Flügelpositionen.

Als weitere Abstandswaffe steht die französisch-britische Storm Shadow zur Verfügung. Entwickelt von einem Konsortium zwischen Matra und BAE Dynamics wurde sie 2002 bei der RAF am Tornado eingeführt. Die Storm Shadow ist 5,1 Meter lang trägt einen Gefechtskopf von 450 kg (Gesamtgewicht 1,3 Tonnen) und verfügt über Stealth-Eigenschaften. Die Reichweite wird mit 560km angegeben, die Steuerung der durch eine Turbine angetriebenen Storm Shadow erfolgt via Trägheitsplattform und zusätzlichem GPS. Am 9. November 2015 erfolgte der erste Start von einem Eurofighter aus. Insgesamt vier Storm Shadows können an den jeweils zwei inneren Flügelpositionen mitgeführt werden. Die RAF nutzte Storm Shadow erstmals operationell am 13. März 2021 im Rahmen der Operation Shader gegen den IS in Syrien und Nord-Irak. Die Abstandswaffe wird ebenfalls von Italien und Saudi-Arabien eingesetzt.

Eine weitere sehr wichtige Luft-Boden-Lenkwaffe des Eurofighter ist die MBDA Brimstone. Der 48,5 kg wiegende Flugkörper mit einem 6,5kg Gefechtskopf wird gegen Panzer und sich bewegende Fahrzeuge eingesetzt. Die Waffe sucht sich nach ihrem Start selbstständig ein Ziel in einem Umkreis von über 12 km. Insgesamt 18 Brimstone können mitgeführt werden.

Der IPA7 mit zwei GBU-48 Präzisionswaffen.

Die Brimstone-Validierung am IPA7 erfolgte für einen Exportkunden.

Im Rahmen P3Eb-Konfigurations-Zulassung flog der Eurofighter auch mit Mk.84-Freifallbomben.

Start einer Brimstone Luft-Boden-Lenkwaffe.

Der italienische IPA2 startete im November 2015 erstmals die Abstandwaffe Storm Shadow.

Elektronischer Selbstschutz (DASS)

Das in der Flugzeugstruktur installierte elektronische Selbstschutzsystem (DASS= Defensive Aids Sub-System) des Eurofighter besteht im Wesentlichen aus dem

- ESM System (Electronic Support Measures)
- ECM System (Electronic Counter Measures)
- geschleppten Täuschkörper
- MAW (Missile Approach Warning)

Diese Komponenten ermöglichen ein komplettes Auffassungs- und Warnsystem. Es verschafft einen Rundumschutz gegenüber Bedrohungen aus der Luft oder vom Boden und kann diesen automatisch begegnen. Ein sensitiver Breitband-Panorama-Empfänger ist für einen fortschrittlichen Datenempfang und eine Signalanalyse ausgelegt. Daten des ESM-Empfängers erlauben die Kalibrierung des ECM-Systems und werden dem Piloten visuell und als Audiosignal präsentiert. Wenn mehr als ein gegnerisches Ziel gleichzeitig aufgefasst wird, weist das System je nach Bedrohung Prioritäten zu.

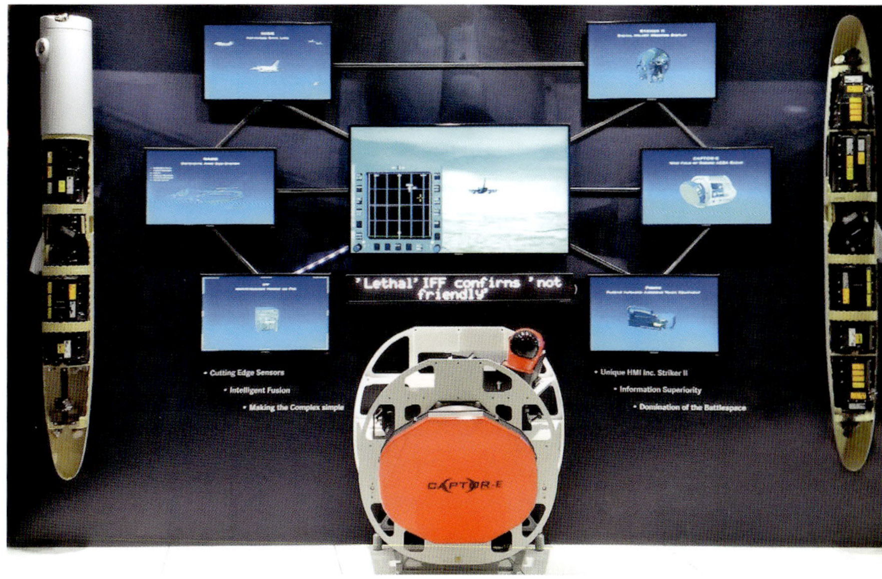

Die wichtigsten Komponenten des Selbstschutz-Systems DASS sind in den zwei Flügelbehältern untergebracht.

Das ECM-System umfasst eine Serie von starken Phased-Array Sendern in den Flügelspitzen. Es ist damit möglich, mehrere Ziele gleichzeitig zu stören. Verbunden mit dem ECM-Paket ist auch ein geschleppter Täuschkörper. Dieser elektromagnetische Störsender befindet sich im hinteren Teil des aerodynamisch geformten rechten Flügelspitzenbehälters und kann etwa 100 Meter ausgefahren werden.

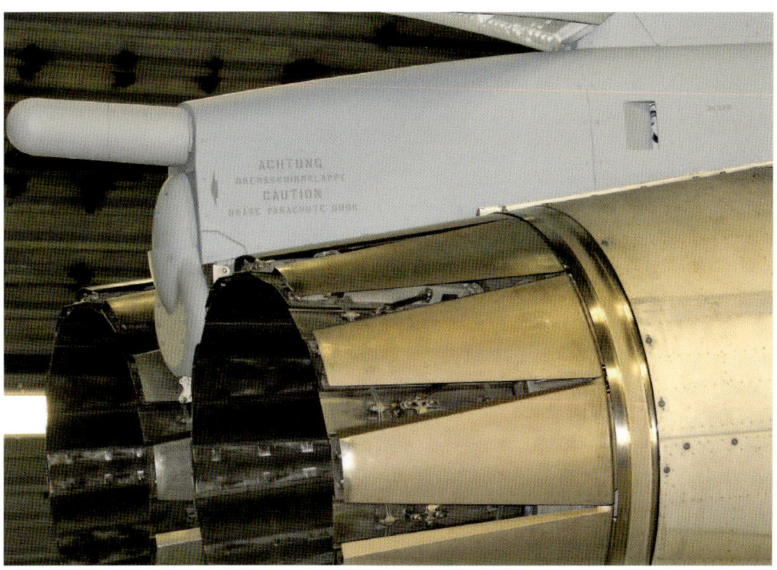

Detailaufnahme des zum DASS-System gehörenden »Rear Missile Warner« (RWR), der den Piloten vor anfliegenden Flugkörpern warnt.

Hitzefackeln sind immer noch das Abwehrmittel der Wahl bei infrarotgelenkten Waffen.

Der MAW des Eurofighter ist ein spezielles Puls/Doppler-Radar mit den Antennen in den Flächenwurzeln und unterhalb des Seitenruders zur Sicherstellung einer Rundum-Abdeckung. Das Radar entdeckt ankommende Flugkörper unabhängig von deren Lenkungsart (IR oder Radar), startet automatisch das Selbstschutzsystem und alarmiert den Piloten, der dann entsprechende Abwehrmaßnahmen ergreifen kann.

Zum Selbstschutzsystem zählen auch (nicht zum DASS gehörend), die Düppel-/Fackelwerfer von Saab Avionics. Eine rechnergesteuerte Einheit koordiniert all die verschiedenen Elektroniksysteme an Bord (Hochleistungs-Radar ECM, ESM, Kommunikation, MIDS/JTIDS, MAW und weiter) und steuert deren Einsatz. Die Automatik kann aber auch manuell übersteuert werden.

DASS ist ein Gemeinschaftsprodukt von BAE Systems (früher GEC-Marconi), Elettronica und seit 1995 auch der spanischen Firma Indra, zusammengeschlossen zum Konsortium EuroDASS. Im Oktober 2001 gab die deutsche Regierung bekannt, dem DASS-Projekt wieder beizutreten aus dem sie zehn Jahre zuvor gemeinsam mit Spanien aus Kostengründen ausgestiegen war. Trotzdem konnte EADS Deutschland nur eine geringe Rolle in der Entwicklung des DASS spielen, dessen Design zur Zeit des Wiedereintritts Deutschlands bereits eingefroren war. Der Schleppflugkörper und das MAW sind im Wesentlichen ein Produkt von BAE Systems (wenn auch der Sender des MAW von Elettronica stammt), während eine gemeinsame Entwicklungsgruppe für das ESM/ECM System verantwortlich zeichnet. Die vollständige Version des DASS, wie sie von der britischen Seite gewählt wurde, beinhaltet noch einen Laser-Warner (LWR), der in der Lage ist, jede mögliche Bedrohung zu erkennen.

Die Detail-Bestandteile von DASS sind von Luftwaffe zu Luftwaffe je nach der nationalen Anforderung an das komplexe System unterschiedlich. So verfügt die deutsche Luftwaffe z.B. nicht über den ausfahrbaren Täuschkörper.

Die zweisitzige Eurofighter-Variante

Die zweisitzige Ausführung des Eurofighters ermöglicht den vollen operationellen Einsatzbetrieb vom vorderen Cockpit aus. Das hintere Cockpit ist für Ausbildungszwecke, einschließlich des Waffentrainings, vorgesehen. Das Flugzeug kann ohne ein zweites Besatzungsmitglied geflogen werden.

Die doppelsitzige Eurofighter-Version soll ggfs. auch in der geplanten Version für den elektronischen Kampf (EK) Verwendung finden.

Die Abmessungen sind bei Ein- und Zweisitzer identisch. Dies wird dadurch erreicht, dass bei der zweisitzigen Maschine das hintere Cockpit die Stelle des Avionik-Einbauraums des Einsitzers einnimmt. Die Avionik ist dafür anstelle des vorderen Rumpftanks eingebaut. Die dadurch verringerte Kraftstoffkapazität wird zum Teil durch eine zusätzliche Tankzelle in der vergrößerten Rückenhaube (Spine) ausgeglichen. Das hintere Cockpit entspricht von der Auslegung her weitgehend dem vorderen und verwendet die gleichen symbol- und bilderzeugenden Komponenten für die Anzeigesysteme. Ein Ausschussfolgesystem ist integriert. Im Vergleich zum Einsitzer besitzt der Zweisitzer nur geringfügig reduzierte Leistungswerte. Aufgrund des höheren Gewichts und der kleineren Kraftstoffmenge ist der Einsatzradius und die Verweildauer bei Luftraumpatrouillen etwas geringer.

Zwei Typhoon T.3 Doppelsitzer der RAF.

Die Eurofighter-Zweisitzer können voll operationell eingesetzt werden. Allerdings verfügt die Version wegen eines fehlenden Tanks im Rumpfrücken über eine etwas geringere Reichweite im Vergleich zum einsitzigen Modell. (Foto: Dr. Andreas Zeitler)

Drei Eurofighter in enger Formation auf einem Übungsflug.

Der Eurofighter in seinem Element

Im Einsatz bei der Luftwaffe

Das Taktische Luftwaffengeschwader 71 »Richthofen«

Die Ausrüstung des Jagdgeschwaders 71 »R« mit dem Waffensystem Eurofighter war eigentlich immer gesetzt gewesen. Allerdings hatte die Streichung der Tranche 3b und somit die Reduzierung von geplant 180 auf 143 Maschinen die Folge, dass ein Einsatzverband nicht mehr vollständig ausgerüstet werden konnte. Da aber der Fliegerhorst in Wittmund erhalten bleiben sollte, gleichzeitig das JaboG 31 »Boelcke« als Heimat des Eurofighters in seiner geplanten Angriffsrolle gesetzt war, entschied man eine aufzustellende Einheit des Nörvenicher Verbandes in Wittmund zu stationieren. Am 30. Juni 2013 wurde die F-4F Phantom nach insgesamt rund 278.000 Flugstunden ausgemustert. Zum Ende September 2013 wurde das Jagdgeschwader 71 »Richthofen« außer Dienst gestellt. Einen Tag später, am 1. Oktober, stellte die Luftwaffe die Taktische Luftwaffengruppe »Richthofen« als Teileinheit des Taktischen Luftwaffengeschwaders 31 »Boelcke« in Wittmund wieder auf. Dies geschah im Rahmen der neuen Luftwaffenstruktur 6. Hauptauftrag war und ist die Stellung einer ständigen Alarmrotte für den Nordbereichs Deutschlands. In der Folgezeit waren bis zu

Zur Wiederaufstellung als eigenständiger Verband im Juli 2016 erhielt die 30+90 diese farbenfrohe Sonderfolierung.

zehn Eurofighter des TaktLwG 31 »B« in Wittmund stationiert, die Maschinen trugen neben dem Wappen der Nörvenicher am Leitwerk zusätzlich ein rotes »R« am Eurofighter-Bug. Insgesamt 730 Dienstposten verblieben am ostfriesischen Standort. Geführt wurde der Verband zunächst von Oberstleutnant Timo Heimbach. Am 23. Januar 2015 ging diese Verantwortung auf Oberstleutnant Gero Finke über.

Die weitere Reduzierung der Luftwaffe sowie die sukzessive Reduzierung der Tornado-Ausbildung auf Holloman AFB führte dazu den Aufwand einer viele tausend Kilometer entfernten Schulung intensiv zu überdenken. Eigentlich war ja geplant gewesen die Eurofighter-Ausbildung mit bis zu 14 Maschinen in den USA durchzuführen. In Vorbereitung zur Luftwaffenstruktur 6 entschied Bundesverteidigungs-Ministerin Ursula von der Leyen auf Grundlage diverser Studien die Einsatzmuster-Ausbildung auf Holloman AFB in den USA komplett zu beenden. Aus diesem Grund standen nun genügend Flugzeuge für einen weiteren eigenständigen Verband zur Verfügung, sodass sich die Luftwaffe entschloss den Wittmunder Verband wieder aufzustellen.

Im Rahmen einer Feier wurde das Taktische Luftwaffengeschwader 71 »Richtofen« am 4. Juli 2016 von Generalmajor Günter Katz, Kommandeur Fliegende Verbände, wieder als selbständiger Verband in Dienst gestellt. Gleichzeitig wurden 200 weitere Dienstposten und eine Anpassung der Infrastruktur angewiesen. Die Verbandsführung wurde in die Hände von OTL Oliver Spoerner gelegt.

Am 4. November 2016 konnte das 100-jährige Bestehen des Flugplatzes Wittmundhafen gefeiert werden. Kurz darauf, ab dem 1. Januar 2017, übernahm das Taktische Luftwaffengeschwader 71 »Richthofen« erstmals mit dem Eurofighter ein Kommando des Air Policing Baltikum in Ämari, Estland. Im September desselben Jahres war das Geschwader intensiv in die Übung »Brilliant Arrow« mit über 1000 Teilnehmern eingebunden.

Landung eines Eurofighter in Wittmund. Aktuell wird der Platz grundsaniert. Erst ab 2025 soll der Flugbetrieb in Ostfriesland wieder anlaufen.

Das TaktLwG 71 »R« übernimmt weiterhin, aktuell allerdings von Laage aus, die Sicherung des norddeutschen Luftraums.

Unter anderem waren mehrere griechische und polnische F-16 in Wittmund zu Gast. Im Fokus der Übung lag die Zertifizierung des Führungsgefechtstandes der Luftwaffe in Kalkar. Dabei übte der Gefechtsstand mit »seinen« Einsatzkräften für die Schnelle Eingreiftruppe der NATO, der NATO Response Force (NRF) unter realen Bedingungen. Nach nur 18 Monaten löste Oberstleutnant Kai Ohlemacher am 1. Dezember 2017 Oberst Oliver Spoerner in seiner Funktion als Kommodore des Verbandes ab.

Anlässlich des 100. Todestages von Manfred Freiherr von Richthofen gedachte das Taktische Luftwaffengeschwader 71 »Richthofen« sowie die Traditionsgemeinschaft und die Stadt Wittmund dem wohl bekanntesten Jagdflieger des Ersten Weltkrieges am 21. April 2018 mit einer Serenade auf dem Marktplatz in Wittmund.
Am 24. Oktober fand auf dem Flugplatz Wittmundhafen die Übung »SNAP 2018« (Significance of National Air Power 2018) statt. Bei dieser Übung zeigte die Luftwaffe ihre Fähigkeit, in einer verbundenen Luftoperation, deutsche Staatsbürger aus einer Krisensituation zu evakuieren. Die Fähigkeiten zur Rettung und Evakuierung deutscher Staatsbürger, von Schutzbefohlenen oder Soldaten aus Krisen- und Kriegsgebieten müssen die deutschen Streitkräfte in Übungen unter Beweis stellen. SNAP 2018 beinhaltete das Verbringen eigener Truppen in ein feindliches Gebiet, das Aufklären feindlicher Stellungen und die anschließende Evakuierung von deutschen Staatsbürgern unter Einsatz von Transport- und Kampfflugzeugen. Hauptziel dabei war die Koordination aller beteiligten Einheiten am Boden und in der Luft. Insgesamt waren die Luftfahrzeuge Eurofighter, Tornado, CH-53, A400M, C-160 Transall, EC-145 und A-4 Skyhawk an dieser Übung beteiligt.

Die Wittmunder trugen mit ihrem erneuten Einsatz bei der Verstärkung Air Policing Baltikum in den Jahren 2020 und 2021 zur Sicherung des NATO-Luftraums über Estland, Lettland und Litauen bei. Bis Januar 2021 waren sie mit bis zu sechs Eurofightern und insgesamt ca. 200 Soldaten vor Ort.

Ende Juli, vor dem Abflug des ersten Kontingents ins Baltikum, hatte Wittmunds Bürgermeister Rolf Claußen

Im Jahre 2019 nahm das TaktLwG 71 »R« als Leitverband mit sechs Eurofightern an der Hochwertübung »Blue Flag« in Israel teil.

eine Flagge der Stadt Wittmund an den ersten Kontingentführer der Mission, Oberstleutnant Sebastian Fiedler, übergeben. Diese Flagge wurde im Betreuungscontainer auf dem Fliegerhorst Ämari, rund 50 km westlich der Hauptstadt Tallinn angebracht. Als ein Zeichen der Verbundenheit mit der Stadt Wittmund und den Richthofenern hing somit ein sichtbares »Stück Heimat« in Estland.

Eine neue Mission steht bevor. Der Wart macht eine letzte Eingabe auf dem Wartungsdisplay.

Im April 2021 feierte das Geschwader den 60. Jahrestag der Verleihung des Traditionsnamens »Richthofen«, dies war ca. zwei Jahre nach der Indienststellung des Verbandes am 6. Juni 1959 in Ahlhorn erfolgt.

Am 1. Juni 2021 ging die Führung des Verbandes vom Oberst Kai Ohlemacher auf Oberstleutnant Walfried Ramspott über. Zu diesem Zeitpunkt liefen schon intensive Vorbereitungen für ein einschneidendes Ereignis: Aufgrund der renovierungsbedürftigen Infrastruktur auf dem kompletten Flugplatz sollte der Flugbetrieb und Teile des Verbandes langfristig nach Laage zum TaktLwG 73 »S« verlagert werden. Der Umzug nach Mecklenburg-Vorpommern begann am 6. Januar 2022, die letzten Maschinen starteten am 26. Januar. Insgesamt wurden über 100 Tonnen Material und 19 Eurofighter verlegt. Die Eurofighter des TaktLwG 71 »R« stellen nun von Laage aus die ständige Alarmrotte (QRA- Quick Reaction Alert) für den Nordteil Deutschlands.

Anlässlich des 60. Geburtstages des Geschwaders im Juli 2019 wurde der Eurofighter 30+25, die sogenannte »Baron Spirit«, präsentiert.

Bis zur Fertigstellung einer neuen Start- und Landebahn sowie der Rollwege wird der Flugbetrieb von Laage aus erfolgen. Die aktuelle Planung sieht vor, dass diese Bauarbeiten bis Ende 2024 abgeschlossen sind. Dementsprechend würde der Flugbetrieb Anfang 2025 wieder nach Wittmund verlagert. Doch auch zu diesem Zeitpunkt werden die Baumaßnahmen nicht abgeschlossen sein. Erst im Jahr 2031 sollen alle nötigen Arbeiten beendet sein.

Im Jahre 2021 nahm eine Abordnung des Verbandes an der internationalen Übung Volfa bei der französischen Luftwaffe in Mont-de-Marsan teil. Erstmalig fokussierten sich die Wittmunder auf den Einsatz von Luft-Boden-Bewaffnung.

Dynamischer Start eines Doppelsitzers.

Ein- und Ausblicke eines bekannten Eurofighter-Piloten

»Aber irgendwen werden die doch einstellen müssen, warum sollte das nicht ich sein?« – Mit diesem Satz begegnete ich mit zarten 17 Jahren all den Leuten, die meine Entscheidung, Kampfflugzeugführer bei der Luftwaffe werden zu wollen, mit einem Lachen abtaten. Ich hatte mich nach einem Truppenpraktikum beim damaligen Jagdbombergeschwader 32 in Lechfeld für diesen Weg entschieden. Aber mal ganz im Ernst: Was erscheint in der 12. Klasse weiter entfernt als das Cockpit eines Kampfflugzeugs? Und trotzdem hatte ich immer die Vorstellung vor Augen, wie ich auf der Cockpitleiter eines Eurofighters stehen und mich an mein 17-jähriges Ich erinnern würde, welches für seinen Berufswunsch von vielen belächelt wurde.

Es stimmt natürlich, die Chancen das Cockpit eines Kampfflugzeugs zu seinem täglichen Arbeitsplatz machen zu dürfen, stehen nicht wahnsinnig hoch, aber sie existieren. Und wenn ich eines schlimmer finde als zu scheitern, dann ist es etwas nie versucht zu haben. Es ist ein sonniger Tag im Herbst 2014, ich stehe auf der Leiter eines Eurofighter: Es wird mein erster Flug mit der einsitzigen Variante, mein erstes Solo. Kurz vor dem Einsteigen halte ich kurz inne, denke zurück an den 17-jährigen Jungen und sage mir: »Siehst du, du hattest Recht!«

Der Weg ins Cockpit ist lang und steinig. Er erfordert Resilienz, Frustrationstoleranz, Belastbarkeit und den unbedingten Willen zum Erfolg. Diese Ausbildung wird immer eine Herausforderung bleiben – aber eine die bezwingbar ist, wenn man das Ziel wirklich erreichen will. Träume sind letztlich nur Wünsche mit unklarem Termin und ihre Erreichung das Erfüllendste überhaupt.

Heute, fast zehn Jahre später, empfinde ich noch immer jeden einzelnen Flug als großes Privileg. Immer wenn die Soldaten von R+S die Ausrüstung anreichen, die Warte das klare Flugzeug übergeben und der Kontrollturm die Startfreigabe erteilt spürt man, wie viele Menschen täglich ihr Bestes geben, um mir und meinen Kameraden diesen Job zu ermöglichen. Dieses Erlebnis wird bei einem der – aus Lärmschutzgründen seltenen – Nachbrennerstarts noch intensiver: Das Bugrad federt beim Hochlaufen der Triebwerke ein, die Radbremsen können die Maschine über 70 % NL (Drehzahl Niederdruckturbine) nicht mehr halten: Kurz nach dem Lösen der Bremsen zünden die Nachbrenner und der Eurofighter springt regelrecht nach vorne. Wenige Sekunden nach dem »Brake release« erhebt sich die Maschine in die Luft, das Fahrwerk fährt ein und die Beschleunigung nimmt weiter zu. Bereits am Ende der Startbahn sind knapp 800 km/h erreicht. Das Hochziehen in die Steiglage belastet den Piloten mit etwa 7 g und mit einem Anfangssteigwinkel von 85° sind 30.000 Fuß, selbst mit Außentanks, in deutlich unter zwei Minuten ab dem Anrollen erreicht. So brutal die Eindrücke des Starts sind, so friedlich präsentiert sich die Welt nach dem Durchbrechen der Wolkendecke: Der Himmel ist strahlend blau, die Sonne scheint jeden Tag und es ist unvergleichlich ruhig. Für mich gibt es noch heute nichts Schöneres auf der Welt.

Leider war es bislang kaum möglich, diese Erfahrungen mit all den Menschen zu teilen, die niemals einen Eurofighter selbst in die Luft führen werden. Durch die Zusammenarbeit mit Jean Pierre Kraemer, bekannt durch seinen YouTube-Kanal »JP Performance«, ließ sich das kürzlich ändern: In der 2023 gedrehten Miniserie über den Eurofighter zeigen Jean Pierre und ich dem Zuschauer, wie es sich anfühlt, auf dem Rücksitz dieser beeindruckenden Maschine Platz zu nehmen und geben darüber hinaus einen Einblick in die tägliche Arbeit des großen Teams, welches zum Betrieb eines jeden Kampfflugzeugs benötigt wird. Natürlich klammern wir auch die wichtigste Diskussion nicht aus: Wie fühlt es sich an ein Waffensystem zu führen? Und kann man auch Spaß an Technik haben, wenn deren eigentlicher Zweck das Töten und Zerstören ist?

Erfahrungen wie diese bestätigen mich immer wieder darin, dass es wichtig ist, nie aufzugeben. Nicht in der Ausbildung, nicht im Training und auch nicht, wenn die Gesundheit versucht, einem einen Strich durch die Rechnung zu machen. Mein Callsign »TITAN« rührt nämlich daher, dass ich seit einigen Jahren eine Konstruktion aus Titan und Carbon in meiner Halswirbelsäule trage. Wie es dazu gekommen ist? Für diese Geschichte und genauere Einblicke in die Ausbildung und den Dienstalltag ist an dieser Stelle leider kein Platz – das wird sich aber in Zukunft ändern: In einem gemeinsamen Projekt mit dem Motorbuch Verlag werde ich das Leben in und um das Cockpit eines Kampfflugzeugs für alle Interessierten »erlesbar« machen. Seien Sie also gespannt...

Bis dahin gibt es beinahe täglich spannende Infos u.a. aus dem Pilotenalltag auf Instagram oder YouTube zu sehen unter: **Twin.G.Thrust**

In diesem Sinne, horrido!

TITAN

Combined Air Policing in Ämari, Estland

Seit dem NATO-Beitritt der Baltischen Staaten im Jahr 2004 nehmen jeweils wechselnde Kontingente der NATO-Luftwaffen die Überwachung und den Schutz des dortigen Luftraums wahr. Die Luftwaffe verlegte erstmals am 30. Juni 2005 mit Phantoms des JG 71 »R« und JG 74 nach Siauliai in Litauen. Regelmäßig folgten weitere Kommandos, zunächst noch mit der F-4 Phantom, ab September 2009 in einer gemischten Formation F-4 mit Eurofighter und dann ab der Verlegung im September 2014, diesmal ins estnische Ämari, ausschließlich mit dem Waffensystem Eurofighter. Die Kommandos werden in je viermonatige Blocks unterteilt, in der letzten Präsenzphase der Luftwaffe zwischen dem 1. August 2022 und dem 1. Mai 2023 wurde schon der insgesamt 60. und 61. Block Air Policing Baltikum absolviert.

Im Rahmen von Air Policing Baltikum tragen die deutschen Eurofighter je zwei IRIS-T und zwei AMRAAM.

Dieses Kontingent, unter Führung des TaktLwG 71 »R« als Leitverband, fand nicht nur unter dem Eindruck erhöhter Spannungen in der Region aufgrund des russischen Einmarschs in der Ukraine statt, sondern verfolgte zeitweise auch einen außergewöhnlichen wie innovativen Ansatz. Zwischen Anfang März und Ende Mai 2023 wurden nämlich Air Policing-Missionen gemeinsam mit Typhoons der Royal Air Force durchgeführt. Im ersten Monat war dabei noch die Luftwaffe in der Führungsrolle, im zweiten dann die RAF. Dieses Konzept zur Steigerung der Interoperabilität geht auf eine Initiative der Luftwaffe zurück und startete in 2018 als bilaterales Vorhaben zwischen der Luftwaffe und der RAF. Im Rahmen mehrere Schritte erfolgte die Heranführung beider Luftwaffen an die Aufgabe. Zunächst wurden Abläufe begleitetet und es fand ein Kennenlernen der jeweiligen Strukturen statt. Anschließend, im Juli 2020 in Siauliai in Litauen, fanden erste unbewaffnete Trainingsflüge statt und Bodengeräte wurden gemeinsam genutzt. Im Juli 2021 im Rahmen von »Enhanced Air Policing South« in Constanta, Rumänien, folgten erste bewaffnete Trainingsstarts in bestimmten Zeitfenstern und die Zusammenarbeit der Wartungs-

Am 15. März 2023 besuchte Bundespräsident Frank-Walter Steinmeier das Combined Air Policing in Ämari. Hier zu sehen vor der Wartungshalle, die ausschließlich von den NATO-Kommandos genutzt wird.

und Instandsetzung wurde intensiviert. Nach den sehr positiven Erfahrungen wurde das Programm dann im Übergang des 61. (deutschen) und 62. (britischen) Blocks scharf geschaltet und gemeinsame Air Policing Einsätze rund um die Uhr fanden statt. Die Herausforderungen des kombinierten Einsatzes zweier Luftwaffen besteht weniger auf der fliegerischen Seite, sondern mehr in technischer Hinsicht. Es benötigte doch intensive Abstimmung, bis eine integrierte Wartung und Instandhaltung erreicht werden konnte. Nun ist es aber z.B. auch möglich und wird praktiziert, dass britische Ersatzteile in deutsche Flugzeuge und umgekehrt verbaut werden. Ein weiterhin bestehender Nachteil ist aber, dass sich die Flugzeuge in Details unterscheiden. So verfügen alle britischen Typhoons über den Verbesserungs-Modifikationsstand P3EB, während die deutschen erst mit P1E versehen sind.

Ein großer Vorteil des sogenannten Plug&Flight-Ansatzes besteht darin, dass sich im Bedarfsfall sehr schnell und unkompliziert eine Verstärkung realisieren lässt und dadurch die Flexibilität deutlich steigt. Nach

Bis März 2023 mussten 30 nicht identifizierte Luftfahrzeuge abgefangen werden. Hier zu sehen eine IL-76 Candid der russischen Luftwaffe.

den sehr guten Erfahrungen kamen auch die Luftwaffen Italiens und Spaniens auf die deutsche Luftwaffe zu und bekundeten ihr Interesse. Mittlerweile laufen auch mit diesen beiden Eurofighter-Betreibern derartige gemeinschaftliche Vorhaben.

Der Auftrag des Einsatzes »Verstärkung Air Policing Baltikum« (VAPB) bestand darin den NATO-Luftraum der baltischen Staaten zu sichern und zusätzlich Unterstützung und Ausbildung in den Kontrollzentren (CRC) in Tallinn (Estland), in Lielvarde (Lettland) und Karmelava (Litauen) durchzuführen. Darüber hinaus wurde zeitweise der Schutz des Flugplatzes Ämari gegen kleine Luftziele (Drohnen) und allgemeiner Objektschutz erfüllt. Zur Sicherstellung dieser Aufgabe standen dem Kontingentführer ca. 150 Soldaten und Soldatinnen Personal aus den verschiedensten Bereichen und von diversen Luftwaffen-Einheiten zur Verfügung. In den ersten Monaten waren fünf Eurofighter vor Ort, darüber hinaus wurde in Deutschland ständig eine Ersatzmaschine in 96 Stunden Bereitschaft gehalten. Fünf Einsatzpiloten waren vor Ort, weitere zwei wie der Kommandoführer in Leitungsfunktion können ebenfalls Dienst tun. Die Schichten sind immer 24 Stunden lang, während dieser Zeit halten sich die Piloten und Bordwarte in einem Gebäude direkt zwischen den neu gebauten Schutzbauten auf, die jeweils zwei Eurofightern Platz bieten. Parallel werden auch immer wieder Trainingsstarts durchgeführt. Darüber hinaus ist

Start zu einem Übungseinsatz während einer »cold week«. Die Piloten kommen bei ihrer ca. achtwöchigen Zeit vor Ort zu vielen Flugstunden.

In zwei Zweierboxen stehen die Eurofighter 24 Stunden einsatzbereit.

Ein britischer Eurofighter der No. 9 (B) Squadron in der Wartungshalle. Ca. 150 Soldatinnen und Soldaten der RAF sind in Ämari vor Ort.

Ein britischer und ein deutscher Eurofighter vor einem neuen Einsatz. Die Alarmstarts wurden im April und Mai 2023 gemeinsam durchgeführt.

Der Eurofighter bietet ein sehr leistungsfähiges Instrument zur Luftraumüberwachung. Die deutschen Maschinen tragen während ihres Einsatzes das Wappen von VAPB am Leitwerk.

eine von vier Wochen eine sogenannte »Cold Week«, die dann sehr intensiv für Trainingseinsätze genutzt wird. Diese können durchaus sehr aufwändig sein, so kam es vor, dass je zwei britische und deutsche Eurofighter von Ämari aus in einer abgestimmten Mission im Ostsee-Raum gegen Eurofighter aus Großbritannien und Deutschland operierten. Diese kurze Auszeit ist deswegen möglich, da in Siauliai (Litauen) und in Malbork (Polen) zwei weitere Basen permanent mit aktiven NATO-Abordnungen zur Verteidigung des Baltikums unterhalten werden.

Die Eurofighter sind für die Alarmrotten mit je zwei IRIS-T und AMRAAM und aufmunitionierter (140 Schuss) Kanone ausgerüstet, innerhalb von 15 Minuten müssen die Maschinen in der Luft sein.

Die Maschinen werden vor Ort von einer sehr leistungsfähigen Technik und Logistik versorgt und im flugfähigen Zustand gehalten. Ca. 50 Personen verschiedener Fakultäten umfasst das Team, welches den Eurofighter betreut. Sie können auf einen großen Erfahrungsschatz und auf eine umfangreiche Anzahl Ersatzteile zurückgreifen. Diese füllen ca. 20 Container. Die Erfahrungen vieler Verlegungen fließen in die Ersatzteilbevorratung ein. Sollte doch etwas fehlen, kann es jederzeit und sehr kurzfristig über Deutschland bezogen werde. Insgesamt zeigt sich der Eurofighter im Einsatz allerdings als sehr zuverlässig.

Das Einsatzpersonal rotiert alle acht Wochen, das Führungspersonal bleibt drei Monate vor Ort.

Mit Eintreffen der RAF-Abordnung von der No.9 (B) Squadron aus Lossiemouth in Schottland im März 2023

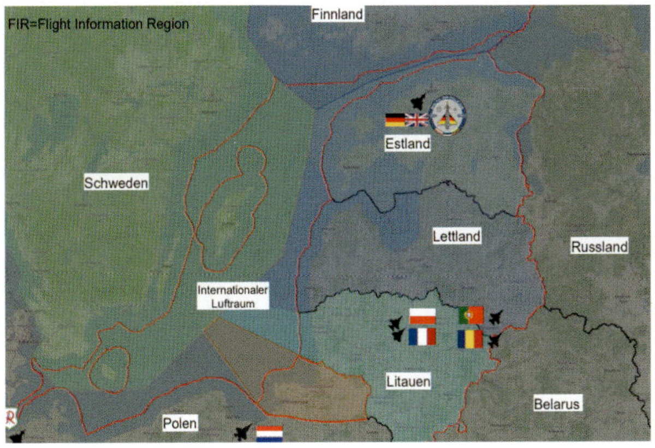

Karte des Einsatzgebiets mit den drei Einsatzbasen zur Luftüberwachung des Baltikums, im Malbork, Polen, in Siauliai, Litauen und in Ämari, Estland. Der internationale Korridor zwischen dem Luftraum von Finnland und von Estland ist zum Teil nur ca. acht Kilometer breit. Hier müssen russische Flugzeuge durchfliegen, um die Enklave Kaliningrad zu erreichen.

konnte das deutsche Kommando Personal reduzieren und auch Flugzeuge zurückführen. Nur noch drei Eurofighter verblieben bis Ende Mai in Ämari.

Dieses Kommando war hinsichtlich notwendiger Abfangeinsätze intensiver als frühere. Über 30 Mal mussten nicht identifizierte Luftfahrzeuge in der Luft begleitet werden. Hierbei ging es auf beiden Seiten äußerst professionell zu, es kam dabei zu keinerlei kritischen Situationen.

Spätestens in 2024 wird die Luftwaffe im Baltikum wieder Verantwortung übernehmen.

Das Taktische Luftwaffengeschwader 73 »Steinhoff«

Der 30. April 2004 markiert einen sehr wichtigen Tag in der Geschichte dieses traditionseichenen Verbandes. Bei einem feierlichen Geschwaderappell stellte der Inspekteur der Luftwaffe, General Klaus-Peter Stieglitz, das moderne Waffensystem offiziell beim JG 73 »S« in Dienst. Zu diesem Zeitpunkt verfügte der Verband über fünf doppelsitzige Maschinen. Die zehn ausgebildeten Fluglehrer begannen als Teil der 2. Ausbildungsstaffel (zum Teil auch dem Stab des JG 73 zugeordnet) anschließend mit einem auf 250 Flugstunden angesetzten Truppenversuch der Phase 1. Darüber hinaus galt es, Konzepte für die taktische Ausbildung auszuarbeiten, die theoretische Schulung vorzubereiten sowie Handbücher für den Flugbetrieb zusammenzustellen. Danach startete ein erster Ausbildungskurs bei dem sechs

Im April 2004 begann der Flugbetrieb in Laage mit doppelsitzigen Eurofightern. Der Zweisitzer verfügt über eine geringere Treibstoffkapazität. Da anfangs noch keine Zusatztanks mitgeführt werden durften, dauerten die Einsätze nur ca. eine Stunde.

Zu Beginn trugen die Eurofighter noch Erprobungskennzeichen (98+..). Die 98+33 wurde später zur 30+03.

Von März 2010 bis Ende Februar 2011 wurde der Flugbetrieb der Verbände JG 74 und JaboG 31 »B« nach Laage verlegt, um Kapazitäten gemeinsam nutzen zu können. Die 30+42 macht dies nach außen hin deutlich mit den drei am Leitwerk aufgebrachten Wappen.

Formationsstart zweier Einsitzer. Schon der vierte Flug des Umschülers findet alleine statt.

Im Juli 2009 verlegte ein Kommando des Laager Verbandes erstmals nach Decimomannu, Sardinen.

weitere Piloten mit dem Waffensystem vertraut gemacht wurden. Der Verband wurde zu diesem Zeitpunkt von Oberst Günter Katz geführt. Ca. ein Jahr nach der Indienststellung des Eurofighters landete die erste einsitzige Maschine (30+09) am 8. April 2005 in Laage. Ende des Jahres 2005 verfügte der Verband aus Mecklenburg-Vorpommern über elf Maschinen, fünf Ein- und sechs Doppelsitzer. Im zweiten Ausbildungskurs des Geschwaders, von Januar bis Juni 2006, nahmen erstmals vier Piloten des JG 74 teil.

Eine personelle Veränderung fand am 19. Juni 2007 statt. An diesem Tag übergab Generalmajor Friedrich Wilhelm Plöger, Kommandeur der 2. Luftwaffendivision, das Kommando des JG 73 »S« an Oberst Andreas Schick. Sukzessive liefen dem Verband weitere Maschinen zu, so dass sich der Bestand Ende 2007 auf 18 Eurofighter, acht Ein- und zehn Doppelsitzer vergrößert hatte. Einige Maschinen befanden sich allerdings bei der EADS (heute Airbus Defence and Space), um mit dem R2-Modifikationsprogramm auf den FOC-Stand gebracht zu werden und standen somit dem Flugbetrieb zunächst nicht zur Verfügung.

Am 17. Januar 2008 wurde die 1. Ausbildungsstaffel offiziell ins Leben gerufen. Oberstleutnant Gero Finke, ein erfahrener Fluglehrer und vorher Staffelkapitän der 2. Ausbildungsstaffel, übernahm die Führung der neuen Einheit. Seine Nachfolge trat Major Thomas Rocker an. Obwohl ein separates Staffelgebäude schon zur Verfügung stand, erfolgte der Dienstbetrieb allerdings erst mal weiter aus den Räumen der 2. Staffel. Die 1. Staffel für die Ausbildung der Flug- und Waffenlehrer, die 2. Staffel für das Training von Umschülern und frisch gebackenen Jetpiloten verantwortlich.

Ein erstes Flugstundenjubiläum konnte am 24. Januar 2008 gefeiert werden. An diesem Tag erreichte Oberstleutnant Markus Treinies die 5000. Eurofighter-Stunde des JG 73 »S«. Im März 2008 verlegten drei Maschinen nach Moron zu den spanischen Kameraden der Ala 11. Dort fand ein Eurofighter-Treffen mit Teilnehmern aller Partnernationen statt.

Ein außergewöhnliches Kommando stand vom 4. bis 16. Februar 2009 auf dem Programm: In dieser Zeit verlegten drei Eurofighter, zusammen mit einem A310 MRTT, nach Bangalore, Indien, um dort auf der Aero India 2009 die Vermarktung des Waffensystems vor Ort zu unterstützen. Im April 2009 erhielt der Verband seine ersten vier Tranche 2-Eurofighter.

Ein erstes Kommando mit immerhin acht Maschinen nach Decimomannu auf Sardinien erfolgte im Juli 2009. Im Herbst nahm der Verband mit zwei Maschinen erstmalig beim bekannten »Tactical Leadership Programm« (TLP) teil. Zu diesem Zeitpunkt kämpfte die Luftwaffe mit geringer Verfügbarkeit der Eurofighter, da auf der einen Seite die Flugzeug-Neuauslieferung schleppend verlief, auf der anderen Seite Maschinen deutlich längere Standzeiten wegen nötigen Nachrüstungsarbeiten auf den Block 5-Standard benötigten. Dadurch konnten die notwendige Anzahl umgeschulter Eurofighter-Piloten durch den Verband nicht sichergestellt werden. Deswegen entschied die Luftwaffe für die Dauer von ca. einem Jahr Ressourcen, Material und Personal, aus Neuburg und Nörvenich in Laage zu bündeln. Von März 2010 bis Ende Februar 2011 fand die mit »Zentralisierung« bezeichnete Maßnahme erfolgreich statt. In dieser Zeit konnte wieder viel geflogen werden und dadurch die Ausbildung von acht Fluglehrern und sechs Einsatzpiloten abgeschlossen werden. Aber auch die Techniker-Ausbildung profitierte. Zu diesem Zeitpunkt verfügte der Verband über 30 Eurofighter und absolvierte jährlich 4000 Flugstunden. Im Juli 2010 verlegte ein Kommando von 280 Soldaten und insgesamt 16 Eurofightern nach Decimomannu, um die Schulung deutlich voranzubringen. Achtzehn Piloten, Fluglehrer und Umschüler, nutzen die hervorragenden Trainingsmöglichkeiten über dem Mittelmeer und trainierten auch regelmäßig mit Eurofightern der italienischen Luftwaffe.

In Deci wurde, nicht zuletzt aufgrund des kontinuierlichen Flugbetriebs, eine Flugzeug-Verfügbarkeit von 80% realisiert. Auch im Jahr darauf fünf Wochen lang, von August bis Ende September, verlegte ein großes Kommando mit Teilnehmern aller drei Eurofighter-Verbände nach Sardinien. Am 5. August 2010 übernahm Oberstleutnant Markus Kramel die Führung des Geschwaders.

Ein Eurofighter des Geschwaders vor dem Tower in Decimomannu. Der große Luftraum über dem Mittelmeer erlaubte wertvolle Trainingsmöglichkeiten in den anfänglichen Jahren des Eurofighter-Einsatzes.

Im Jahr 2011 begannen zwei B-(Basic)-Ausbildungskurse mit je drei Piloten, die direkt aus Sheppard von der Jetausbildung kamen. Zu diesem Zeitpunkt verfügte der Verband über 30 Eurofighter (21 Ein- und neun Doppelsitzer) und 20 ausgebildete Eurofighter-Piloten, insbesondere Fluglehrer. Im Jahr 2012 stieg die Anzahl Flugschüler schon auf 44, insbesondere aber immer noch Umschüler, nur 13 kamen direkt aus Sheppard. Ab Herbst 2012 konnten die Bauten für die Alarmrotte, bestehend aus Viererboxen für die Maschinen und weiterer benötigter Gebäude in Betrieb genommen werden. Neben dem eigentlichen Auftrag sollte der Verband nämlich zusätzlich, zumindest bei Bedarf, eine Alarmrotte stellen können. Am 10. Oktober 2012 stand ein weiterer Wechsel an der Spitze des Verbandes an, Oberstleutnant Bernhard Teicke übernahm die Verantwortung.

Das Jahr 2013 war das erste, in dem die geplanten Ausbildungslehrgänge auch pünktlich abgeschlossen werden konnten, somit zeigte sich, dass die Anfangsschwierigkeiten bei Personal und Material größtenteils überwunden waren. Zum 1. Oktober 2013 wurde im Rahmen einer Neuausrichtung der Luftwaffe die Luftwaffen-

Im August 2014 feierte der Verband sein 55-jähriges Bestehen und zusätzlich zehn Jahre Eurofighter-Flugbetrieb auf dem Fliegerhorst Laage. Die 30+47 zeigte sich dabei mit zwei unterschiedlichen dekorierten Leitwerksseiten. (Fotos: Dr. Stefan Petersen)

struktur 6 umgesetzt. Dadurch änderte sich die Bezeichnung des Verbandes von Jagdgeschwader 73 »Steinhoff« in Taktisches Luftwaffengeschwader 73 »Steinhoff«. Am 6. März 2014 absolvierte der erste Laager-Eurofighter, die 30+09, mit seinen 861. Flug die 1000. Flugstunde. Kurz darauf, am 11. April 2014, konnte der Verband 25.000 unfallfreie Flugstunden auf dem Waffensystem feiern. Am 23. August 2014 feierte der Verband zusammen mit 50.000 Besuchern sein 55-jähriges Bestehen und zusätzlich zehn Jahre Eurofighter-Flugbetrieb auf dem Fliegerhorst Laage. Im Rahmen eines umfangreichen Flugprogramms wurden mehrere Eurofighter im Flug gezeigt, die 30+47 zeigte sich dabei mit sonderbemalten Leitwerk.

Am 28. Juni 2016 übernahm Oberstleutnant Gero von Fritschen das Geschwader. Zu diesem Zeitpunkt lief die Ausbildung künftiger Eurofighter-Piloten sehr gut und stabil. Die Schwierigkeiten, die zu einer Zentralisierung des Flugbetriebs einige Jahre zuvor geführt hatten, waren längst überwunden.

Anfang 2017 startete beim TaktLwG 73 »S« der erste Waffenlehrer-Lehrgang (Weapon Instructor Course-WIC) für Eurofighter-Piloten, Jägerleit- und Nachrichtenoffiziere. Diese Ausbildung ist sehr intensiv und anspruchsvoll, sie kommt nur für die Besten in Betracht. In geplant 140 Tagen wird das gesamte Spektrum des Einsatzes vermittelt, so wird auch regelmäßig die zur Verfügung stehende Bewaffnung live eingesetzt. Standardmäßig wird auch gemeinsam mit anderen NATO-Partner ausgebildet. Das Ziel ist, dass die Teilnehmer nach der Graduation das Vermittelte als Multiplikatoren und Taktik-Experten an ihre Staffel-Angehörigen weitergeben. Am 1. Oktober 2019 wurde in Laage die eigenständige Waffenschule der Luftwaffe in Dienst gestellt. Sie nutzt allerdings die Infrastruktur und die Luftfahrzeuge des TaktLwG 73 »S« mit. Mit einem Personal von ca. 30 Soldaten und zivilen Mitarbeitern sollen jährlich 20 Lehrgangsteilnehmer ausgebildet werden. Dazu gehören künftig auch Tornado-Crews, Operateure von unbemannten Systemen und A400M-Besatzungen.

Zum 23. September 2019 übernahm Oberstleutnant Joachim Kaschke das Kommando des Geschwaders.

Im Verlauf des Januar 2022 verlegten große Teile des TaktLwG 71 »R«, darunter 19 Eurofighter, von Wittmund nach Laage. Der ostfriesische Verband wird zumindest bis Ende 2024 von Laage aus den Flugbetrieb wahrnehmen. In einer Vereinbarung aus dem Herbst 2021 unter dem Motto »Richthofen und Steinhoff - gemeinsam stark« wurde eine Übereinkunft bezüglich des künftige Zusammenwirkens getroffen. Obwohl sich die Anforderungen an einen Ausbildungs- und an einen Einsatzverband deutlich unterscheiden, gab es doch einige Schnittmengen, von denen beide Verbände profitieren. Dies gilt insbesondere für den nun vergrößerten, integrierten Flugzeug- und Gerätepool, der eine entsprechende Flexibilität bedeutet. Die Eurofighter werden nun von beiden Verbänden genutzt, so können auch Maschinen des Laager Verbandes als QRA-Maschinen zu sehen sein. Dies gilt auch für Piloten des TaktLwG 73 »S«, die ebenfalls an die Alarmrotten-Rolle herangeführt wurden. Auch an anderen Stellen, z.B. auf dem Tower, ist nun Personal aus Wittmund im Einsatz.

Im September 2022 erreichte der Verband seine 50.000 Flugstunde. Gleichzeitig konnte das 25. Jubiläum der Namenzusatzes-Verleihung »Steinhoff« gefeiert werden. Aus diesen Gründen erhielt die 31+17 eine Sonderfolierung. Sie wird auch als Baltic Warrior bezeichnet.

Am 9. Januar 2023 löste Oberstleutnant Gerd Schnell Oberst Kaschke an der Spitze des Verbandes ab.

Live-Schuss einer IRIS-T auf dem Testgelände in Vidsel, Schweden. Im Rahmen von Waffenlehrer-Kursen finden Langstrecken-Einsätze mit realem Einsatz von Bewaffnung statt. Zunächst in Regie des TaktLwG 73 »S« stattfindend, werden die Waffenlehrer-Lehrgänge nun von der eigenständigen Waffenschule der Luftwaffe durchgeführt. Sie ist auch in Laage beheimatet und nutzt die Ressourcen des Steinhoff-Geschwaders. (Foto: Dr. Stefan Petersen)

Im Jahre 2019 feierte der Verband 15 Jahre Eurofighter Flugbetrieb beim TaktLwG 73 »S«. Aus diesem Anlass erhielt die 31+18, auch »Carbon Warrior« genannt, diese tolle Folierung. Ca. 200 m^2 Folie wurden dabei verarbeitet. Ende September 2019 wurde das Flugzeug präsentiert. Insgesamt ein Jahr darf die Folie auf dem Flugzeug verbleiben, entsprechend begeisterte die Maschine eine längere Zeit viele Enthusiasten, zum Beispiel beim Tag der Bundeswehr am 13. Juni 2020 in Laage. (Alle Fotos: Dr. Stefan Petersen)

15
JAHRE
Eurofighter

Die Eurofighter-Pilotenausbildung

Der Verband in Mecklenburg-Vorpommern ist zentral für die Ausbildung deutscher Eurofighter-Piloten zuständig. Das zwischen sechs und neun Monate dauernde Training unterteilt sich in mehrere Phasen. Am Anfang stehen sechs Wochen Theorie, die klassisch frontal aber auch mittels Computer unterstütztem Unterricht vermittelt werden. Die Schüler können dabei z.B. auf sogenannte HOTAS-Trainer zurückgreifen, die den Steuerknüppel sowie den Leistungshebel nachbilden und damit über 40 Funktionen ausführen können. Weiterhin steht ein erster Cockpit-Simulator zur Verfügung, der als »Initial Training Device« (ITD) bezeichnet, Cockpit-Funktionen realistisch darstellen kann. Nach Abschluss der Theorie-Phase beginnt der Eurofighter-Flugschüler mit dem Simulator-Training. Hierfür steht ein modernes Ausbildungszentrum, das sogenannte ASTA (»Aircrew Synthetic Training Aids«) zur Verfügung.

Die ASTA Trainingseinrichtung

Am 27. April 2001 unterzeichneten das Eurofighter-Konsortium und die NETMA einen entsprechenden Vertrag zur Entwicklung und Bereitstellung diverser Ausbildungskomponenten für die Kunden-Luftwaffen. Die Vereinbarung sah die Lieferung von insgesamt 18 »Full Mission Simulator« (FMS), neun »Cockpit Trainern/Interactive Pilot Station« (CT/IPS), vier DCT (»Deployable Cockpit Trainer«, werden nur von der RAF genutzt) für den Preis von ca. 1. Mrd. € vor. Weiterhin gehörte die Errichtung von Simulatorgebäuden, Bereitstellung von Hilfsmitten und generelle Unterstüt-

Formationsflug zweier Eurofighter des TaktLwG 73 »S«. Neben den fliegerischen Verfahren werden in Laage auch operationelle Grundlagen gelehrt. Die Flugschüler sind nach dem Kurs »limited combat ready« - eingeschränkt einsatzbereit. Die volle Einsatzbereitschaft wird dann beim Einsatzverband hergestellt.

Der »Full Mission Simulator« bietet eine 360°-Rundumsicht und die Möglichkeit, eine große Palette Einsätze zu simulieren. Er stellt eine große Trainingshilfe dar und ermöglich die Reduktion realer Flüge.

zung über einen Zeitraum von fünf Jahren in das Paket. Als nächster Schritt bei diesem wichtigen Programm eröffnete die EADS (heute Airbus Defence and Space) am 11. April 2003 in Manching eine internationale Einrichtung zur Integration des ASTA-Systems. In dieser »Joint Integration Facility« (JIF) begannen über 100 Mitarbeiter aus den Eurofighter-Partnernationen Deutschland, Italien, Großbritannien und Spanien als gemeinsames Team die Entwicklung und Produktion der einzelnen Trainingskomponenten. Neben den Eurofighter-Partnern Alenia (heute

Kern der Eurofighter-Ausbildung bildet das moderne Ausbildungszentrum ASTA.

Üben in einem reservierten Luftraum. Das Flugzeug ist äußerst leicht zu fliegen. Der vollumfängliche Einsatz als Waffensystem ist die eigentliche Herausforderung.

Leonardo), BAE Systems und EADS (heute Airbus Defence and Space), sind im JIF auch die in der Eurofighter Simulation Systems GmbH (ESS) vereinigten europäischen Simulatoren-Hersteller Indra, CAE Stolberg, Meteor, STN Atlas und Thales maßgeblich an der Realisierung von ASTA beteiligt. Außer in Laage steht auch in Neuburg, in Nörvenich und in Wittmund ein ASTA-Schulungszentrum, jeweils ebenfalls ausgerüstet mit einem FMS und einem CT/IPS, zur Verfügung.

Das Simulatorgebäude des TaktLwG 73 »S« wurde im September 2003 fertiggestellt, im September 2004 installierte man den CT/IPS-Trainer.

Als Herzstück der Anlage gilt der Anfang 2006 aufgestellte FMS-Missionssimulator. Er ermöglicht die Simulation von sehr komplexen operationellen Einsätzen und unterstützt dies mit einer sehr realistischen und wiedergabetreuen Umweltdarstellung, z.B. durch ein 360° Sichtsystem. So kann jede Tages- und Nachtzeit,

Dem Piloten stehen im Eurofighter überlegende Flugleistungen zur Verfügung.

Multiship-Szenarien und der Einsatz sämtlicher Waffensysteme realisiert werden. Weiterhin ist es möglich auf eine Vielzahl elektronischer Bedrohungsszenarien zurückgreifen und diese in die Trainingsmission einzubinden. Während der Trainings-Mission wird der Schüler durch den Fluglehrer überwacht und angeleitet. Letzterem steht eine sogenannte »Instructor Operating Station« (IOS) zur Verfügung, die ihm optimale Live-Informationen aus dem Cockpit liefert.

Der interaktiven Cockpit-Trainer (CT/IPS) ist weniger komplex gestaltet und dient vor allem dem Erlernen von Standard- und Notverfahren. Er verfügt über wiedergabetreue Anzeigen und Kontrollfunktionen in einem voll ausgestalteten Cockpit.

FMS und CT/IPS sind über eine Datenübertragung miteinander vernetzt. Dadurch ist es z.B. möglich im FMS eine sehr realistische Mission mit einem oder mehreren weiteren Eurofightern zu fliegen.

Nach Abschluss der ca. zehn Flüge umfassenden reinen Simulator-Phase lernt der Schüler den Eurofighter detailliert am Boden kennen. Anschließend folgt endlich der heiß ersehnte Erstflug in einem Doppelsitzer. Schon den vierten Flug darf der Eurofighter-Schüler dann in einem Einsitzer durchführen. Insgesamt sind für den sechs Monate dauernden Umschüler-Lehrgang 21 Einsätze geplant. Der neun Monate lange Kurs für junge Piloten ohne Kampfflugzeug-Erfahrung benötigt natürlich einige zusätzliche Flüge. Auch in dieser Ausbildungs-Phase unterstützt der moderne Simulator maßgeblich. So wird angestrebt, jeden Live-Flug mit Hilfe eines geplant identischen Simulatorfluges vorzubereiten und somit »trocken« vorzuüben.

Die Simulatoren müssen kontinuierlich angepasst werden um hinzugekommene Fähigkeiten des Eurofighters abbilden zu können. Mitte 2020 wurde mit Airbus ein Vertrag geschlossen die Eurofighter-Simulatoren auf den neuesten technischen Stand zu bringen. Z.B. sollen dann auch die Funktionalitäten des neuen AESA-Radars beinhaltet sein und viele weitere Verbesserungen einfließen. So ist auch ein hochmodernes LED-Projektionssystem vorgesehen, das einen exzellenten Ausblick für den Piloten zu jeder Tageszeit bieten und somit den Trainingseffekt noch weiter erhöhen wird. Airbus arbeitet hierbei mit dem Simulator-Hersteller CAE zusammen.

Ein Eurofighter des TaktLwG 73 »S« mit der Sonderfolierung »Eagle Star 2.0« überfliegt am 26. April 2023 gemeinsam mit einer F-16 der israelischen Luftwaffe die Küste von Tel Aviv anlässlich der Feierlichkeiten zum 75. Jubiläum der Staatsgründung.

Das Taktische Luftwaffengeschwader 74

Als erster operationeller Einsatzverband wurde schon früh das in Neuburg an der Donau stationierte JG 74 ausgewählt. Schon lange vor der Übergabe der ersten Maschinen begannen dort die sorgfältigen Vorbereitungen auf das neue Muster. So erhielten Techniker an der Technischen Schule der Luftwaffe 1 in Kaufbeuren die notwendigen Lehrgänge und auch dringend notwendige Anpassungen auf der Basis Zell, dem flächenmäßig kleinsten NATO-Einsatzflugplatz, wurden in Angriff genommen. Ca. 100 Mio. Euro investierte die Luftwaffe in über 40 Einzelbaumaßnahmen. So entstand zum Beispiel ein neues, zentrales Einsatzgebäude, ein moderner Tower, ein Simulatorgebäude sowie eine großzügige Wartungshalle. Darüber hinaus galt es die Flugzeugschutzbauten (Shelter) und Rollwege anzupassen und zu modernisieren.

Am 25. Juli 2006 war es dann endlich soweit. Im Rahmen einer Feier und Willkommenszeremonie begrüßte der Geschwaderkommodore, Oberst Uwe Klein, im Beisein vieler Medienvertreter die ersten vier Eurofighter beim JG 74. Die Maschinen wurden von vier ehemaligen Phantom-Piloten des Geschwaders geflogen, die zuvor beim JG 73 »S« ihre Umschulung auf das neue Muster absolviert hatten. Die vier einsitzigen Maschinen 30+08, 30+15, 30+19 und 30+21 wurden von einer doppelsitzigen Maschine (30+05) des JG 73 begleitet, die den Befehlshaber des Luftwaffenführungskommandos, General Aarne Kreuzinger-Janik an Bord hatte und übergangsweise das Wappen des JG 74 trug. Allerdings verblieb von den vier Einsitzern nur eine, 30+19, dauerhaft beim Verband. Trotzdem ging der Zulauf mit zusätzlichen Maschinen sukzessi-

Zum Appell angetreten. Am 25. Juli 2006 wurde mit einem Festakt der Einflug der Eurofighter beim JG 74 gefeiert. Angetreten waren Piloten und Techniker vor der 30+05 die kurzzeitig das Wappen des Neuburger Verbandes trug. Von den fünf Eurofightern die an diesem Tag auf dem bayerischen Fliegerhorst landeten verblieb nur die 30+19 dauerhaft beim Verband.

ve weiter und langsam konnte ein regulärer Flugbetrieb etabliert werden. Ein wichtiges Etap penziel des Neuburger Verbandes war die Realisierung einer ständigen Alarmrotte mit zwei Eurofightern ab Januar 2008. Somit nutzte man die Maschinen von Anfang an operationell als Jagdflugzeug und flog dabei nicht selten simulierte Abfangeinsätze gegen die zu diesem Zeitpunkt noch verbliebenen Phantoms des Geschwaders. Die F-4 Phantom, seit September 1974 Teil des Geschwaders, wurde schließlich zum 12. Juni 2008 ausgemustert.

Ab Ende 2007 verfügte der Verband über insgesamt zwölf Eurofighter, neun Einsitzer und drei Doppelsitzer.

Das TaktLwG 74 war in der Anfangszeit regelmäßig zu Gast in Decimomannu, Sardinen. Mittlerweile ist die Übungseinrichtung allerdings geschlossen worden.

Die Wartung und Instandsetzung des Eurofighters findet in der Wartungshalle der Technischen Gruppe statt.

Ein neuer Einsatzflug steht bevor.

Insgesamt waren 34 Maschinen (davon fünf Doppelsitzer) für das Geschwader vorgesehen. Allerdings verzögerte sich der Zulauf zunächst unter anderem, da die österreichischen Luftstreitkräfte, entgegen der ersten Planung, nur Tranche 1 Maschinen bekommen sollte. Insgesamt elf Eurofighter wurden somit aus dem Luftwaffenanteil herausgelöst und an Österreich übergeben. Die Luftwaffe erhielt später diese Anzahl zusätzlich aus der Tranche 2. Weiterhin beeinträchtigte zunächst das R2-Modifikationsprogramm die Verfügbarkeit im Verband. Hierbei wurden Maschinen des Baustandards Block 1 (dieses betrifft nur Doppelsitzer des JG 73), Block 2 und 2B (dies waren die Maschinen des JG 74) auf einen einheitlichen Stand Block 5 gebracht. Dieser beinhaltete die volle Herstellung der Luft-Luft-Fähigkeit u.a. mit der uneingeschränkten Freigabe der Waffen IRIS-T, AIM-9L und AMRAAM. Dazu gehörten auch eine optimalere Vernetzung der verschiedenen

Das Eingabedisplay für die Wartung war bei den Tranche 1 Flugzeugen ein Touch Pad, das nicht optimal nutzbar war. Ab Tranche 2 werden die Eingaben wieder über Druckknöpfe ausgeführt.

In Neuburg werden weiterhin Shelter für die Unterbringung der Maschinen genutzt.

Farbenfrohe Sonderlackierungen sind, nicht zuletzt aufgrund der schonenden und kostengünstigen Folierungstechnik, wieder sehr verbreitet. Diese zwei Maschinen wurden anlässlich des 50. Geburtstages in 2011 und des ersten Tiger Meets 2013 bunt verschönert.

Die 30+68 erhielt aus Anlass des 60. Geburtstags der Luftwaffe im Juni 2016 eine Sonderlackierung, die vom Künstler Walter Maurer gestaltet und mit aufgetragen wurde.

Bord-Sensoren und zusätzliche Darstellungsmöglichkeiten für Radarbilder des Bodenbereichs. Weiterhin erhielten die Eurofighter eine angepasste Steuersoftware, die den vollen 9g Flugbereich eröffnet und sogenanntes »carefree handling« erlauben sollte. Darüber hinaus wurde die sprachgeführte Flugsteuerung, das Navigationssystem GPS und das Defensivsystem DASS verbessert. Mit diesem Modifikationszustand erreichte der Eurofighter den Einsatzstatus »Full Operational Clearance« (FOC). Als erste Maschine des Verbandes erhielt die 30+19 dieses Modifikationsprogramm.

Bis Ende 2007 waren etwa 16 Piloten auf der Maschine ausgebildet worden, die sehr von den herausragenden Flugleistungen der Maschine angetan waren. Täglich konnten zu dieser Zeit schon zwei bis drei Flugphasen mit bis zu vier Maschinen durchgeführt werden.

Am 10. April 2008 erhielt Oberst Andreas Pfeiffer die Führung des Geschwaders übertragen. Die wichtigste Routineaufgabe des Neuburger Verbandes ist die Bereitstellung einer ständigen Alarmrotte (QRA-Quick Reaction Alert) für den Bereich Süddeutschland. Am 3. Juni 2008 übernahm der Eurofighter diese Aufgabe vollverantwortlich von der F-4 Phantom. Zuvor hatte es allerdings schon einen probeweisen Betrieb gegeben.

Am 16. März 2009 erreichte das JG 74 die 10.000. Eurofighter-Flugstunde in der deutschen Luftwaffe.

Die 30+26 wurde für das NTM 2017 mit Tiger am Leitwerk versehen.

Der Doppelsitzer 30+31 erhielt eine entsprechende Markierung auf den Rumpf. Im Sommer desselben Jahres verlegte ein Kommando des Verbandes zusammen mit dem JG 73 »S« nach Decimomannu, Sardinen. Kurz darauf, in einem Zeitraum von 9. August bis Anfang November 2009, galt es für das Neuburger Geschwaders die NATO-Mission »Air Policing Baltikum« zu erfüllen. Vier Eurofighter mussten dabei den Luftraum der baltischen Staaten Estland, Litauen und Lettland sichern.

Das darauffolgende Jahr verlief in Neuburg eher ruhevoll, da die Luftwaffe entschieden hatte, den Eurofighter-Flugbetrieb in Laage zu konzentrieren, um endlich bei der Flugzeugführer-Ausbildung voranzukommen. Diese Maßnahme begann zum 1. März 2010 und war für ein Jahr vorgesehen. Ein regelmäßiges Shuttel mit Transall brachte montags Soldaten des JG 74 nach Laage und freitags zurück. Diese Maßnahme zeigte sich erfolgreich, so dass sie unter anderen Prämissen für das gesamte Jahr 2011 fortgeführt wurde. Diesmal fand die Konzentrierung in Neuburg statt und bezog sich auf den operationellen Flugbetrieb. Insbesondere Maschinen und Personal aus Nörvenich pendelten nun nach Neuburg.

Am 5. Mai 2011 feierte der Verband sein 50. Bestehen. Eine Herausforderung für den Verband in dieser Phase war es sich für die NATO Response Force (NRF) vorzubereiten. Hierbei sollen sechs Eurofighter, zwölf Piloten und etwa 250 Mann Unterstützungspersonal bereitgehalten werden, die innerhalb von zehn Tagen verlegefähig sein müssen. Die Fähigkeit dafür wurde Ende 2011 durch ein NATO-Prüfteam getestet. Eine gute Möglichkeit die notwendigen Qualifikationen zu erreichen bot das sommerliche Kommando nach Decimomannu mit intensiver Nutzung hochwertiger Trainingsgebiete über dem Mittelmeer. Im Juli 2011 verlegte eine Abordnung nach Albacete, Spanien, um dort am NATO-Tactical Leadership Programm teilzunehmen. Dabei konnten sehr gute Ergebnisse erreicht werden.

Das Highlight des Jahres 2012 und gleichzeitig eine gewaltige Herausforderung war sicher die Übung »Red Flag Alaska«. Am 14. Mai begann die Überführung von insgesamt acht Eurofightern Mithilfe eines MRTT via Goose Bay nach Eilson AFB, Alaska. Die Maschinen hatten aus diesem Anlass den

Der preisgekrönte Ghost-Tiger beim Start.

neuen Software-Standard PSC (Production System Standard) 3.31 erhalten, der Verbesserungen bei Radar und elektronischer Kampfführung beinhaltete. Red Flag vorgeschaltet war die Übung »Distant Frontier«, vom 21. Mai bis 6. Juni. Hierbei konnten sich die Piloten schon mal auf die lokalen Gegebenheiten vorbereite und an kleineren Missionen teilnehmen. Red Flag Alaska lief dann vom 7. bis 22. Juni und umfasste rund 100 beteiligte Flugzeuge diverser Teilnehmer wie z.B. F-22A Raptor der USAF, F-15J der JASDF und F-16C/D der polnischen Luftwaffe. Im riesigen Übungsgebiet, etwa halb so groß wie die Bundesrepublik und deutlich größer als das von Red Flag in Nellis AFB, können realistischste Szenarien durchgeführt werden. Die deutschen Eurofighter waren zusammen mit den F-15J überwiegend als Begleitschutz für Angriffskräfte im Einsatz. Höhepunkt war sicher das Zusammentreffen mit den F-22 Raptoren der 525th Fighter Squadron. Diese haben aufgrund ihrer Stealth-Eigenschaften sicher Vorteile auf längerer Distanz sind dem Eurofighter auf kurzer Entfernung aber unterlegen. Insgesamt war dieses Kommando ein großer Erfolg auch die Zuverlässigkeit des Waffensystems stimmte und lag bei rekordverdächtigen 95% bei über 100 absolvierten Flügen.

Das Geschwader unterstütze maßgeblich bei der Einführung des neuen, hochmodernen Meteor-Flugkörpers. Voraussetzung für dessen Verwendung ist das softwarebasierte P2Eb-Modifikationspaket.

Der Hauptauftrag des JG 74 ist es rund um die Uhr eine Alarmrotte zu stellen, die Süddeutschland absichern soll. Diese Routine stellte für den Verband trotzdem eine große Herausforderung dar, denn insbesondere auf der Pilotenseite standen in 2013 erst knapp über 25 der geplanten 50 Piloten zur Verfügung. Entsprechend waren für die Piloten recht viele QRA-Dienste zu absolvieren, 70 Tage pro Jahr und Pilot waren keine Seltenheit. Die Anzahl der Einsatzflugzeuge, ca. 30, waren weniger ein Faktor bezüglich der Auftragsabdeckung. Der Flugzeug-Klarstand erreichte 2013 erstmals mit zeitweise 18 einsatzklaren Maschinen gute Werte. Am 12. März 2013 erreichte der Verband seine 10.000 Flugstunde.

Am 20. März 2013 übernahm Oberstleutnant Frank Gräfe das Kommando über den Neuburger Verband.

Die Auflösung des JaboG 32 Ende 2012 in Lechfeld hatte Einfluss auf das Geschwader. Zum Einen übernahm man Verantwortung für den Fliegerhorst Lagerlechfeld, der weiter in Betrieb bleiben sollte. Zum anderen führte das JG 74 mit den sogenannten »Bavarian Tigers« die entsprechende Tradition der 1. Fliegenden Staffel JaboG 32 »Tigers« weiter. Aus diesem Grund entsandte der Verband Mitte Juni 2013 drei Eurofighter zum Tiger Meet in Oerland, Norwegen, um dort erstmals als Gast teilzunehmen. Die 30+29 erhielt deswegen einen Tiger-Look am Leitwerk. Zum 1. Oktober 2013 wurde der Verband im Rahmen der Luftwaffenstruktur 6 von Jagdgeschwader 74 in Taktisches Luftwaffengeschwader 74 umbenannt.

Vom 16. bis 26. Juni 2014 nahm eine Abordnung des Verbandes an einem zweiten Tiger Meet teil, diesmal beim TaktLwG 51 »I« in Schleswig/Jagel. Die Neuburger präsentierten mit der 30+09 eine ganz besondere Lackierung, den »Bronze-Tiger«. Die Maschine wurde dann auch zur attraktivsten Tiger-Maschine von NTM 2014 gewählt.

Von Ende August bis Ende Dezember 2014 sicherten vier Eurofighter des TaktLwG 74 den Luftraum des Baltikums. Die Maschinen waren dabei in Ämari, Estland stationiert.

Zum 1. Mai 2015 übernahm Oberstleutnant Holger Neumann die Führung des TaktLwG 74. Die erste Herausforderung in seiner Amtszeit war die Verlegung

Sonderfolierung an der 31+01 anlässlich des 60. Geburtstages des Geschwaders. (Foto: Dr. Andreas Zeitler)

nach Bodø in Norwegen im Rahmen der Hochwertübung »Arctic Challange« zwischen Mai und Juni 2015. Hierbei bot sich die Möglichkeit umfangreiche Luftoperationen mit diversen anderen Teilnehmern in großen, zusammenhängenden Lufträumen (700 x 350 Kilometer) zu trainieren. Hier durfte überall Überschall geflogen werden und eigene Abwehrmaßnahmen konnten aktiv verwendet werden. Insgesamt zwölf Eurofighter und ca. 200 Soldatinnen und Soldaten waren Teil der Verlegung.

Das darauffolgende Jahr stand im Zeichen der Verlegung »Verstärkung Air Policing Baltikum« ab Ende August 2016 bis Anfang Februar 2017 nach Ämari, Estland. Darüber hinaus fand ein weiteres NATO Tiger Meet statt und zwar vom 16. bis 27. Mai im spanischen Zaragoza. Von den Abordnungen der beteiligten 14 Staffeln, es war das bis dato größte Tiger-Meet, wurden dabei über 1000 Einsätze geflogen. Am 11. Juni 2016 feierte das Geschwader im Rahmen eines Tages der Bundeswehr den 60. Geburtstag der Luftwaffe. Aus diesem Anlass erhielte ein Eurofighter, die 30+68, eine attraktive Sonderbemalung. Zu diesem Zeitpunkt wurden Sonderbemalungen noch lackiert, mittlerweile wird Folientechnik verwendet.

Am 16. Februar 2017 mussten zwei Eurofighter der ständigen Alarmrotte eine 777-300 von Jet Airways abfangen. Zu der Maschine bestand kein Funkkontakt mehr. Im Überschallflug erreichten die Eurofighter das Flugzeug nach dem Start in nur 19 Minuten in der Nähe von Köln. Der Airliner hatte die falsche Frequenz eingestellt, deswegen bestand keine Gefahr. Ca. achtmal pro Jahr gilt es sogenannten Alpha-Scrambles durchzuführen.

Am 26. September 2017 übernahm Oberstleutnant Früh das Kommando des Geschwaders. Im Fokus seiner Arbeit stand zunächst darin den Verband fit für die bevorstehende NATO Response Force (NRF)-Assignierung von 2018 bis 2020 zu machen.

Nachtflug

Regelmäßiges Nachtflug-Training gehört zum Standard-Ausbildungsprogramm.

Dynamischer Start in Neuburg.

Die Kabinenhaube ermöglicht dem Piloten exzellente Rundumsicht. (Alle Fotos: Dr. Andreas Zeitler)

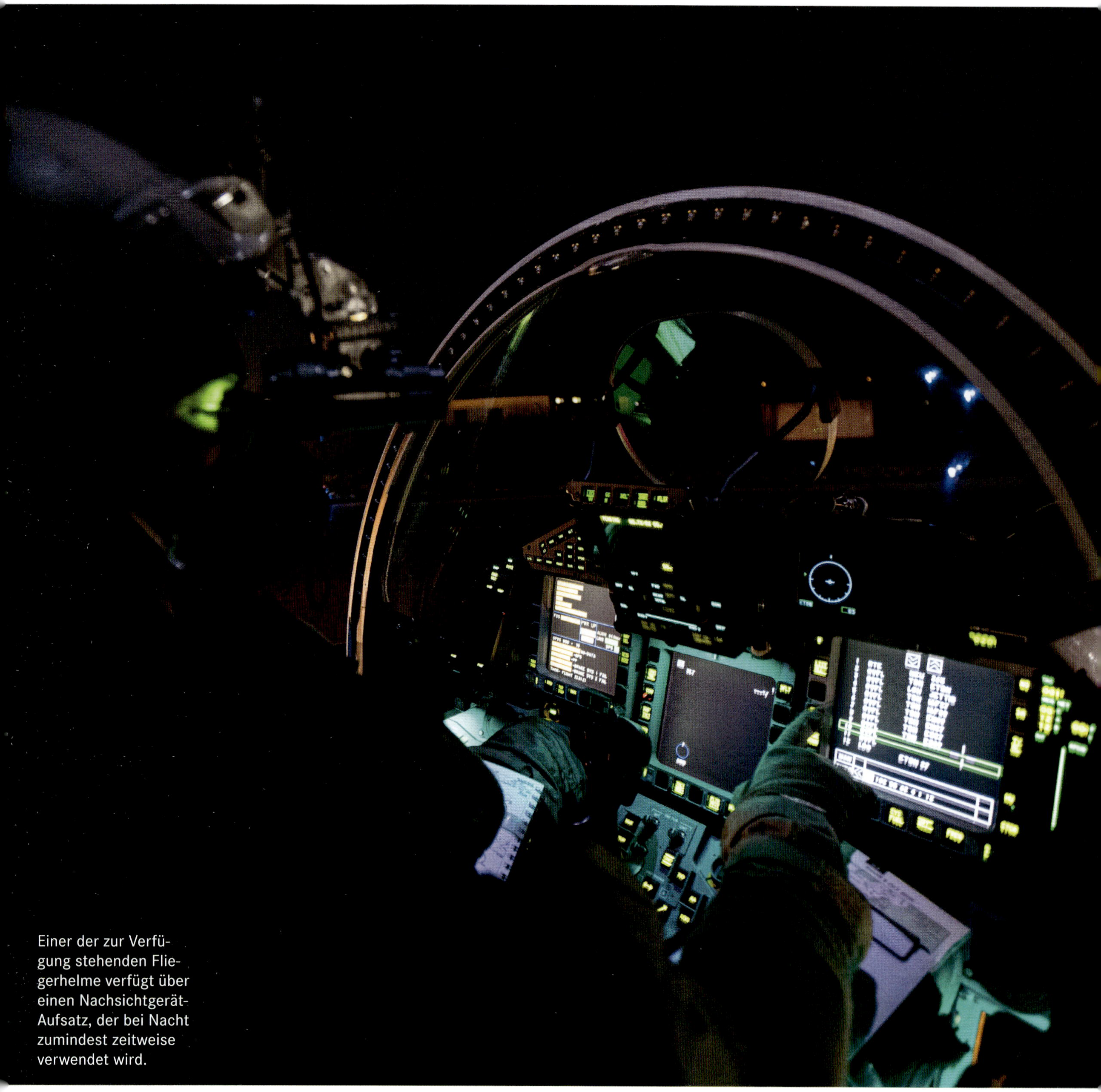

Einer der zur Verfügung stehenden Fliegerhelme verfügt über einen Nachsichtgerät-Aufsatz, der bei Nacht zumindest zeitweise verwendet wird.

Einige wenige Doppelsitzer stehen dem TaktLwG 74 insbesondere für Ausbildungsflüge zur Verfügung. So müssen sich alle Piloten in regelmäßigen Abständen überprüfen lassen.

Beim Nachtflug ist allerhöchste Konzentration nötig.

Vom 14. bis 25. Mai 2018 nahm eine Abordnung des Verbandes beim NATO Tiger Meet in Pozen, Polen teil. Einmal mehr konnte man mit dem sehr effektvollen »Ghost Tiger« (31+00) die Trophäe des besten Tiger-Flugzeug sichern. Erstmals wurde derart großflächig eine Sonderfolierung, insgesamt 140 Quadratmeter, aufgebracht. Die Verklebung benötigte drei Tage, anschließend wurden alle Kanten versiegelt. Ab August 2018 stellte das TaktLwG 74 ein weiteres Mal das verstärkte Air Policing im Baltikum.

Vom 4. bis 8. Juli 2019 veranstaltete das Geschwader ein Mini Tiger Meet in Neuburg, bei dem nur Maschinen vom TaktLwG 51 »I« und von der italienischen 36° Stormo / 12° Gruppo teilnahmen. Viele weitere Teilnehmer reisten nur mit dem Auto oder der Bahn an. Der Eurofighter 30+66 erhielt einen grünen Tiger-Kopf auf das Leitwerk foliert.

Im Januar 2020 übernahm Oberstleutnant Gordon Schnitger das Kommando. Da Oberst Früh schon Mitte 2019 eine andere Aufgabe übertragen wurde, war der Verband interimsweise für einige Monate von OTL Kullrich geführt worden. Am 11. Februar 2020 konnte Schnitger den Flugsicherheitspokal für 20 Jahre unfallfreies Fliegen entgegennehmen. Kurz darauf brach die Corona-Pandemie aus, die auch gravierenden Auswirkungen auf den Verband hatte. So galt es bei einer deutlich reduzierten Vor-Ort-Präsenz strenge Hygienemaßnahmen umzusetzen. Das Geschwader leistete Amtshilfe für diverse zivile Einrichtungen wie Kliniken und Ämter.

Im März 2021 führte das Geschwader in Vorbereitung seines 60. Geburtstages eine außergewöhnliche Aktion durch. Insgesamt 18 Eurofighter wurden auf der Startbahn als sogenannter »Elephant Walk« aufgereiht und unter anderem aus der Luft fotografiert. Am 5. Mai 2021 feierte der Verband dann sein 60. Bestehen, allerdings auf Grund von Corona in einem speziellen und bescheidenen Rahmen.

Im Laufe des Jahres 2021 starteten in Neuburg intensive Vorarbeiten für eine so noch nie dagewesene Übung. Im August 2022 sollte der Verband mit sechs Eurofightern in einem großen Rahmen nach Asien verlegen und dort unter anderem an der Hochwertübung »Pitch Black 2022« in Australien teilnehmen.

Rapid Pacific 2022

Das Jahr 2022 brachte für die Luftwaffe, aber insbesondere für das TaktLwG 74 eine ganz besondere Herausforderung mit sich. Im Rahmen der Übung Rapid Pacific 2022 sollte ein Kontingent rund um sechs Eurofighter des Neuburger Verbandes in den indopazifischen Raum verlegen und unter anderem an der großen Hochwertübung »Pitch Black 2022« in Australiens Norden teilnehmen. Ziel war es eine umfangreiche Verlegung über eine große Distanz und über einen längeren Zeitraum erfolgreich zu demonstrieren.

Monatelange, intensive Vorbereitungen gingen der Unternehmung voraus. Dazu gehörte einen Eurofighter (31+11) per Folierung mit sehr attraktiven Sondermarkierungen zu versehen. Das Flugzeug wurde »Air Ambassador« (Luft-Botschafter) getauft, die Bezeichnung fand sich auch auf einer der beiden Bug-Steuerflächen. Am 15. August startet das Kontingent neben den Kampfflugzeugen bestehend aus vier A400M und drei A330 MRTT mit dem Auftrag Singapur in 24 Stunden zu erreichen. Die Route führte von Deutschland über Italien, Griechenland, Israel und Jordanien nach Abu Dhabi in den Vereinigten Arabischen Emiraten. Dort, nach weniger als 21 Stunden angekommen, übernahmen andere Piloten des Verbandes. Der zweite Teil der Verlegung führte dann über den Golf von Oman und Indien sowie über den Golf von Bengalen schließlich nach Singapur. Im Anschluss ging es weiter zum ersten Zielort des Vorhabens und zwar zur RAAF Basis Darwin in Nord-Australien. Dies markierte eine außergewöhnliche Prämiere, denn noch nie waren Kampfflugzeuge der Luftwaffe nach »Down Under« verlegt worden. Auf der großen Basis Darwin sind zwar keine Kampfflugzeuge der RAAF permanent stationiert, doch treffen sich dort einmal jährlich befreundete Nationen aus dem indopazifischen Raum zur Hochwertübung »Pitch Black«. Den Übungsteilnehmern stehen dabei riesige Übungsareale über Land und über Wasser zur Verfügung. Neben den Gastgebern, die mit EA-18G Growlern und F-35A Lightning II aufwarteten, nahmen z.B. noch Abordnungen aus Frankreich (Rafale), Indien (SU-30MKI), Indonesien (F-16A), Japan (F-2), Korea (KF-16U), Singapur (F-15SG), Großbritannien (Typhoon) sowie aus den USA (F-15C & F-35B) teil. Insgesamt 2500 Soldatinnen und Soldaten

Die Übung Pitch Black bot den deutschen Piloten wertvolle Erfahrungen im Zusammenwirken mit anderen Luftwaffen.

mit rund 100 Luftfahrzeugen waren an der größten Luftwaffen-Übung in dieser Region beteiligt, was zu über 1400 Einsätzen führte. Insgesamt drei Wochen, vom 19. August bis zum 8. September, dauerte die Übung, bei der auch viele Nachteinsätze auf dem Programm standen. Die deutschen Eurofighter wurden dabei abwechselnd in der Luftangriffs- und Luftverteidigungsrolle eingesetzt. Bei den sehr komplexen und realistisch geplanten Luftoperationen konnten alle Beteiligten eigene Fähigkeiten erweitern und Erfahrungen austauschen. Besonders interessant war die erstmalige Teilnahme der F-35 Lightning II der RAAF und der USMC an Pitch Black. Dadurch konnten einige Nationen, Deutschland gehört ja nun ebenfalls dazu, erste konkrete Einsatzerfahrungen mit diesem Kampf-

Der Weg nach »Down Under« führte über Singapur. Damit ergaben sich eindrucksvolle Aussichten auf die Stadt.

Ein Eurofighter, auch als Air Ambassador bezeichnet, war sehr attraktiv foliert und der Star des deutschen Kommandos. Hier im Formationsflug mit einer EA-18G der RAAF und einer F-22A der USAF.

jet der 5. Generation erlangen. Nachdem Ende von Pitch Black am 8. September begannen sofort die Vorbereitungen auf die nächste Hochwertübung. Ebenfalls von RAAF Darwin aus wurde die Luftwaffe in die Operationen der australischen Marine im Rahmen der Übung »Kakadu 2022« eingebunden. Bei dieser ebenfalls multinationalen Übung, vom 12. bis zum 24. September, ging es vor allem darum, Schiffe aus der Luft zu schützen. Die geplanten Szenarien, normalerweise nicht im Fokus der Luftwaffe, brachte den beteiligten Piloten erneut einen wertvollen Erfahrungsgewinn. Im Rahmen der beiden Übungen in Australien wurden rund 340 Flugstunden absolviert, zusätzlich ca. 120 Stunden durch die beteiligten MRTTs.

Nach dem Ende der beiden Übungen in Australien ging es für das Kommando allerdings weiter. Drei Eurofighter und das Unterstützungskommando folgten einer Einladung der japanischen Luftwaffe. Die Delegation, durch den Inspekteur der Luftwaffe, General Ingo Gerhartz im Eurofighter »Air Ambassador« angeführt, wurde am 28. September von zwei F-2 des 7. Kokudan (Geschwader) der JASDF empfangen, der Flugweg führte dabei am imposanten Fujiyama vorbei. Die Landung erfolgte auf der Hyakuri Air Base nördlich von Tokio. Auch dies war eine Prämiere,

Die Patches von Pitch Black und Rapid Pacific.

Tiefflug über der australischen Wüste, eine außergewöhnliche Erfahrung.

denn noch nie zuvor war ein Kampfflugzeug der Luftwaffe in Japan gelandet. Der Flugweg nach Japan führte via Singapur. Dort verblieben drei Eurofighter, um dort gemeinsam mit der Luftwaffe Singapurs diverse Einsatzszenarien zu üben.

Vor Ort in Japan und in Singapur verbrachten die jeweiligen Delegationen einige weitere Tage, angefüllt mit außergewöhnlichen und wertvollen Einsätzen in ungewohnter Umgebung. Am 6. Oktober war es dann wieder soweit, die Rückverlegung des Kommandos begann wieder in Richtung Singapur. Am 8. Oktober erreichte der Verband das Heimatland Deutschland und konnte somit diese Unternehmung äußerst erfolgreich beenden.

Dazu bemerkte Generalleutnant Ingo Gerhartz vor den angetretenen Teilnehmern: »Rapid Pacific 2022 war die größte Verlegung in unserer Geschichte und eine außerordentliche Herausforderung für die Frauen und Männer der Luftwaffe. Gemeinsam haben wir gezeigt, dass wir weltweit einsatzbereit sind und mehrere Aufgaben gleichzeitig erfolgreich übernehmen können: Mit unseren NATO-Verbündeten die Ostflanke des Bündnisses schützen und mit unseren Wertepartnern in Asien und Australien gemeinsam üben. Ich bin stolz auf das, was wir alle zusammen geleistet haben.«

Auch Nachtflug gehörte zum Einsatzspektrum.

Die Luftwaffe plant eine erneute Teilnahme an Pitch Black 2024.

Die Versorgung erfolgte über A330 MRTT. Drei Maschinen der Multinational MRTT Unit (MMU) waren Teil der Verlegung. Im Hintergrund ist der Ayers Rock zu sehen.

Der Inspekteur der Luftwaffe, General Ingo Gerhartz, wird vom Stabschef der JASDF, General Shunji Izutsu, in Japan begrüßt.

Unzählige Male musste im Flug betankt werden.

Es galt ein strammes Programm zu absolvieren. Nach der anstrengenden Hochwertübung »Pitch Black 2022« nahm das deutsche Kontingent an der Marine-Übung »Kakadu 2022« teil.

Eindrucksvoller Vorbeiflug am weltbekannten 3.776 Meter hohen Fuji in Begleitung zweier Mitsubishi F-2 der 7 Kokudan aus Hyakuri.

Das Taktische Luftwaffengeschwader 31 »Boelcke«

Schon früh sah die Luftwaffe das Nörvenicher Geschwader für den Eurofighter vor, dort sollte das Muster insbesondere in der Angriffsrolle Verwendung finden. Ab 2007 begannen die Vorbereitungen auf dem Fliegerhorst, um die Infrastruktur entsprechend anzupassen. Dazu zählte z.B. die Errichtung zweier sogenannter »Ten-Packs« (Abstellhallen) und einem zentralen Staffelgebäude für beide fliegende Staffeln, welches auch Raum für den Gefechtsstand bietet. Die offizielle Übergabe des neuen Waffensystems erfolgte am 16. Dezember 2009, allerdings verblieb zunächst das Vorgängermuster, der Tornado, mit ca. zehn Maschinen weiter im Betrieb. Am 25. Juni 2010 endete der Flugbetrieb mit dem Schwenkflügler dann offiziell. Kurz danach, am 8. Juli, ging das Kommando des Verbandes von Oberst Ingo Gerhartz auf Oberstleutnant Andreas Hoppe über.

Der Aufwuchs mit Eurofightern ging nur sehr langsam von statten, denn es fehlte zunächst Fluggerät und qualifiziertes Personal. So wurden in den Jahren 2010 und 2011 statt normalerweise 7000 nur je ca. 1000 Flugstunden mit dem modernen Muster absolviert. In 2011 beteiligten sich Angehörige des Verbandes zusammen mit den Kameraden des JG 74 an einem Kommando in Decimomannu. Hierbei wurden auch Waffenqualifikationen, z.B. für die Bordkanone, durchgeführt. Darüber hinaus nahmen Eurofighter des Geschwaders an der Übung »Brilliant Arrow 2011« teil. Hierbei wurden in zehn Tagen 62 Einsätze absolviert.

Für das Jahr 2012 wurden dann schon 2000 Flugstunden ins Auge gefasst. Hierin war dann auch eine erste QRA ab dem 8. März 2012 für den Nordbereich beinhaltet. Nach diesem Auftrag ging es mit der Teilnahme an der Übung »Frisian Flag« in Leeuwarden weiter, mit der Hochwertübung »Red Flag Alaska« (gemeinsam mit dem JG 74) und dann wieder mit einem Kommando in Decimomannu. Auch

Wachwechsel: Im ersten Halbjahr 2010 fand in Nörvenich noch Flugbetrieb mit zwei Waffensystemen, Tornado und Eurofighter, statt.

das Tactical Leadership Programm (TLP) im spanischen Albacete stand auf dem Ausbildungsprogramm.

Ab dem 11. Februar 2013 übernahmen Eurofighter des TaktLwG 31 »B« erstmals die QRA Süd von Neuburg aus und in Vertretung für das TaktLwG 74. Am 28. Februar erhielt der Verband mit der 31+00 den hundertsten Eurofighter der Luftwaffe. Am 13. Juni erreichte der Verband seine 4444 Eurofighter-Flugstunde. Nur eine Woche später feierte das Geschwader seinen 55. Geburtstag, dazu erhielt die 31+00 eine interessante Sonderfolierung auf dem Leitwerk. Zum 1. Oktober 2013 wurde im Rahmen einer Neuausrichtung der Luftwaffe die Luftwaffenstruktur 6 umge-

Ein Doppelsitzer der Tranche 1 rollt aus einem Shelter in Nörvenich.

Luftbetankungsübungen sind besonders wichtig. Denn, insbesondere bei Luftraum-Sicherungsmissionen, dauern die Einsätze mehrere Stunden und werden mit Unterstützung von Großtanker durchgeführt.

setzt. Hiermit ergab sich für den Nörvenicher Verband, von nun an Taktisches Luftwaffengeschwader 31 »Boelcke« bezeichnet, eine deutliche Strukturanpassung. Als Folge der gestrichenen Eurofighter Tranche 3b konnte kein vollwertiges Geschwader in Wittmund mehr ausgestattet werden. Deswegen erhielt das TaktLwG 31 »B« den Auftrag, eine Taktische Luftwaffengruppe »Richthofen« als dritte Staffel in Wittmund zu integrieren. Dadurch hatte man auch die Verantwortung, das Waffensystem in Ostfriesland einzuführen. Hauptauftrag war, eine ständige Alarmrotte für das nördliche Deutschland zu etablieren. Nach und nach wurden neun bis zehn Eurofighter in Wittmund stationiert. Sie erhielten neben dem Verbandswappen des TaktLwG 31 »B« am Leitwerk das bekannte geschwungene »R« am Flugzeugbug.

Am 6. Februar 2014 erhielten die Nörvenicher mit der 31+06 den insgesamt 400sten produzierten Eurofighter, der eine ansprechende Sonderfolierung trug.

Vom 31. März bis 11. April 2014 nahm eine Abordnung des Verbandes an der Übung »Frisian Flag 2014« in Leeuwarden, Niederlande teil. Rund 60 Flugzeuge von acht Nationen nahmen am Flugbetrieb teil, der insbesondere über der Nordsee stattfand. Während des gesamten Junis sicherten die Eurofighter des TaktLwG 31 »B« den deutschen Nordbereich von Nörvenich aus, da in Wittmund Startbahninstandsetzungen erfolgten. Von Mitte September bis Mitte Oktober 2014 stellte der Verband eine Abordnung für den Hochwertlehrgang »Tactical Leadership Program (TLP)« im spanischen Albacete. Teilweise gleichzeitig galt es für den Verband noch eine weitere Verlegung zu meistern, denn vom 6. bis 29. Oktober verbrachte eine große Abordnung in Decimomannu, um die fliegerische Ausbildung voranzubringen. Insbesondere die Organisation

Am 24. Juni 2015 eskortierten zwei Eurofighter Queen Elisabeth II von der deutschen Grenze bis nach Berlin.

der Logistik bedeutete hierbei außergewöhnliche Herausforderungen. Zum Ende des Jahres, am 19. Dezember, übernahm Oberstleutnant Stefan Kleinheyer die Nachfolge von Oberst Andreas Hoppe als Geschwaderkommodore.

Das Jahr 2015 begann mit einer Flugstunden-Schnapszahl und zwar die 9999., die am 26. Januar mit der 31+01 erflogen werden konnte. Mitte des Jahres, im Juni, öffnete der Verband seine Tore im Rahmen eines Tages der Bundeswehr und begrüßte rund 20.000 Besucher auf dem Fliegerhorst. Mit der militärischen Eskorte für Queen Elisabeth II von der deutschen Grenze bis nach Berlin am 24. Juni 2015 führten das Nörvenicher einen sehr außergewöhnlichen Flugauftrag durch.

Im Rahmen der Luftwaffenstruktur 6, eingeführt zum 1. Oktober 2013, erhielt das TaktLwG 31 »B« den Auftrag eine Taktische Luftwaffengruppe »Richthofen« als dritte Staffel am Standort Wittmund zu integrieren. Die 31+00 erhielt aus diesem Anlass diese Sonderfolierung.

Der Nörvenicher Verband verfügt auch über einige doppelsitzige Eurofighter.

Am 24. August 2015 verlegten nach intensiver Vorbereitung fünf Eurofighter des Taktischen Luftwaffengeschwaders 31 »Boelcke« nach Ämari, Estland, um dort bis Ende Dezember 2015 den baltischen Luftraum abzusichern. Die Piloten konnten dabei erstmals auf angepasste Nachtsichtgeräte zurückgreifen. Mehrfach mussten im Rahmen von »Alpha Scrambles«, also scharfen Einsätzen, russische Flugzeuge abgefangen werden.

Das TaktLwG 31 »Boelcke« ist ja der spezialisierte Verband für den Luft-Boden-Präzisionseinsatz. Ab 19. Oktober 2015 flog erstmals ein Eurofighter des Geschwaders mit einem Laser-Designator-Pod (LDP), der die Voraussetzung für den Einsatz der Luft-Boden-Waffe GBU-48 ist.

Am 21. März 2016, im 60. Jubiläumsjahr der Luftwaffe, besuchte Bundeskanzlerin Angela Merkel den Standort Nörvenich und ließ sich den Eurofighter hautnah zeigen und erklären. Vom 11. bis 22. April 2016 beteiligte sich das TaktLwG 31 »B« mit 160 Soldatinnen und Soldaten ein weiteres Mal an der Übung »Frisian Flag« in Leeuwarden, Niederlande.

Vom 26. August bis zum 15. September war ein Kommando bestehend aus 300 Soldaten und zivile Mitarbeiter des Verbandes sowie mit 15 Einsatzflugzeugen einmal mehr in Decimomannu im Einsatz. Allerdings stellte diese Verlegung eine besondere dar, denn es war die letzte einer deutschen Abordnung in das sonnige Sardinien. Am 15. September um 11:45 Ortszeit startete das letzte Kampfflugzeug von der Basis Deci aus und beendete damit ein sehr traditionsreiches Kapitel der Luftwaffe.

Im Jahr 2017 galt es für den Verband sich voll und ganz auf die Herstellung der vollen Luft-Boden-Fähigkeit zu konzentrieren. Ziel war die Zertifizierung dieser Fähigkeit bis Oktober desselben Jahres zu erlangen.

Vom 23. August bis 13. Oktober 2017 führte der Verband unter Federführung der WTD 61 eine Verlegung nach Vidsel, im Norden Schwedens durch. Ziel war die Überprüfung der erfolgreichen Integration der Abstandswaffe GBU-48 in den Eurofighter. Das TaktLwG 31»B« unterstützte dabei mit drei Maschinen und einigem Personal. Für den Nörvenicher Verband war dies ein wichtiger Meilenstein, galt es doch für Anfang 2018 der NATO Response Force die Luft-Boden-Kampffähigkeit des Eurofighters zur Verfügung zu stellen.

Start eines Eurofighters in Vidsel, Schweden mit vier GBU-48 Gleitbomben. Die Gruppe »Technik, Taktik und Weiterentwicklung von Verfahren (TTVG)« gehört zum TaktLwG 31 »B« und ist mit ihrem sehr erfahrenen Personal intensiv bei allen Projekten hinsichtlich der Fähigkeitsverbesserung am Eurofighter eingebunden. Sie stellt sicher, dass ein für den Einsatz optimal nutzbares Paket der Truppe zur Verfügung gestellt wird und gießt neue Funktionalitäten in entsprechende gut anwendbare und realitätsnahe Verfahren.

Dies war nötig, da das Geschwader ab 2018 der NATO-Response-Force (NRF) für diese Rolle zugeteilt werden sollte. Eine wichtige Vorbereitung dafür war die jährliche Teilnahme an der Übung »Frisian Flag« vom 27. März bis 7. April. Dort wurden die Eurofighter der Einheit erstmals ausschließlich in der Luft-Boden-Rolle eingesetzt.

Am 17. August 2020 im Rahmen von »Blue Wings 2020« landeten erstmals Kampfjets der israelischen Luftwaffe in Nörvenich. Die Besatzungen wurden herzlich von den Angehörigen des TaktLwG 31 »B« empfangen. Anschließend fanden intensive Übungen mit den Gastgebern statt.

Am 24. Oktober 2017 erreichte der Verband seine 20.000. Flugstunde, geflogen von Oberstleutnant Timo Heimbach. Kurz vor Ablauf des Jahres klappte es dann noch, der Verband übernahm offiziell die GBU-48 und meldete sich gleichzeitig einsatzbereit für die Luft-Boden-Einsatzrolle. Das Waffensystem Eurofighter stand nun ab 2018 der schnellen Eingreiftruppe der NATO zu Verfügung. Am 30. November löste Oberstleutnant Danilo Schlag Oberst Stefan Kleinheyer an der Spitze des Verbands ab. Zu dieser Zeit zählt der Verband rund 1100 Geschwaderangehörige und 31 Eurofighter.

Nachbarschaftstreffen: Die beiden Flugplätze liegen nur weniger Kilometer auseinander, Eurofighter des TaktLwG 31 »B« mit einem recht neuen A321 der Flugbereitschaft BMVg.

Am 5. Juni 2019 erreichte der Verband seine 25.000. Gesamtflugstunde auf dem Eurofighter. Mitte August richtet der Verband die Übung »Snap 2019« aus, hierbei ging es um die Koordinierung verschiedener Einsatzkräfte aus der Luft und am Boden.

Nach einer langen Zeit der Vorbereitung, maßgeblich durch das TaktLwG 31 »B«, begann am 8. April 2020 die Großübung »Red Flag« auf der Nellis AFB in Nevada, USA. Durch die Corona-Pandemie wurde die Veranstaltung allerdings vorzeitig beendet.

Am 17. Januar 2021 erhielt das Geschwader den Prinz-Heinrich-Preis für besondere Leistungen im Jahr zuvor. Ende Mai verlegten Teile des Verbandes nach Rovaniemi, um gemeinsam mit acht Nationen an der Übung »Arctic Challenge Exercise 2021« teilzunehmen. Die Übung wird unter anderem dazu genutzt, um das Personal für die Teilnahme an der NATO Response Force zu zertifizieren. Mit 45 Soldaten und sechs Eurofighter nahm zwischen Mitte und Ende August 2021 eine Abordnung an der Übung »Baltic Hunter« von Laage aus teil.

Ein besonderes Highlight stellte die Teilnahme eines Kommandos des TaktLwG 31 »B« bei der Übung »Blue Flag« vom 17. bis 29. Oktober in Israel dar. Bei dieser Hochwertübung trainierten die Nörvenicher mit NATO-Partner wie den USA, Frankreich, Großbritannien, Italien, Griechenland und Israel insbesondere die Durchführung von multinationalen Luftoperationen.

Blue Flag 2021

Vom 17. bis 29. Oktober 2021 beteiligte sich die Luftwaffe unter Führung des TaktLw G 31 »B« mit 160 Soldatinnen und Soldaten sechs Eurofightern an der multinationalen Großübung »Blue Flag« auf der Ovda-Airbase. Die Übung gehört zu den anspruchsvollsten weltweit. Neben Israel beteiligten sich diesmal Abordnungen aus sieben weiteren Ländern, so viele wie nie zuvor. Mit dabei waren z.B. Mirage 2000 aus Indien und erstmals Kampfflugzeuge der RAF mit sechs Typhoons. Das deutsche Kommando war schon am 12. Oktober eingetroffen, um sich vor Beginn vorbereiten zu können. Der Flugplatz liegt im Süden Israels, 40 km nördlich des Badeorts Eilat.

Der sogenannte »Eagle Star« stellte das Aushängeschild des deutschen Kommandos dar. Die 31+37 verdeutlicht auf außergewöhnliche Weise die mittlerweile sehr enge Beziehung der deutschen und der israelischen Luftwaffe. Im Rahmen der Verlegung fand auch ein Überflug der Knesset mit zwei Eurofightern statt.

Auch ein Doppelsitzer war Teil des Kommandos. Insgesamt nahmen über 60 Kampfflugzeuge an der Übung Teil. Die Luftwaffe beteiligte sich das dritte Mal, zuvor schon 2017 und 2019.

Auch nachts wurde geflogen. Die Luftwaffe konnte sich einmal mehr auf ihr leistungsfähiges Waffensystem verlassen.

Das Waffensystemunterstützungszentrum 1

Das Waffensystemunterstützungszentrum 1 (WaSysUstgZ 1) stellt das Kernelement der Waffensystemlogistik für die fliegenden Waffensysteme der Luftwaffe dar. Das Aufgabenportfolio des Verbandes umfasst die Instandhaltung von unterschiedlichen Luftfahrzeugen, deren Triebwerken und einer Vielzahl von Luftfahrzeugkomponenten aller Teilstreitkräfte, in Verantwortung der Luftwaffe und in Kooperationen mit zivilen Industriepartnern. Die Unterstützung des Waffensystems Eurofighter bildet dabei den Schwerpunkt der Industriekooperationen.

Moderne Fliegende Waffensysteme werden immer komplexer in der Entwicklung, Einführung und im Betrieb. Durch die Kooperation zwischen Luftwaffe und den zivilen Industriepartnern Airbus Defence and Space, MTU Aero Engines und Autoflug verschafft sich die Waffensystemlogistik mit geringem eigenem personellem Aufwand eine umfassende Systemkenntnis. Dadurch hat die Luftwaffe die Befähigung, dem stetig steigenden Anforderungsprofil moderner Technologie Rechnung zu tragen und jederzeit entscheidungskompetent zu sein.

Hand in Hand arbeiten die Soldaten des Waffensystemunterstützungskommandos 1 mit den Mitarbeitern von Airbus zusammen.

Die große und moderne Halle bietet Bearbeitungsplätze für insgesamt 16 Eurofighter.

Die Eurofighter-Einsatzverbände greifen im täglichen Flugbetrieb auf die umfangreiche Expertise des Waffensystemunterstützungszentrums 1 zurück. Im Systemunterstützungszentrum Eurofighter werden neben Systemanalysen einsatzrelevante und operationell notwendige Änderungen an der Luftfahrzeugsoftware durchgeführt. Während einer Neu- oder Weiterentwicklung von Kampfflugzeugen und unbemannten Luftfahrzeugen leistet das WaSysUstgZ 1 mit seinen Waffensystemunterstützungsteams einen wichtigen Beitrag zur Entwicklungsbegleitung und Einführungsunterstützung.

Das Waffensystemunterstützungszentrum 1 ist mit seinen insgesamt rund 1.000 Angehörigen auf 13 Standorte im In- und Ausland verteilt. Die Kenntnisse und Fähigkeiten der Soldatinnen und Soldaten sowie Zivilbeschäftigten, insbesondere für die Instandhaltung von Luftfahrzeugen, machen den Verband zu einer Hochwertressource innerhalb der Luftwaffe. Die Spezialisten aus der Luftfahrttechnik, IT und Logistik leisten einen sehr wichtigen Beitrag für die Einsatzbereitschaft der fliegenden Waffensysteme der Luftwaffe und der gesamten Bundeswehr. Obwohl das Waffensystemunterstützungszentrum 1 eine ortsfeste Instandhaltungseinrichtung der Luftwaffe ist, sind Teile des Personals mit seinen umfassenden Fachkenntnissen und weitreichenden Erfahrung in mobilen Instandhaltungstrupps jederzeit weltweit einsetzbar.

Instandsetzungs- und Modifikationsmaßnahmen am Waffensystem Eurofighter werden in der Instandsetzungskooperation Kampfflugzeuge mit der Firma Airbus Defence and Space durch Soldatinnen und Soldaten Hand in Hand mit Firmenmitarbeitenden am Standort Manching durchgeführt. Die Leistungen der »Eurofighter Kooperation Zelle« (EKZ) umfassen planbare Inspektionen, tiefergehende, nicht durch die Fliegenden Verbände durchführbare Instandsetzungen, Modifikationen sowie Bedarfsinstandsetzungen in den Einsatzverbänden, aber auch Sonderaufgaben wie Landtransporte und Bergungen von Luftfahrzeugen. Das Mitwirken der militärischen Anteile innerhalb dieser Kooperation reicht von Prozessmanagement über ingenieurtechnische Betreuung bis hin zur Instandsetzungsdurchführung und der damit einhergehenden Qualitätssicherung.

Für Triebwerke besteht eine vergleichbare Kooperation mit dem nationalen Triebwerkshersteller MTU Aero Engines an den Standorten Erding und München. Die Instandsetzungskooperation Triebwerke bündelt das operative technisch-logistische Knowhow der Luftwaffe bei der Betreuung und Materialerhaltung von Triebwerken mit den industriell-betriebswirtschaftlich ausgerichteten Prozessen. Die Soldatinnen und Soldaten arbeiten auf Augenhöhe mit dem Industriepersonal und sind dazu fest in die Strukturen des Vertragspartners MTU Aero Engines integriert. Sie stellen unter anderem die technisch-logistische Betreuung des Triebwerks EJ200 sicher.

In Kooperation mit der Firma Autoflug werden Rettungs- und Sicherheitsgerät fliegender Waffensysteme der Bundeswehr an den Standorten Rellingen und Ummendorf bearbeitet. Für den Eurofighter wird die Instandhaltung des Schleudersitzes MK16A und das Packen des Bremsschirms sichergestellt.

Alle technischen Fragen, die während des Flugbetriebs in den Verbänden und in Einsätzen auftreten, werden in der kooperativen Einrichtung »Systemunterstützungszentrum Eurofighter« (SUZ EF) aufgenommen, analysiert und einer Lösung zugeführt. Derzeit arbeiten mehr als 90 Soldaten der »Waffensystemgruppe Eurofighter« des Systemzentrum 14 und über 100 Airbus Defence and Space Mitarbeiter in gemischten Teams in dieser Kooperation. Zusammen leisten sie umfänglich die nationale technische Unterstützung für die deutsche Eurofighter-Flotte. Obwohl die generelle Betreiberverantwortung formal bei Airbus Defence and Space liegt, werden wichtige Entscheidungen gemeinsam und einvernehmlich mit dem militärischen Anteil getroffen. Im SUZ EF verstehen sich beide Seiten als gleichberechtigte Partner und verfolgen gemeinsam das Ziel »Save the Mission«.

Auch mit der MTU besteht eine enge Zusammenarbeit hinsichtlich der Triebwerksinstandhaltung.

Auch diverse Komponenten werden gewartet, wie hier der Eurofighter-Schleudersitz.

Als zentraler Ansprechpartner für die Luftwaffe und den Amtsbereich sowie deutscher Eingangs- und Koordinationspunkt für alle nationalen und internationalen Anfragen wurde das User Help Desk des SUZ EF etabliert. Tritt in einem Einsatz-Verband an einem der Luftfahrzeuge ein technisches Problem auf, das vor Ort nicht gelöst werden kann, wird eine Anfrage an das User Help Desk gestellt, einer Systemanalyse unterzogen und bearbeitet. Im SUZ EF ist die Fachexpertise für das gesamte Waffensystem vorhanden, da auch die Möglichkeit besteht, sich direkt auf die ebenfalls am Standort Manching vorhandenen Airbus Defence and Space Fachbereiche abzustützen. Für spezielle Detailfragen können die EF-Partnerfirmen hinzugezogen werden.

Das SUZ EF ist darüber hinaus verantwortlich für nationale Pflege- und Änderungsmaßnahmen des Waffensystems (Hardware, Software und Waffenintegration), die über den Entwicklungsanteil von Airbus hinausgehen. Mit der Eurofighter-Testanlage (Eurofighter-Rig) steht dem SUZ EF für seine Aufgaben eine einzigartige Testumgebung zur Verfügung, die die komplette Avionik des Waffensystems abbildet. Dies ermöglicht die Simulation von Fehlern am Boden sowie im Flug und den Test von Softwareänderungen im Rahmen der Entwicklung. Damit werden nationale Software-Änderungsprojekte in unterschiedlichen Integrationsstufen verifiziert und zur Zulassung gebracht.

Zukunftsorientierte Schwerpunkte bilden die internationale Entwicklungsbegleitung und Einführungsunterstützung neuer Fähigkeiten unter anderem auch am Waffensystem Eurofighter gemeinsam mit Partnerfirmen im Ausland. Diese umfangreichen und fachlich komplexen Aufgaben werden durch Luftfahrzeugführer und Ingenieure des Waffensystemunterstützungszentrums 1 im »Waffensystemunterstützungsteam Kampfflugzeuge« wahrgenommen.

Die Industriekooperationen verbinden die Vorteile der militärischen und der industriellen Welten eng miteinander und sind somit ein Gewinn für beide Seiten.

Die militärischen und industrieunabhängig agierenden Instandsetzungszentren des Waffensystemunterstützungszentrum 1 leisten ebenfalls einen wesentlichen Beitrag zur Einsatzbereitschaft der fliegenden Waffensysteme der Luftwaffe.

Das Instandsetzungszentrum 11 (InstZ 11) mit seinen rund 200 Mitarbeitern und Mitarbeiterinnen zog im Laufe des Jahres 2021 von Erding nach Manching um. Zuvor waren auf dem Bundeswehrgelände in Manching zwölf moderne Gebäude entstanden, ein Verwaltungs- und elf Werkstattgebäude. Die Einheit verantwortet die Instandsetzung und Überarbeitung einer großen Palette unter anderem von Eurofighter und Tornado-Komponenten wie z.B. Tragflächen, Seitenruder, Tailerons und Kabinendächer aber auch diverser elektrischer Bauteile für die Maschinen, die gerade eine Instandhaltungsmaßnahme erhalten. Durch den Umzug entfallen künftig lange Transportwege und -zeiten. Weiterhin werden durch die Spezialisten des InstZ 11 Modifikationen und Hochrüstungen an verschiedenen Luftfahrtkomponenten durchgeführt. Fachtätigkeiten an allen Luftfahrzeugen der Bundeswehr wie z.B. zerstörungsfreie Werkstoffprüfung und Korrosions- und Oberflächenbehandlung runden das Leistungsspektrum ab.

Das Instandsetzungszentrum 12 in Ummendorf hat sich auf die Instandsetzung und Grundüberholung mit Schwerpunkt Hydraulikkomponenten und diversen mechanischen Bauteilen wie z.B. Fahrwerke, Bremsen, Aktuatoren der Flugsteuerung und Druckluftbehälter für einige Luftfahrzeuge der Bundeswehr, darunter auch für den Eurofighter, spezialisiert. Dem InstZ 12 steht eine der modernsten galvanischen Anlagen, die einzige in dieser Größe in der Bundeswehr, zur Verfügung. Als Teil der Instandsetzungskooperation Rettungsgeräte mit der Firma Autoflug werden in Ummendorf und in Rellingen Rettungs- und Sicherheitsgerät fliegender Waffensysteme wie z.B. die Schleudersitze des Eurofighter bearbeitet.

Das Instandsetzungszentrum 13 in Landsberg am Lech hat sich auf die Überholung und Instandsetzung einer großen Anzahl von Avionik-Bauteilen (wie z.B. der Hochfrequenztechnik, Kommunikations- und Fernmeldesysteme, Flugregelgeräte, Prozessrechnertechnik, Waffenelektronik und Sensortechnik) spezialisiert, natürlich auch für den Eurofighter. Zum Fähigkeitsprofil gehört auch die Möglichkeit der Softwarepflege- und Änderung. Hierfür können die Angehörigen auf modernes Prüfgerät zurückgreifen.

Als Teil der Infrastruktur der Eurofighter GmbH in Hallbergmoos stellt der Verband die Dienststelle »Dienstältester Deutscher Offizier/Deutscher Anteil« (DDO/DtA) im International Weapon System Support Center (IWSSC). Dieses Zentrum besteht aus Angehörigen aller beteiligten Eurofighter-Nationen, Vertretern der NETMA und der Industrie. Es stellt eine enorm wichtige, zentrale Schnittstelle zum Informationsaustausch hinsichtlich der täglichen Flugbetriebs-Erfahrungen dar. Weiterhin werden im IWSSC unterschiedliche Forderungen der Nationen harmonisiert und bei Problemen eine möglichst gemeinsame Lösung gesucht und initiiert. Darüber hinaus koordiniert das IWSSC den Ablauf von eingeplanten Modifikationsmaßnahmen am Eurofighter.

Das Waffensystemunterstützungszentrum 1 nimmt durch seine Expertise und Erfahrung bezüglich dem Eurofighter eine ganz zentrale Rolle hinsichtlich des Einsatzbetriebs des Waffensystems ein und wird es auch in den nächsten Jahren weiter maßgeblich begleiten.

Das Technische Ausbildungszentrum der Luftwaffe Abteilung Süd

Der Bereich Technik nimmt neben der Ausbildung bei der Luftwaffe einen besonderen Stellenwert ein. Die hochkomplexe Ausrüstung des fliegenden Gerätes benötigt eine umfangreiche Betreuung inklusive einer kontinuierlichen Wartung und Instandhaltung. Die Ausbildung auf diesen vielfältigen Gebieten wird durch das Technische Ausbildungszentrum der Luftwaffe (TAusbZLw) abgedeckt. Das TAusbZLw gliedert sich in die Abteilung »Nord« an den beiden Standorten Faßberg und Wunstorf und die Fachschule der Luftwaffe in Faßberg sowie in die Abteilung »Süd« in Kaufbeuren. Insgesamt verfügt das Technische Ausbildungszentrum der Luftwaffe über rund 1020 Angehörige, 710 Soldaten und 310 Zivilangestellte. Pro Jahr werden über 140.000 Ausbildungsstunden gehalten. Neben verschiedenen Luftfahrzeugen stehen dem Verband moderne Trainingsgeräte zur Verfügung.

Die luftfahrzeugtechnische Ausbildung am Waffensystem Eurofighter findet im Wesentlichen beim TAusbZLw Abteilung Süd in Kaufbeuren statt und bildet eine der Voraussetzungen für den sicheren Betrieb des Waffensystems. Der Verband, damals noch als Technische Schule der Luftwaffe 1, verantwortet dieses wichtige Aufgabenspektrum seit dem Jahr 1981. Erfahrenes Lehrpersonal mit der jeweiligen Fachausbildung führt sowohl die theoretische Ausbildung im Hörsaal, als auch die praktische Ausbildung an drei Ausbildungsluftfahrzeugen durch. Dies geschieht im Dreischichtbetrieb von früh morgens bis in die Nacht. Hierfür werden die Luftfahrzeuge, wie in einem fliegenden Verband auch, durch eine technische Unterstützungsgruppe gewartet, instandgesetzt und bereitgestellt sowie auf dem neuesten technischen Stand gehalten. Die Luftfahrzeuge sind zeitweise an die Schule kommandiert, ihre Verweildauer als Ausbildungsobjekt kann mehrere Jahre betragen. Anfang 2023 waren drei Eurofighter der Dienststelle zur Ausbildung zugeordnet, die 30+09 (in Tiger-Lackierung), die 30+63 und die 31+10.

Auch aufgrund der komplexen und umfangreichen Eurofighter-Technik bietet die Dienststelle ein weites Spektrum von Ausbildungslehrgängen an. Im Einzelnen:

- Fluggerätmechanik Eurofighter Fachrichtung Mechanik
- Fluggerätmechanik Eurofighter Fachrichtung Rettungs- und Sicherheitsgerät
- Fluggerätmechanik Eurofighter Fachrichtung Bewaffnung
- Luftfahrzeugavionik Eurofighter Fachrichtung Ausrüstung
- Luftfahrzeugavionik Eurofighter Fachrichtung Flugregelung
- Luftfahrzeugavionik Eurofighter Fachrichtung Rechennavigation und Waffenelektronik
- Luftfahrzeugavionik Eurofighter Fachrichtung Hochfrequenztechnik
- Systemprüfoffizier(in) Eurofighter Avionik
- Systemprüfoffizier(in) Eurofighter Teil Mechanik

- Ergänzungsausbildung Boroskopie EJ200 Eurofighter
- Ergänzungsausbildung Supersonic Fuel Tank Eurofighter
- Ergänzungsausbildung BPL (Bodenprüflauf) III Waffensystem Eurofighter
- Ergänzungsausbildung BPL (Bodenprüflauf) I Waffensystem Eurofighter
- Ergänzungsausbildung Armament System Special Inspection Eurofighter
- Ergänzungsausbildung Fiber Optic Repair Kit Eurofighter
- Ergänzungsausbildung Backlashtester Eurofighter
- Ergänzungsausbildung HFC (Hydrofluorocarbons) Drain/Fill
- Ergänzungsausbildung Waffenanlage Eurofighter für Luftfahrzeugwaffen-/Munitionstechnik
- Praktikum Systemingenieur(in) Ausbildung Eurofighter
- General Familiarization Course Eurofighter

Insgesamt über 300 Trainingsteilnehmer und Teilnehmerinnen absolvieren jährlich einen der 4 bis 183 Tage andauernden Schlungen, sie werden durch 36 Ausbilder und Ausbilderinnen des TAusbZLw betreut und angeleitet.

Sie können zusätzlich zu den drei Luftfahrzeugen auf spezielles Trainingsgerät zurückgreifen, und zwar:

- Weapon Loading Trainer (WLT) – Waffenbeladetrainer
- Crew Escape and Safety Trainer (CESST) - Trainer für Arbeiten an Rettungs- und Sicherheitssystemen des Luftfahrzeuges
- Maintenance Simulator Trainer (MST) – Virtuelles Abbild des Eurofighters, um sich besser auf praktische Wartungstätigkeiten vorbereiten zu können
- Triebwerks Rig EJ200 – Teilnachbau des hinteren Rumpfes des Eurofighters mit einem originalen Triebwerk EJ200 für die optimale Triebwerksausbildung

Bezüglich der Trainingsdurchführung ist das Zentrum modern aufgestellt. Die Trainings finden nämlich fast vollständig papierlos statt. Die Trainingsteilnehmer und Teilnehmerinnen sowie das Lehrpersonal sind mit Laptops ausgestattet, die Hörsäle sind voll vernetzt und beinhalten Smartboards sowie Beamer. Die Unterkünfte verfügen über Zugang zum Ausbildungsnetzwerk sowie zum Intranet und Internet.

Die Trainings werden mit Hilfe von modernen Lernmanagementsystemen und Mediendatenbanken durchgeführt. Diese wurden entwi-

Die 98+31, später die 30+01, diente als Ausbildungsflugzeug bei der Technischen Schule in Kaufbeuren. Heute fliegt die Maschine noch beim TaktLwG 73 »S«.

Die 31+14 war zeitweise Ausbildungsflugzeug beim TAusbZLw Süd.

In der Halle 313 stehen die Ausbildungsflugzeuge des TAusbZLw Süd. Darunter nun auch der bekannte Eurofighter 30+09, der vorher als Tiger beim TaktLwG 74 im Einsatz war.

ckelt, um Lehr- und Lernprozesse im E-Learning zu unterstützen und Lernmaterialien sowie Nutzerdaten zu verwalten. Die verwendeten webbasierten Systeme ermöglichen die Bereitstellung von Lerninhalten, die Organisation von Lernvorgängen und die digitale Kommunikation zwischen Lernenden und Lehrenden.

Die Ausbildung wird durch weitere digitale Hilfsmittel wie Vortragsmedien und Lernunterlagen im Webseitendesign, Simulatoren und digitale Übungsmöglichkeiten wie Selbstlernaufgaben und Wissensüberprüfungen ergänzt. Zum Teil werden Trainings auch als Fernlehrgänge (Theoriephase online) angeboten.

Es ist geplant, den Betrieb des Eurofighters in den DEMAR Regelungsraum (German European Military Airworthiness Requirements) zu überführen, was zugleich eine DEMAR-konforme Ausbildung bedingt. Dadurch wird die Einhaltung vergleichbarer internationaler Standards sichergestellt, um zukünftig eine Interoperabilität mit Partnernationen zu erreichen.

Durch die moderne und umfangreiche Ausstattung ist das TAusbZLw Abteilung Süd sehr gut in der Lage, die herausfordernden Ausbildungsaufgaben in Verbindung mit einem derart komplexen Waffensystem, wie es der Eurofighter darstellt, sicherzustellen.

Die originalen Eurofighter ermöglichen ideale Ausbildungsmöglichkeiten für die angehenden Flugzeug-Techniker der Luftwaffe.

Start des IPA3, dem aktuell einzigen Eurofighter der WTD 61 in Manching.

Auf Herz und Nieren

Test, Weiterentwicklung und Nutzugsunterstützung des Eurofighters beim BAAINBw und bei der WTD 61

Das Bundesamt für Ausrüstung, IT und Nutzung der Bundeswehr in Koblenz nimmt in enger Zusammenarbeit mit dem Bundesverteidigungsministerium die nationalen Interessen beim Eurofighter-Programm wahr. Beschlüsse auf nationaler Ebene finden dann Eingang in das NETMA-Gremium, das eine multinationale Abstimmung anstrebt und als eigentlicher Vertragspartner zur Eurofighter und Eurojet GmbH auftritt.

Die Bearbeitung der komplexen und intensiven Thematik erfolgt innerhalb der Abteilung »Luft« im Referat 6 »Eurofighter«. Darunter angeordnet finden sich drei Referate, L6.1 verantwortet die Weiterentwicklungs-Planung, den Export, den Haushalt, den Kontakt zur NETMA und kümmert sich um operationelle sowie querschnittliche Fragestellungen. Referat L6.2 konzentriert sich auf die Technik und auf das Eurofighter-Systemmanagement, L6.3 schließlich ist zuständig für die operationelle Nutzungsunterstützung des Waffensystems.

Aktuell richtet sich der Fokus insbesondere im Referat L6.1 zum einen auf die anstehenden Quadriga-Flugzeuge, die ja mit dem AESA-Radar ECRS Mk.1 ausgeliefert werden sollen. Die ersten Maschinen befinden sich in Manching schon in Bau, die Auslieferung soll im Jahr 2025 starten. Darüber hinaus gilt es die Fähigkeiten für eine Eurofighter-Version EK (elektronischer Kampf) als Ersatz des Tornado-ECR zu spezifizieren. Anfang 2023 war allerdings noch offen, ob hierfür tatsächlich zusätzliche Flugzeuge angeschafft, oder ob Fähigkeitserweiterungen als Modifikationslösung bei schon fliegenden oder eingeplanten Maschinen ins Auge gefasst werden sollen.

Nach dem Erstflug gratulierte Dieter Lauer, Leiter des Bereichs TBS 100, Testpilot OTL Harald Fehl. In der Mitte der damalige Dienstellenleiter der WTD 61, Werner Schenk.

Die in Manching beheimatete WTD 61 ist Teil des BAAINBw. Ausgewählte Spezialisten dieser Dienststelle begleiteten schon lange die komplexe Waffensystem-Erprobung und stellen somit fortlaufend Informationen über den jeweiligen Stand des Programms den Entscheidungsträgern im BMVg und BAAINBw zur Verfügung. Am 8. Juni 1994 flog erstmals ein Pilot der WTD 61, Oberstleutnant Harald Fehl, den Eurofighter. Zwei Jahre später, in der Zeit von März bis April 1996, erfolgte unter Leitung der WTD 61 eine eingehende Bewertung des Prototyps DA1. Bei diesem sogenannten »Preview« wurden Rollversuche und einige Flüge unternommen und der Entwicklungsstand vor allem bezüglich den Flugeigenschaften und der Ergonomie überprüft. Etwa 20 Mann aus den vier beteiligten staatlichen Erprobungsstellen wie Testpiloten, Fachingenieure und Flugversuchsingenieure kamen in Manching zusammen, weitere ca. 20 stellte die WTD 61 für Unterstützungsfunktionen, wie zum Beispiel Betrieb der Telemetrie und des Rechenzentrums

Der erste Flug mit einem Piloten der WTD 61 fand am 8. Mai 1994 statt.

zur Verfügung. Die Ergebnisse dieser objektiven Bewertung wurden in einem umfassenden Bericht festgehalten und bildeten eine Grundlage für die Beschaffungsentscheidung des Verteidigungsministeriums. Vier dieser »Previews« bestehend aus ca. 30 Flügen wurden mit der Industrie vereinbart, um an Hand eigener Bewertungsmethoden den Entwicklungsstand des Waffensystems verifizieren zu können. Insgesamt zehn Prozent aller Flüge standen den staatlichen Erprobungsstellen zur Verfügung.

Die WTD 61 unterstützte mit dem IPA 3 die Eurofighter-Verkaufsbemühungen in der Schweiz. Hier zu sehen in Emmen bei Luzern.

Am 8. April 2002 führte OTL Robert Hierl den Erstflug des IPA 3 (Initial Production Aircraft), einem Doppelsitzer, erfolgreich durch.

Wichtige Voraussetzung für das Gelingen dieses komplexen Erprobungsprogramms ist eine gute und offene Zusammenarbeit zwischen Industrie und der Amtseite. Die Testpiloten sowie auch ihre Kollegen aus den Fachdezernaten, sind fest in das Programm eingebunden und nehmen zusammen mit ihren Gesprächspartnern der Industrie regelmäßig an wichtigen Besprechungen teil.

Früh fanden Tests des sogenannten »Buddy-Buddy«-Betankungsverfahrens mit einem Tornado der WTD 61 statt.

Zunächst im Mittelpunkt der Detailbetrachtung standen zum Beispiel »VTAS« (Voice, Throttles and Stick = Sprache, Leistungshebel und Steuerknüppel) also direkte Spracheingaben an die Avionik, sowie ein von BAE Systems eigens für den Eurofighter konzipierter HEA-Avionikhelm mit Nachtkomponente. Bei den ersten Erprobungsflügen konnten die erfahren Testpiloten der WTD 61 das sehr gute Flugverhalten der Maschine konstatieren. Allerdings wurden auch leichte Defizite beim Radar, bei DASS und dem neuen HEA-Pilotenhelm festgestellt. Diese Ergebnisse ermöglichten dem BWB, (heute BAAINBw) diesbezügliche Nachverhandlungen mit der Industrie zu führen.

Im Laufe des Jahres 2008 übernahm die WTD 61 den zuvor noch der Industrie zur Verfügung stehende IPA 3 (Kennung 98+03). Dieses Flugzeug ist, wie alle IPAs, ab Werk speziell für Flugtestanlagen instrumentiert und mit einer Telemetrie-Anlage ausgestattet. Mit der Maschine begann dann als zunächst wichtigstes Vorhaben die Luftbetankung an einem MRTT. Weiterhin wurden neue Softwareversionen überprüft und diverse Beurteilungsflüge absolviert. Weiterhin wurde der IPA 3 mit Unterstützung der WTD 61 für eine Eurofighter-Verkaufskampagne in der Schweiz genutzt.

In der Folgezeit gab es viele weitere Herausforderungen im Zusammenhang mit dem Eurofighter zu meistern. So galt es die angekündigten Luft-Boden Fähigkeiten der Tranche 2-Maschinen zu überprüfen und auszutesten. Hieran schlossen sich diverse Waffen- und Ausrüstungsprogramme an.

Routinemäßig unternahmen die Piloten der WTD 61 übrigens den zweiten Abnahmeflug (PFAT »Production Flight Acceptance Test«) vor Auslieferung eines neuen Flugzeuges an die Luftwaffe und überprüften somit die Qualität des Produktes.

Am 18. Oktober 2016 erreichte der IPA 3 seine 800. Flugstunde bei der WTD 61.

Zur Überprüfung der Waffenintegration beim Eurofighter fand unter Federführung der WTD 61 und in enger Zusammenarbeit mit dem TaktLwG 31 »B« ab September 2017 eine umfangreiche Testkampagne in Schweden statt. Hierbei wurden, als weiterer Schritt für die Luft-Boden-Befähigung des Eurofighters, auf der Vidsel Test Range erstmals Laser- und GPS-gesteuerte GBU-48-Bomben abgeworfen. Außerdem erfolgte im Zuge der Erprobung die Überprüfung der dazugehörigen Waffenschlösser. Insgesamt 150 Personen von diversen Verbänden und Institutionen nahmen an der ca. siebenwöchigen Kampagne teil, ca. 35 davon von der WTD 61. Die Gesamtleitung lag in den Händen des technischen Regierungsdirektors Michael Gauckler, die fliegerische Verantwortung trug Testpilot OTL Stefan Ritter. Drei Eurofighter, zwei Einsitzer und ein Doppelsitzer des TaktLwG 31 »B«, kamen zum Einsatz. Während der Kampagne wurden 16 GBU-48 abgeworfen, davon sechs telemetrierte und zwei Gefechtsbomben. Dabei konnten alle Erprobungsziele im vorgegebenen Zeitrahmen erreicht werden.

Ein Jahr darauf, zwischen Ende Mai und Anfang Juli 2018, führte die WTD 61 zusammen mit TaktLwG 74 in Lossiemouth, Schottland eine notwendige Einsatzprüfung mit der Mittelstreckenwaffe AMRAAM durch. Die Waffe hatte zuvor eine neue Radar-Software erhalten. Zum Einsatz kamen drei Eurofighter des Neuburger Verbandes und der IPA 3 der WTD 61. Insgesamt 13 AMRAAM-Testflugkörper wurden verschossen. Während der Kampagne war die WTD 61 alleiniger Nutzer der Testrange Hebrides. Auch diese Verlegung war sehr erfolgreich.

In 2018 wurde am Standort Manching das »Kompetenzteam Antrieb Eurofighter« (KTAEF) unter Federführung der WTD 61 gegründet. Hierbei handelt es sich um eine Kooperation aus Beschäftigten der Erprobungsstelle, des Systemunterstützungszentrum Eurofighter, der Instandsetzungskooperation Triebwerk, sowie der Firmen MTU und IABG. Durch diesen verzahnten Ansatz zwischen Amtsseite und Industrie wird eine optimale, zentrale Kompetenz rund um den Antrieb des Eurofighters erreicht. So können z.B. Informationsflüsse vereinheitlicht, direkte Kommunikation ermöglicht, die Entscheidungsfähigkeit verbessert und Fachkompetenzen gebündelt und aufgebaut werden. Dies dient einer schnellen Lösungsfindung. Die KTAEF ist der zentrale Ansprechpartner für den Nutzer und fungiert als Sprachrohr für internationale Gremien.

Von Juni bis Juli 2019 richtete sich der Fokus ein weiteres Mal auf die GBU-48. Im Rahmen von ODIN (Operational Developments in Time for NATO) erfolgte eine weitere Kampagne im nordschwedischen Vidsel. Sie lief unter der Überschrift »End-to-End Test und Nachprüfung GBU-48«. Auch diesmal fun-

Dynamischer Start eines Eurofighters mit vier GBU-48 im September 2017 in Vidsel, Schweden.

Im Sommer 2018 war unter anderem der IPA 3 der Dienststelle auf RAF Lossiemouth im Einsatz, um eine Einsatzprüfung mit der AMRAAM durchzuführen.

gierten die WTD 61 als Leitverband und wurde wieder maßgeblich durch das TaktLwG 31 »B« unterstützt.

Ziel war die Beseitigung von Einschränkungen in der Genehmigung zur Nutzung hinsichtlich der »Lost Laser Logic« der GBU-48, sowie die Freigabe eines neuen Zünders in Verbindung mit dem Wirkkörper MK83-TIP der GBU-48. Insgesamt 24 Abwürfe fanden statt, u.a. vier scharfe Gefechtsbomben.

Parallel nutzte man die Möglichkeit vor Ort auch um einen neuen Softwarestand bei der IRIS-T zu verifizieren. Acht Luft-Luft-Flugkörper wurden verschossen. Zum ersten Mal überhaupt wurde dabei eine scharfe IRIS-T vom Eurofighter verschossen.

Die Kampagne erstreckte sich über einen Zeitraum von insgesamt sechs Wochen. Für die Durchführung der Abwürfe standen drei Luftfahrzeuge des TaktLwG 31 »B«, zwei Einsitzer und ein Doppelsitzer, zur Verfügung.

Start des IPA 3 zu einem weiteren AMRAAM-Vorschuss im Erprobungsgebiet Herbrides, das von QinetiQ betreiben wird. Die AMRAAM ist unter dem Rumpf hinten rechts zu sehen.

Von Ende September und Anfang Oktober 2019 erprobte die WTD 61 mit fachlicher Zuarbeit vom Deutschen Zentrum für Luft- und Raumfahrttechnik das Luftdatensystem des Eurofighter. Ziel der Versuchskampagne war es, mit insgesamt acht Eurofightern eine Aussage über die Güte der neuen Luftdatensystemkalibriertabellen der Gesamtflotte Eurofighter zu erbringen. Jedes Luft-

Erste Tests zur Entwicklung eines effektiven und einsatzorientierten Verdichter-Waschverfahrens.

Gemeinsame Flüge mit einem Vermessungsflugzeug einer Cessna Citation II im Rahmen der Kalibrierung des Eurofighter-Höhenmessers.

Der RecceLite Pod wird an den IPA 3 angepasst.

datensystem hat einen positionierungsbedingten Messfehler welcher bestimmt, und mittels Kalibriertabellen korrigiert werden kann, bevor die Daten zur Anzeige gebracht werden. Anhand der erflogen Testdaten sollten die vorhanden Luftdatensystemmodelle des Eurofighters validiert und verbessert werden.

Die neuen Kalibriertabellen für das Luftdatensystem waren notwendig geworden, weil im Rahmen des regulären Betriebs aufgefallen war, und durch die WTD 61 nachgewiesen werden konnte, dass die barometrische Höhe falsch angezeigt wurde. Dieser Messfehler führte zur einer Limitation des Eurofighter auf Mach 0,5 für IFR Flugbetrieb (Instrumentenflug), wenn eine vertikale Separierung von 1000 Fuß (305 m) gefordert war. Diese Limitierung stellte eine wesentliche operationelle Einschränkung für den Eurofighter dar. Ebenfalls eingebunden war das Niederländische Zentrum für Luft- und Raumfahrt (NLR), das ein kalibriertes Vermessungsluftfahrzeug (Cessna Citation II) zur Verfügung stellte. In der Folge fanden diverse Flüge in verschiedenen Höhen und bei unterschiedlichen Geschwindigkeiten statt. Trotz sehr diffiziler Versuchskoordinierung und Durchführung konnte letztlich ein erfolgreicher Kampagnenabschluss erreicht werden.

Beim RecceLite-Pod handelt es sich um eine Version des von der israelischen Firma hergestellten und weltweit im Einsatz befindlichen Litening-Laser Designator Pods, der für die Steuerung von entsprechenden Gleitbomben verwendet wird. Der Litening II wird seit 2015 beim Eurofighter eingesetzt. Die Luftwaffe nutzt den RecceLite bereits beim Tornado und entschied den Behälter auch am Eurofighter zu verwenden. Zwar besteht eine weitgehende Ähnlichkeit zwischen Litening II und RecceLite doch verfügt letzterer über eine deutlich hervorstehende Datenlinkantenne. Um den RecceLite trotzdem kurzfristig einsetzen zu können, wurde entschieden ein verkürztes Zulassungsverfahren zu beschreiten, das aber zum einen vorläufig und zum anderen nur für ein eingeschränktes Flugspektrum im Unterschallbereich gültig war.

Im Jahr 2020 wurde die WTD 61 beauftragt den RecceLite für das gesamte Flugspektrum, also auch für den Überschallflug, zu qualifizieren. Auch Airbus Flight Test war Teil des Vorhabens. Dazu wurde der IPA 3 entsprechend modifiziert, denn im vorangegangenen Einsatzbetrieb waren Scheuerstellen am RecceLite festgestellt worden. Der erste Flug in Manching fand am 4. November 2020 statt. Die geplanten Überschallflüge fanden dann im Verlauf des Novembers von Wittmund aus über der Nordsee statt. Hierbei erreichte der IPA 3 eine Maximalgeschwindigkeit von Mach 1,74. Das Erprobungsvorhaben konnte nach dem letzten Flug in Wittmund am 19. November 2020 erfolgreich beendet werden.

Die Bundeswehr ist mit dem Eurofighter auch in Ländern im Einsatz, wie z.B. im Baltikum, die aufgrund der kalten Temperaturen Enteisungsmittel für die Start- und Landebahnen verwenden. Dieses lagert sich auf den Verdichterschaufeln ab und verschlechtert so die Leistung des Triebwerks. Eigentlich wäre deswegen regelmäßiges Triebwerkswaschen nötig, dies ist aber im Einsatzbetrieb aufgrund des extrem hohen Aufwands kaum möglich. Aus diesem Grund entwickelte die WTD zusammen mit den Verbänden ein Verfahren, das ein einsatzorientiertes Verdichterwaschen ermöglicht. Die Prozedur dauert insgesamt nur 30 Minuten statt 14 Stunden für beide Triebwerke. Es wird kein Reinigungsmittel benötigt, und die nun einfache Prozedur kann bei Außentemperaturen von bis -20 Grad durchgeführt werden. Der Prototyp des sogenannten »Hot Wash Rig« wird derzeit in der Truppe erprobt.

Für den Sommer 2024 plant die WTD 61 eine umfangreiche Kampagne in Schottland um Live-Schießen der Lenkwaffen AMRAAM und Meteor durchzuführen.

Der Eurofighter wird noch sehr lange, zumindest bis zur vollständigen Einführung des FCAS (geplant etwa im Jahre 2045), voraussichtlich im Einsatz bleiben. Das Waffensystem bietet enormes Weiterentwicklungspotential und so wird sich die WTD 61 in den kommenden Jahren noch sehr intensiv um das Muster kümmern. Um die vielen komplexen Aufgaben möglichst optimal bewältigen zu können, soll allerdings ein neuer, innovativer Weg beschritten werden. So ist geplant in Manching das Nationale Test- und Entwicklungszentrum Eurofighter (NaTE EF) aufzubauen. In einem integrierten Ansatz zwischen Industrie, WTD 61 und Luftwaffe soll es einen wesentlichen Beitrag zur Beschleunigung der diversen Entwicklungsvorhaben leisten. Im Fokus wird sicher auch die Betreuung und Weiterentwicklung des AESA-Radars stehen, das ja nicht nur in den neuen Maschinen installiert sein, sondern auch in den verbleibende Tranche 2 & 3-Flugzeugen nachgerüstet werden wird. Die als Teil des Quadriga-Auftrags bestellten drei IPAs spielen hierfür eine wichtige Rolle, sie stellen die notwendige Kapazität für die verschiedenen Vorhaben sicher.

Drei IPAs sind in Manching im Einsatz, während der IPA 3 von der WTD 61 betrieben wird, stehen IPA 7 und 8 Airbus Defence and Space zur Verfügung.

Neun Luftwaffen fliegen das Waffensystem Eurofighter Typhoon.

Im internationalen Einsatz

Royal Air Force

Als größter Partner spielt Großbritannien eine zentrale Rolle für das gesamte Eurofighter-Programm. Wie auch die deutsche Luftwaffe kalkulierte man anfangs die Abnahme von insgesamt 250 Maschinen. Im Jahre 1995 korrigierte man, wie alle anderen Mitgliedstaaten auch, diese ursprünglich genannte Zahl geringfügig nach unten und legte sich schließlich auf 232 Eurofighter, 195 Ein- und 37 Zweisitzer fest.

Die ursprüngliche Aufteilung (nach Umwidmung von zwei Maschinen der ersten Tranche für Österreich und dafür zwei zusätzlichen Tranche-2-Flugzeugen) sah vor, dass 53 Typhoons (35 Ein- und 18 Zweisitzer) der Tranche 1; 91 (85 Ein- und sechs Zweisitzer) der Tranche 2 und 88 (75 Ein- und 13 Zweisitzer) der Tranche 3 entstammen sollten. Der Eurofighter sollte den Tornado F.3 sowie den Jaguar ablösen.

Die RAF plante zunächst insgesamt sieben Einsatzstaffeln mit dem Typhoon auszurüsten, dazu eine Ausbildungs- sowie eine Testeinheit. Überzählige Maschinen sollten als Reserve zur Verfügung stehen und die Abdeckung der geplanten 25-jährigen Einsatzzeit garantieren.

Als erste Einheit erhielt die am 1. September 2002 in Warton aufgestellte No. 17 (R) Squadron den Eurofighter. Die Übergabe der ZJ803 erfolgte am 30. Juni 2003. Die 17. Staffel war als sogenannte OEU (Operational

Der Typhoon wird von der RAF am intensivsten genutzt. Diese Maschine gehört zur No 29. (R) Squadron, die als >>Operational Conversion Unit<< Schulungsaufgaben übernimmt.

Evaluation Unit) für die Erprobung- und Weiterentwicklung des Flugzeugs mitsamt seinen Waffen und Einsatzverfahren zuständig. Um eine möglichst reibungslose Einführungsphase zu erreichen, vereinbarte die RAF mit BAE das sogenannte »Case White«-Programm, welches eine maßgebliche Unterstützung der britischen Luftwaffe durch den Flugzeughersteller vorsah. Deswegen verblieben die ersten Maschinen auf dem BAE-Werksflugplatz von Warton, um eine möglichst enge Zusammenarbeit der beiden Partner zu gewährleisten. Hierbei wurden zusammen ca. 1300 Flugstunden erflogen und 20 RAF-Piloten sowie 166 Techniker ausgebildet.

Die erste Maschine an die Ausbildungsstaffel No. 29 (Reserve) Squadron wurde am 19. Mai 2004 übergeben. Diese Staffel war in ihrer Eigenschaft als OCU (Operational Conversion Unit) eigens für diese Aufgabe im September 2003 neu aufgestellt worden.

Zwei Doppelsitzer der RAF flogen am 27. Juni 2004 nach Singapur, um die dortige Ausschreibung bezüglich eines neuen Jagdflugzeuges zu unterstützen. Dieser erste Langstreckenflug zeigte neben der positiven Bewer-

Ein Typhoon mit Litening-Pod, der dem Piloten auf große Distanz hervorragende Bilder ins Cockpit liefert.

RAF Coningsby beheimatet mittlerweile fünf Eurofighter-Staffeln. Nicht selten finden hier täglich über 20 Typhoon Starts- und Landungen statt. Diese Kette bestehen aus drei Maschinen der 3. Staffel und einer der 29. Staffel sind kurz vor der Landung.

tung des Eurofighter durch Singapur (letztlich wurde allerdings die Boeing F-15T Eagle ausgewählt) eine für dieses frühe Stadium sehr gute Verlässlichkeit und Verfügbarkeit des Flugzeuges. Nachdem die Ziele des Einführungsprogramms »Case White« früher als angenommen erreicht werden konnten, packten die beiden noch in Warton stationierten Staffeln und verlegten auf ihren endgültigen Standort RAF Coningsby in der Grafschaft Lincolnshire in Westengland. Am 1. April 2005 begann die No. 17 (R) Squadron ihren Umzug, gefolgt von der No. 29 (R) Squadron am 1. Juli 2005.

Die RAF drückt bei der Integration der Maschine weiter auf Tempo und führte Versuche mit dem neuentwickelten Kurzstrecken-Flugkörper ASRAAM durch. Dazu verlegten im Jahre 2005 zwei Eurofighter der No. 17 (R) Squadron auf den US-Navy-Stützpunkt NAS China Lake in Kalifornien sowie auf die USAF Luftwaffenbasis Nellis AFB in Nevada, USA. Auch für den neuen Mittelstrecken-Flugkörper Meteor begann schon ab dem 15. Dezember 2005 die Testphase mit ersten Flügen.

Als erste Einsatzstaffel erhielt die ebenfalls in Coningsby stationierte No. 3 (Fighter) Squadron am 1. April 2006 ihren ersten Typhoon. Vorher mit dem Harrier ausgerüstet, war diese Staffel während ihrer langen Geschichte zeitweilig auf dem RAF Stützpunkt Gütersloh und Laarbruch beheimatet. Ab Anfang 2007 folgte die Umrüstung einer weiteren Einsatzstaffel, der No. 11 Sqn., die auch in Coningsby beheimatet ist und am 29. März 2007 offiziell wieder aufgestellt wurde. Diese Einheit war in den 70er Jahren mit der Lightning ausgerüstet und in Leuchars, Schottland stationiert. Später operierte die Staffel mit dem Tornado F.3 von RAF Leeming aus.

Schon mit ASRAAM operieren diese drei Zweisitzer. Eingerahmt von zwei Maschinen der Ausbildungseinheit No. 29 (R) Sqn. befindet sich eine Maschine der No. 17 (R) Sqn. Diese Einheit war in der Anfangszeit als »Operational Evaluation Unit« (OEU) für Tests- und Erprobungen rund um das neue Waffensystem zuständig.

Der Typhoon spielt eine sehr wichtige Rolle bei RAF. Die meisten Maschine verfügen schon über das P3 Software-Modifikationspaket und sind dadurch in der Lage ein weites Spektrum Waffen einzusetzen.

Als vierte Staffel und zweite Einsatzeinheit erhielt die No. 11 Sqn den Eurofighter Typhoon. Das Abfangen von russischen Militärmaschinen ist mittlerweile wieder sehr häufig nötig.

Neun Einsitzer am abendlichen Himmel über Großbritannien. Der Typhoon ist bei der RAF nur auf zwei Basen stationiert, neben RAF Coningsby im Süden auch auf RAF Lossiemouth in Schottland.

Nicht zuletzt aufgrund fehlender Budgets und Reduzierungsplänen bei allen vier Luftwaffen der Partnerländer zog sich die Bestellung der 3. Tranche deutlich in die Länge. Um die Produktion erstmal weiterlaufen lassen zu können, unterteile man die Tranche 3 in 3A und 3B und ersteilte im Juli 2009 eine feste Bestellung über insgesamt 112 Flugzeuge der Tranche 3A. Nur noch 40 Flugzeuge hiervon waren für die RAF vorgesehen. Durch diese Entscheidung hatte die RAF zu diesem Zeitpunkt nur 160 Typhoons bestellt, also deutlich weniger als die in 1997 geplanten 232 Maschinen.

Am 21. Oktober 2008 konnten die ersten zwei von insgesamt 91 Tranche 2 Flugzeugen ausgeliefert werden. Allerdings stockte anschließend der weitere Zulauf, denn durch die Vereinbarung mit Saudi-Arabien direkt 24 Tranche 2-Flugzeuge der Fertigungslinie von Warton für die RSAF zu verwenden, standen erstmal keine Flugzeuge für weitere RAF-Einsatzstaffeln zur Verfügung. Anfänglich war geplant diese 24 Flugzeuge als Teil der Tranche 2 anzuhängen, später wurde aber beschlossen sie in Tranche 3 umzuwandeln (sie waren Teil der insgesamt 40 Tranche 3-Flugzeuge der RAF).

Erst zum 6. September 2010 folgte mit der No. 6 Sqn. eine weitere Einheit, die mit Tranche 2 Flugzeugen von RAF Leuchars operierte und dort im März 2011 den Alarmrotten-Auftrag von der No.111 Sqn., der letzten Tornado F.3-Einheit, übernahm. Kurz darauf, im April 2011, gaben die britischen Typhoons ihr Kampfeinsatz-Debut im Rahmen der Operation »Unitfied Protector« über Libyen. Zehn Maschinen der No. 3, 11 und 29 (R) Sqn. verlegten Ende März auf die süditalienische Basis Gioia del Colle. Sie wurden dabei nicht nur für Luftraumpatrouillen, sondern auf für Luft-Boden-Einsätze genutzt. Für letztere kam die 500kg wiegende Paveway II zum Einsatz.

Auf dem schottischen Flugplatz Leuchars entstand zum 15. September 2012 mit der No. 1 (F) Squadron die nächste Einsatzstaffel. Um weitere Kosteneinsparungen zu ermöglichen, entschied die RAF den Flugplatz Leuchars zu schließen und weitere Einheiten auf RAF Lossiemouth zu konzentrieren. Deswegen verlegten die No. 6 und die No. 1 (F) Sqn. Mitte 2014 von Ost- nach Nordschottland.

Da der Eurofighter vollständig eingeführt war, entfiel die Notwendigkeit eine eigenständige OEU zu unterhalten und so löste die RAF zum 12. April 2013 die 17. Staffel auf. Die Funktionen wurde auf die No. 41 (R) Squadron übertragen, die als Test- und Erprobungsstaffel zu diesem Zeitpunkt den Tornado operierte. Ab dem 22. April 2013 erhielt die auf RAF Coningsby stationierte Einheit auch einige Typhoon FGR.4 hinzu.

Landung eines Typhoon FGR.4 im estnischen Ämari. Die Maschine gehört zur No. 9 (B) Squadron aus Lossiemouth. Bis auf eine Maschine des Staffelchefs tragen die Flugzeuge allerdings mittlerweile keine Staffelwappen mehr.

Bis Juli 2014 erhielten die ersten zwölf Tranche 2 Typhoons der RAF das sogenannte »Phase 1 Enhancement« (P1E), das hauptsächlich durch Software-Änderungen Systemverbesserungen ermöglichte. So war z.B. nun die modernere Paveway IV Präzisionswaffe statt zuvor die GBU-12 Paveway II nutzbar.

Ab dem 12. Januar 2015 erhielt die No. II (AC) Sqn. in RAF Lossiemouth als nächste Einsatzeinheit den Typhoon.

Am 3. Dezember 2015 verlegten sechs Maschinen nach Zypern auf den dortigen Standort RAF Akrotiri. Ihr Auftrag war es, zusammen mit Tornados der RAF Ziele des IS in Syrien und im Nordirak zu bekämpfen.

Am 14. Dezember 2017 stellte die RAF auf dem Standort Coningsby mit der No. 12 (B) Sqn. eine weitere

Der britische BT 014 mit vier Paveway IV-Präzisions-Luft-Boden-Waffen.

Staffel mit dem Typhoon auf, die als zunächst gemeinsame britisch-katarische Einheit die Ausbildung katarischer Piloten und Techniker sicherstellen sollte.

Da sich die Tranche 1-Maschinen auch bezüglich der Hardware deutlich zu den Flugzeugen der Tranche 2 und 3 unterscheiden, stellt sich eine Nachrüstung sehr aufwändig und damit teuer dar. Aus diesem Grund entschied die RAF im Januar 2018 die Tranche 1-Flugzeuge frühzeitig auszumustern. Darüber hinaus plante die RAF die Pilotenausbildung, ebenfalls aus Kostengründen, hin zu einem Training auf Einsitzern mithilfe intensiverer Nutzung von Simulatoren anzupassen. Folgerichtig sollten 16 Doppelsitzer ausgemustert und einer Hochwerteile-Gewinnung unterzogen werden. Das soll pro Flugzeug 50 Mio. Pfund einbringen.

Am 1. April 2019 erhielt mit der No IX (B) Sqn. in Lossiemouth als letzte Einsatzeinheit den Typhoon. Da erwartungsgemäß keine Bestellung für weitere Flugzeuge der Tranche 3B erfolgte, zeitigte sich das Ende der Produktion des Waffensystems. Am 27. September 2019 übernahm die RAF ihren 160. und letzten Typhoon.

Die Zukunft

Zwar wurde am 22. März 2021 veröffentlicht, alle Tranche 1 Typhoons bis 2025 vollständig auszumustern, gleichzeitig aber der Plan bekräftigt die verbleibenden Tranche 2 & 3 Flugzeuge auf den neuesten technischen Stand zu bringen. Das Verteidigungsministeriums teilte Mitte Juli 2022 mit für 2,35 Milliarden Pfund alle Tranche 3-Maschinen intensiv zu modernisieren. Zentral ist dabei das ECRS (European Common Radar Standard) AESA-Radar (zuvor als Captor E-Radar bezeichnet), das zu einer erheblichen Leistungssteigerung führen wird. Der Sensor unterscheidet sich deutlich zu dem ECRS Mk.0, das in den kuweitischen und katarischen Typhoons eingebaut wird und dem ECRS Mk.1 für die deutschen und spanischen Tranche 4-Eurofighter.

Die RAF betreibt ein ebenfalls auf RAF Coningsby beheimatetes Typhoon Display-Team. In 2015 trug diese Maschine eine sehr attraktive Bemalung angelehnt an das Tarnschema der Hawker Hurricans aus dem 2. Weltkrieg.

So fokussiert sich das britische Radar auf modernste und leistungsfähige Funktionen rund um den elektronischen Kampf. Zusammen mit den außergewöhnlichen Fähigkeiten im Bereich Detektion- und Verfolgung von mehreren Zielen in der Luft und am Boden bei sehr hoher Reichweite gilt das Radar deswegen als das derzeit weltweit modernste. Darüber hinaus ist die Integration des neuen Litening V-Zielbeleuchters vorgesehen. Es liegen 15 Jahre Entwicklungszeit zwischen diesem und dem aktuell genutzten Produkt Litening III, deshalb ist der Leistungssprung enorm. Mithilfe des Behälters ist z.B. die Brimstone Luft-Boden-Waffe sehr viel effektiver einsetzbar, weiterhin trägt er maßgeblich zu einer Reduzierung der Arbeitsbelastung des Piloten bei. Ins Auge gefasst wird auch neue Bewaffnung wie SPEAR 3, eine kleine Abstandswaffe mit eigenem Antrieb und deswegen deutlich größerer Reichweite im Vergleich zu Gleitbomben.

Um die vielen möglichen Fähigkeiten und Funktionen besser für den Piloten zu bündeln und darzustellen, wünscht man darüber hinaus die Einführung eines neuen, sehr großen Multifunktionsdisplays für den Piloten. Das sogenannte LAD (Large Area Display) befindet sich aktuell in der Erprobung bei BAE Systems. Es könnte gegen Ende des Jahrzehnts Einzug in das Typhoon-Cockpit halten. Auch wenn die RAF zukünftig deutlich weniger Typhoons betreiben wird, werden die verbleibenden Maschinen, nicht zuletzt durch die geplanten Modifikationspakete in der Luft-Luft aber auch Luft-Boden-Rolle eine zentrale Rolle für die RAF spielen.

Eher selten sind die britischen Typhoons »clean« ohne Aussenlasten zu sehen.

Die ZK304 der No. XI Squadron aus RAF Coningsby.

Zum 100. Jubiläum der RAF in 2018 erhielt die ZK318 der No. 29Sq. diese spezielle Markierung.

Italienische Luftwaffe

Italien, das von Anfang an zusammen mit den Partnerländern am Eurofighter-Programm beteiligt war, baut maßgeblich auch auf dieses moderne Kampfflugzeug. Zunächst sollte das Muster im Gegensatz zu den anderen Nutzern vornehmlich in der Jagd- und Abfangrolle zum Einsatz kommen, mittlerweile nutzt die AMI (Aeronautica Militare Italiana) das große Einsatzspektrum und setzt ihn auch in der Luft-Boden-Rolle ein. Der Eurofighter wird bei der AMI mit F-2000A Typhoon (Einsitzer) und TF-2000A Typhoon (Zweisitzer) bezeichnet.

Das südeuropäische Land am Mittelmeer stützte seine Landesverteidigung ab Anfang der 60er-Jahre vornehmlich auf den F-104G bzw. F-104S Starfighter, insgesamt 359 Maschinen der verschiedenen Versionen kamen hierbei zum Einsatz. Um den schon in den 80er Jahren betagten Starfighter in der Rolle des Jagdflugzeuges ablösen zu können, war Italien stark an der zügigen Realisierung der Eurofighter-Entwicklung interessiert. Insgesamt 165 Maschinen sollten angeschafft werden. Die verschiedenen Probleme und Verzögerungen im Programm machten eine frühe Einführung des Eurofighter allerdings unmöglich und setzte die italienische Luftwaffe unter Druck. Trotz diverser Modifikationen konnte der Starfighter nur noch sehr eingeschränkt verwendet und im Einsatz gehalten werden.

Die italienische Luftwaffe nutzte den Typhoon anfänglich vor allem in der QRA-Rolle. Schon ab dem 16. Dezember 2005 übernahm das moderne Kampfflugzeug zeitweise diese Aufgabe. Diese beiden Maschinen sind mit AIM-9 Sidewinder bestückt.

Insgesamt übernahm die AMI 96 Eurofighter, die F-2000A (Einsitzer) und TF-2000A (Doppelsitzer) bezeichnet werden.

Deswegen ergab sich in den 90ern die Notwendigkeit, als Übergangslösung und zur Unterstützung der verbleibenden F-104S insgesamt 24 Tornado ADV von der Royal Air Force zu leasen. Die Tornados wurden anschließend durch 30 F-16A ADF und vier F-16B ersetzt. Die Fighting Falcons waren bei zwei Staffeln im Einsatz, der 23° Gruppo (Staffel) der 5° Stormo (Geschwader) in Cervia sowie der 18° Gruppo, 37° Stormo in Trapani, Sizilien.

Nicht zuletzt um die gestiegenen Kosten zu kompensieren, reduzierte auch die italienische Luftwaffe im Verlauf die Anzahl der zu beschaffenden Eurofighter. Insgesamt sollten nun nur noch 121 Maschinen übernommen werden, 28 Eurofighter

Ein F-2000A Typhoon der 36° Stormo.

Abfangübungen über den italienischen Alpen!

(18 Einsitzer und 10 Zweisitzer) der ersten, 47 (44 Einsitzer und 3 Zweisitzer) in der zweiten und schließlich 46 (44 Einsitzer und 2 Zweisitzer) aus der dritten Tranche. Italien gab übrigens wie Spanien je einen Einsitzer aus der Tranche 1-Produktion für Österreich ab und erhielt dafür eine Tranche-2-Maschine mehr.

Am 19. Februar 2004 übernahm die AMI ihre erste Maschine, IT001, MM55092, die wie bei anderen Luftwaffen auch erst einmal zu Trainingszwecken für angehende Eurofighter-Techniker genutzt wurde. Kurz darauf, am 23. März 2004, erhielt die IX. Gruppo der 4° Stormo in Grosseto mit der IT002, MM55093 ihr erstes Einsatzflugzeug. Am 28. April 2005 landete die erste Maschine des 2. Blocks IS002, MM7270 von Alenia kommend in Grosetto. Kurz darauf, am 31. Oktober 2005, feierte die Einheit ihre 1000ste Flugstunde auf dem neuen Muster, während eines Fluges der in einem Zweisitzer vom italienischen Verteidigungsminister Antonio Martino live verfolgt wurde. Die IX. Gruppo nimmt Test- und Entwicklungsaufgaben wahr und ist für die Ausbildung angehender Eurofighter-Piloten zuständig.

Der 16. Dezember 2005 markierte ein wichtiges Datum für das komplette Programm. An diesem Tag übernahmen der Eurofighter erstmals operationelle Aufgaben als Teil einer ständigen Alarmrotte (QRA). Die italienische Luftwaffe war somit die erste, die den Eurofighter auf diese Weise einsetzte. Die in Februar 2006 in Turin stattfindenden olympischen Winterspiele wurden regelmäßig durch Eurofighter aus der Luft überwacht.

Als zweite Einheit erhielt ab Mitte 2004 die XX. Gruppo der 4° Stormo den Eurofighter. Am 13. Oktober 2004 endete die lange Einsatzzeit des F-104S Starfighter im 4. Geschwader und das neue, sehnsüchtig erwartete Waffensystem hielt offiziell Einzug.

Mit den Eurofightern der Tranche 2 wurde zunächst die 12° Gruppo der 36° Stormo in Gioia del Colle in Süditalien ausgerüstet. Diese Staffel flog den Tornado F.3 und operierte übergangsweise die Alenia Aermacchi MB339CD. Die ersten Flugzeuge trafen am 1. Juli 2007 ein. Es dauerte aber noch bis ins Jahr 2009 bis diese Einheit vollständig mit dem modernen Kampfflugzeug ausgerüstet war. Ab Juli 2010 folgte dann die Umrüstung der ebenfalls zur 36° Stormo gehörenden 10° Gruppo.

Der Libyeneinsatz 2011 machte der AMI deutlich, dass sie langfristig eine Abfangjägerstaffel auf Sardinien stationieren musste. Zu diesem Zeitpunkt übernahmen noch ältere F-16A ADF der 37° Stormo diese Aufgabe. Ursprünglich war die Auflösung diese Einheit nach Rückgabe der F-16 geplant gewesen, doch nun rüstete man die 18° Gruppo des Geschwaders ab September 2012 auf den Typhoon um.

Der Erstflug eines italienischen Tranche-3A-Typhoons erfolgte am 30. Mai 2014.

Aus Kotengründen verzichtete die AMI im Jahre 2016 dann allerdings auf die Bestellung der Tranche-3B-Flugzeuge, sodass sich die Anzahl des letzten Bauloses von 46 auf 21 und somit auf insgesamt 96 Flugzeuge reduzierte.

Mittlerweile ist der Eurofighter auch im Norden Italiens auf der Basis Istrana permanent präsent. Ab Ja-

Am 10. April 2017 wurde der insgesamt 500. Eurofighter an die AMI geliefert.

An der Hochwertübung »Blue Flag« 2019 auf der Ovda-Base in Israel nahmen unter anderem Typhoons der 37° Stormo aus Trapani teil.

nuar 2017 wurden dort abwechselnd zunächst je zwei Maschinen der 4°, 36° und 37° Stormos temporär stationiert, um auch diesen Bereich Italiens hinsichtlich Luftverteidigung abdecken zu können. In Istrana residierte die 51° Stormo mit dem Kampfflugzeug AMX. Sukzessive wurde die Anzahl Eurofighter erhöht und schließlich die Entscheidung getroffen den Typhoon fest als Teil der 51° zu etablieren. Ab 2020 ist der Eurofighter, allerdings aktuell noch zusammen mit dem AMX, der 132° Gruppo zugeordnet und somit fester Bestandteil der 51° Stormo. Am 23. Oktober 2020 landete dort die letzte Maschine der Tranche 3A (MM7356), von Leonardo aus Caselle in Turin kommend, in Istrana. Schon bald sollen die AMX abgegeben werden und der Typhoon das einzige Einsatzmuster der 132° Gruppo sein.

Der Eurofighter ist in Italien nun auf vier Basen zu Hause. Anfang 2023 verfügte die AMI über insgesamt 94 Typoons 80 F-2000A Einsitzer und 14 TF-2000A Doppelsitzer. Zwei Einsitzer stürzten seit Einführung ab, am 24. September 2017 in Terracina und am 13. Dezember 2022 in Trapani.

Dynamisches hochziehen bei diesem F-2000A der 36° Stormo aus Gioia del Colle.

Der Eurofighter ist mittlerweile auf vier Standorten in Italien anzutreffen. Diese Maschine der 4° Stormo aus Grosseto feiert das 100.000. Flugstundenjubiläum.

Als letzter Verband erhielt das 51° Stormo im norditalienischen Istrana bei Venedig den Eurofighter. Aktuell betreibt der Verband parallel dazu noch den Jagdbomber AMX.

Spanische Luftwaffe

Auch wenn Spanien von den vier Kooperationsländern die geringste Anzahl Eurofighter orderte, spielte die Maschine eine ganz zentrale Rolle in Bezug auf die künftige Entwicklung der Streitkraft. Anfangs plante man mit insgesamt 100 C.16 (Doppelsitzer CE.16) Typhoon, die vor allem als Ersatz der Dassault Mirage III und F1 vorgesehen waren. Die gestiegenen Kosten führten im Jahre 1995 allerdings zu einer Verringerung der zu kaufenden Maschinen auf nunmehr 87, bestehend aus 72 Einsitzer und 15 Zweisitzern. Hiervon sollten 19 (elf Ein- und acht Zweisitzer) aus der ersten Tranche stammen (eine Maschine wurde an Österreich abgegeben); 34 aus der zweiten Tranche (28 Ein- und sechs Zweisitzer) sowie schließlich 34 aus der letzten Tranche (33 Ein- und ein Zweisitzer). Neben den Serienmaschinen war eine instrumentierte Serienmaschine IPA 4 (PS001/C.16-04) Teil der 87 bestellten Flugzeuge. Dieser Einsitzer wurde noch zeitweilig von der Industrie genutzt und später der spanischen Luftwaffe übergeben.

Am 5. September 2003 übernahm die Ejército del Aire (EdA) mit der ST001/CE.16-02 als zweite Nation ihren ersten Eurofighter Typhoon. Diese Maschine war anfänglich noch bei EADS/CASA in Getafe, nahe Madrid stationiert und wurde dort zur Ausbildung künftiger Fluglehrer genutzt. Ein halbes Jahr später, am 27. Mai 2004, trafen die ersten drei Eurofighter von Getafe kommend in Morón nahe Sevilla in Südspanien ein. Die dort beheimatete Ala 11 (11. Geschwader), teilweise noch mit der MDD F/A-18A+ Hornet ausgestattet, erhielt als erster Einsatzverband den Typhoon. Als erste Staffel fungierte die 113. Escuadrón als Ausbildungseinheit für den Eurofighter. Neben dieser Aufgabe entwickelten die Angehörigen der Staffel maßgeschneiderte taktische Verfahren für das Flugzeug und kümmern sich um die Erstellung entsprechender Flughandbücher. Als erste Einsatzstaffel rüstete ab Ende 2006 die ebenfalls zur Ala 11 gehörende 111. Esc. auf das moderne Muster um.

Eine erste Einsatzübung »Lone Eider« fand zusammen mit sieben Typhoons der Royal Air Force Mitte April 2007 statt. Dabei flogen etwa acht Eurofighter der RAF und der spanischen Luftwaffe gegen bis zu 16 F/A-18A+ Hornets. Ziel der Übung war das erfliegen von komplexen taktischen Szenarien, um daraus Verfahren für den Eurofighter ableiten zu können. Die Eurofighter-Piloten waren voll des Lobes in Bezug auf die dargestellte Dynamik und Flexibilität der Maschine, so dass herkömmliche Methoden zur Ausschöpfung des gesam-

Auch die spanische Luftwaffe verwendet den Eurofighter als Jagdbomber. Hier befindet sich eine Maschine in Moron als Testträger auf den Weg zu einem neuen Einsatz. Unter den Flügeln befinden sich vier Paveway II lasergelenkte Bomben.

ten Potenzials nicht mehr ausreichten.

Als zweites Geschwader rüstete die ALA 14 in Albacete/Los Llanos ab 2013 mit ihren beiden Staffel Esc. 141 und Esc. 142 auf den Typhoon um. Es dauerte allerdings bis die insgesamt 31 Maschinen vollständig übergeben waren. Grund hierfür war, dass die spanische Luftwaffe aufgrund finanzieller Engpässe zwischen 2012 und 2015 keine Maschinen abnahm, obwohl diese teilweise schon produziert waren. Die Flugzeuge wurden in Albacete eingelagert. Ebenfalls klammer Kassen geschuldet war eine Reduzierung der geplant 34 Tranche 3 auf nur noch 20 Flugzeuge. Anfang 2020 wurde der letzte Eurofighter übergeben. Die gesamte Eurofighter-Anzahl sank somit auf nur 73 Maschinen.

Die Bewaffnung der spanischen Typhoons besteht aus AIM-9 Sidewinder, IRIS-T, AIM-120 AMRAAM und MBDA Meteor Luft-Luft-Lenkwaffen. In der Luft-Boden-Rolle stützt sich die Ejército del Aire insbesondere auf die GBU-10/-16 und -48. Letztere werden mit dem Rafael Litening III Laser-Beleuchter eingesetzt.

Der spanische Doppelsitzer aus Moron ist zu Gast in Manching. Die spanische Luftwaffe nutzt auch die IRIS-T als Luft-Luft-Waffen für kurze Distanzen.

Der spanische IPA 4 über Süd-Spanien.

Die Ausbildungsfunktion auf dem Typhoon wird von der 113. Staffel der Ala 11 wahrgenommen. Die Bezeichnung der Maschine in Spanien ist CE.16.

Wie Deutschland entschied sich auch Spanien unter dem Projektnamen »Halcon« zusätzliche Eurofighter zu ordern. Der Vertrag wurde im Rahmen der ILA am 22. Juni 2022 abgeschlossen und umfasst 16 Ein- und vier Doppelsitzer der Tranche 4. Sie werden sehr ähnlich den deutschen Quadriga-Flugzeugen sein, inklusive dem AESA-Radar ECRS Mk.1. Es ist geplant, die Maschinen, die in Getafe gebaut werden sollen, zwischen 2026 und 2030 auszuliefern. Die neuen Waffensysteme sollen die aktuell eingesetzte F/A-18 der ALA 46 auf Gran Canaria ablösen.

Der IPA 4 ist weiterhin stark bei Erprobungen eingebunden. Im Fokus steht für die spanische Luftwaffe nun die Vorbereitung auf die 20 zusätzlichen Eurofighter der Tranche 4, die mit dem ECRS Mk.1-Radar ab 2026 ausgeliefert werden sollen.

Ein C.16 Typhoon der Ala 11. Spanische Eurofighter nutzen das PIRATE Infrarot-Zielsystem.

Der zweite mit dem Eurofighter ausgerüstete Verband ist ALA 14 in Albacete. Die zweite Staffel, Esc. 142, gehört zur NATO-Tiger Association. Hier zu sehen im Formationsflug mit einem deutschen und einem italienischen Eurofighter.

Luftstreitkräfte Österreichs

Im hart umkämpften Kampfflugzeug-Markt ist jeder zusätzliche Auftrag ein großer Erfolg. So war es für das Eurofighter-Konsortium von enormer Bedeutung, einen Erstkunden für das Waffensystem zu präsentieren, nicht zuletzt um weitere Verkaufskampagnen zu unterstützen. Überraschenderweise war es Österreich, das den Eurofighter orderte.

Im Jahre 1985 beschaffte Österreich mit der Saab 35OE Draken erstmals ein Überschall-Kampfflugzeug. Davor war die Luftraumüberwachung ausschließlich durch Saab 105OE erfolgt, einem Strahltrainer, der im Jahre 1963 erstmals geflogen und 1970 an Österreich ausgeliefert worden war.

Ankunft der zweiten Maschine 7L-WB (AS002) am 13. September 2007.

Die insgesamt 24 Draken waren für einen Einsatzzeitraum von rund zehn Jahren vorgesehen, danach sollte ein Kampfflugzeug der vierten Generation beschafft werden. Allerdings liefen diverse Vorstöße zur Nachbeschaffung

Der erste österreichische Eurofighter 7L-WA (AS001) in Manching vor der Lackierung. Ursprünglich plante das Land die Abnahme von 24 Maschinen, schließlich wurden nur 15 Maschinen übernommen.

in der Folge ins Leere, so dass erst Ende der 90er Jahre die konkrete Suche nach einem Draken-Nachfolger begann. Der Krieg gegen Serbien im ersten Halbjahr 1999, bei dem serbische Kampfflugzeuge in den österreichischen Luftraum eindrangen, war mit ein Grund für die nun forcierten Bemühungen. Nach Ausarbeitung einer detaillierten Spezifikation wurde zum Jahreswechsel 2000/2001 ein »Request for Information« (RFI) an die Flugzeughersteller Boeing (F/A-18 Hornet), Lockheed Martin (F-16C Block 50/52), Dassault (Mirage 2000-5), Saab (JAS 39 Gripen) und an das Eurofighter-Konsortium, vertreten durch die EADS, gestellt. Im Anschluss fand eine ausführliche Bewertung der diversen Muster in einer dafür eigens eingesetzten Kommission statt. Neben den Leistungen des Waffensystems spielten bei der zu fällenden Entscheidung aber auch andere Faktoren, wie z.B. Kompensationsgeschäfte, eine wichtige Rolle. Der Eurofighter kristallisierte sich bald als Favorit heraus, denn technisch bot die Maschine deutlich mehr als ihre Kontrahenten. Die Gripen erwies sich zwar insgesamt etwas günstiger als der Eurofighter, stellte aber technisch das deutlich schlechtere Angebot dar. Lockheed war indes nicht willens die geforderten Kompensationsgeschäfte zu tätigen, so dass die F-16C/52 frühzeitig gestrichen wurde. Dassault beteiligte sich nicht am Bieterverfahren. Schließlich empfahl die Bewertungskommission dem österreichischen Verteidigungsminister mehrheitlich mit einem Stimmverhältnis von 4:1 (eine Stimme votierte für die Gripen) den Auftrag an die Eurofighter GmbH zu vergeben. Daraufhin beschloss der österreichische Ministerrat am 2. Juli 2002 insgesamt 24 Eurofighter Typhoon als Luftraumüberwachungsflugzeug für Österreich zu beschaffen.

Nach einer Zeit in der Österreich den Eurofighter ablösen wollte ist er mittlerweile wieder langfristig gesetzt. Modernisierungen sind eingeplant und ggfs. sollen sogar drei gebrauchte Doppelsitzer dazu kommen.

Anfang August 2002 führt ein verheerendes Hochwasser mit hohen Folgekosten für Österreich zu einer erneuten Diskussion über die Kosten des Eurofighter. Auch anstehende Neuwahlen beeinflussten noch mal diesen sensiblen Vorgang. Nach langem hin und her konnten sich allerdings die Befürworter des neuen Kampfflugzeugs durchsetzen, mussten aber eine Reduzierung der Anzahl akzeptieren. Somit wurde schließlich am 1. Juli 2003 zwischen dem Bundesministerium für Landesverteidigung und der Eurofighter Jagdflugzeug GmbH der Kaufvertrag über 18 Eurofighter Typhoon unterzeichnet. Dieser trat in vollem Umfang mit der Veröffentlichung des Budgetbegleitgesetzes am 22. August 2003 in Kraft und sah die Lieferung von sechs Eurofighter Typhoon der Tranche 1/Block 5A (in der Produktion für die vier Nationen umgewidmete je zwei Maschinen Deutschlands und Großbritanniens, je eine Italiens und Spaniens) sowie zwölf Maschinen der Tranche 2/Block 8 ab Mitte 2007 vor.

Der Wahlsieg der Sozialdemokratischen Partei Österreichs (SPÖ) im Oktober 2006, die sich während des Wahlkampfes offen gegen den Eurofighter-Kauf ausgesprochen hatte, brachte noch einmal Bewegung in den bereits abgeschlossenen Kauf. Der neue Verteidigungsminister Norbert Darabos prüfte sofort einen möglichen Vertrags-Ausstieg, darüber hinaus behandelte ein eigens eingesetzter Untersuchungsausschuss die Vorgänge des Eurofighter Kaufs. Letztlich konnte aber kein Fehlverhalten am Beschaffungsverfahren beteiligten Personen und Ämter festgestellt werden, und auch ein Vertrags-Ausstieg war nicht ohne weiteres möglich. Trotzdem sollten Einsparungen des zuvor 1,969 Mrd. Euro teuren Geschäftes realisiert werden und so vereinbarte man mit der Eurofighter GmbH die Reduzierung von 18 auf 15 Maschinen. Das am 26. Juni 2007 veröffentlichte Übereinkommen sah darüber hinaus vor,

Ein Quantensprung für die Luftstreitkräfte von Österreich. Der Eurofighter bietet Möglichkeiten der Luftverteidigung, die vorher undenkbar waren.

Der Eurofighter ist in Österreich nur in der Abfangrolle im Einsatz. Die 15 Maschinen sind zwei Staffeln des Überwachungsgeschwaders in Zeltweg zugeordnet.

dass das Konsortium ausnahmslos Tranche 1/Block 5-Maschinen liefert, ohne Luft-Boden-Fähigkeit. Mit dieser Maßnahme reduzierte sich das Auftragsvolumen um 370 Mio. Euro.

Eine Einigung war zu diesem Zeitpunkt dringend erforderlich, denn die erste fertig gebaute Maschine wartete schon auf ihre Auslieferung an das Österreichische Bundesheer (Luftstreitkräfte). Dieser Eurofighter mit der Serialnummer AS001 und der späteren Kennung 7L-WA war am 21. März 2007 erstmals geflogen und wurde schließlich am 12. Juli 2007 nach Zeltweg überführt und dort offiziell übergeben. Es war gleichzeitig das 125. gebaute Flugzeug. Der Erstflug von AS002 fand kurz davor am 9. Juli 2007 statt, die Auslieferung erfolgte schließlich am 13. September 2007. Drei weitere Maschinen die AS003, 7L-WC, die AS004, 7L-WD und die ehemalige GS027, 7L-WH verstärkten die österreichischen Luftstreitkräfte noch im Jahre 2007, sie wurde allesamt im Dezember übergeben.

Österreich erhielt neun neu gebaute Eurofighter der Tranche 1/Block 5. Danach folgen sechs Eurofighter der Luftwaffe, die vor ihrer Übergabe auf den Block 5A Stand gebracht worden waren. Die letzte Maschine (7L-WO) wurde am 24. September 2009 ausgeliefert.

Die Eurofighter wurden dem sogenannten »Luftraumüberwachungsgeschwader« zugeordnet. Der Verband besteht aus zwei Staffeln und ist in Zeltweg in der Steiermark beheimatet. Die Anlagen der Einsatzbasis wurden für das Waffensystem angepasst und zum Teil neu errichtet. So entstand ein Ausbildungs- und Simulatorzentrum, diverse Flugzeugschutzbauten, eine Wartungs- und Instandhaltungshalle sowie ein Staffelgebäude.

Im Jahre 2017 plante Österreich die zügige Ablösung des Eurofighter. Hauptgrund war der recht teure Betrieb und die sehr eingeschränkten Verbesserungsmöglichkeiten der Tranche 1-Flugzeuge. Die Suche nach einem Nachfolger lief aber letztendlich ergebnislos und so wurde entschieden, den Eurofighter weiter zu betreiben.

Der Krieg in der Ukraine führte auch in Österreich zum Umdenken und zur politischen Entscheidung, die Verteidigungsausgaben zu erhöhen. Durch die bereitgestellten zusätzlichen finanziellen Mittel soll nun auch der Eurofighter modernisiert werden, darüber hinaus besteht sogar Interesse an drei gebrauchten Doppelsitzern der Luftwaffe.

Attraktive Sonderbemalung der 7L-WC im Rahmen der Airpower 22 in Zeltweg.

Die 2. Staffel des Überwachungsgeschwaders trägt ebenfalls den Tiger im Wappen. (Fotos: Dr. Andreas Zeitler)

Königlich Saudi-Arabische Luftwaffe

Die besonders engen Beziehungen zwischen Großbritannien und Saudi-Arabien führten in der Vergangenheit dazu, dass die königlich saudische Luftwaffe (RSAF, Royal Saudi Air Force) auch mit Flugzeugen britischer Herkunft ausgestattet ist. Neben dem Tornado in seiner Jagdbombervariante war auch die Tornado-Abfangjägerversion F.Mk3 im Einsatz. Letztere konnte nie richtig überzeugen und so entwickelte sich von Seite der Saudis schon sehr früh ein Interesse am Eurofighter Typhoon. Es dauerte dann allerdings noch einige Zeit und bedurfte maßgeblichen Einsatz der britischen Regierung das Geschäft letztendlich unter Dach und Fach zu bringen. Im Dezember 2005 erklärten die Saudis den Eurofighter Typhoon zum Favoriten ihres Kampfflugzeug-Beschaffungsprogramms, ein dreiviertel Jahr später im August 2006 folgte die Unterzeichnung eines Abkommens, das den Technologietransfer und die industrielle Zusammenarbeit zwischen Großbritannien und Saudi-Arabien regelte. Weitere Einzelheiten drangen allerdings nicht an die Öffentlichkeit. Das mit »Projekt Salam« benannte Vorhaben dauerte bis zum 17. September 2007, bis das saudische Verteidigungsministerium den Kauf von insgesamt 72 Eurofighter Typhoon für den Preis von ca. 6,3 Mrd. Euro offiziell verkündeten konnte.

Die 72 Typhoons sind auf der Luftwaffenbasis Taif stationiert und rüsten drei Einheiten, die 3., die 10. und die 80. Staffel aus.

Die ersten Maschinen wurden schon 2008 ausgeliefert und zunächst einer gemeinsamen Trainingseinrichtung der RAF und der RSAF auf dem Stützpunkt Coningsby zugeordnet. Die ersten 24 Maschinen (davon sechs Zweisitzer) der Tranche 2/Block 8 wurden von BAE Systems in Warton endmontiert und entstammten komplett dem geplanten Kontingent der Royal Air Force. Die erste Maschine (1001) wurde am 23. Juni 2009 nach Saudi-Arabien überführt.

Zunächst war vorgesehen in Saudi-Arabien eine fünfte Endmontagelinie aufzubauen, um die verbleibenden 48 Maschinen des zweiten und dritten Loses vor Ort abzudecken. Von diesem Vorhaben rückte man aber später ab und alle 48 restlichen Typhoons wurden schließlich von BAE System in Warton gebaut. Das zweite Los ent-

sprach der Tranche 2, das letzte Los dem Tranche 3-Bauzustand inklusive Captor-Radar. Die erste Lieferung des zweiten Loses erfolgte im Juni 2013. Erst im Folgejahr, am 10. Februar 2014, konnte zwischen den Parteien die endgültige Einigung hinsichtlich des Gesamtpreises der 72 Maschinen erreicht werden.

Die Maschinen sind auf der Luftwaffenbasis Taif in der Nähe des Roten Meeres stationiert und rüsten drei Einheiten, die 3., die 10. und die 80. Staffel aus. Die Hauptaufgabe ist die durchgehende Sicherstellung des Luftraums mit einer Alarmrotte. Mindestens ein Eurofighter der RSAF stürzte bei einem Einsatz im Jemen ab.

Die saudischen Eurofighter nutzen in der Luft-Luft Rolle die AIM-9 Sidewinder, IRIS-T und AIM-120 AMRAAM. Als Luft-Boden Lenkwaffe steht die MBDA Storm Shadow zur Verfügung. Darüber hinaus kann die RSAF auf die gelenkte Freifallmunition GBU-48, die mittels der verbesserten Litening IV-Behälters geleitet werden, zurückgreifen.

Am 9. März 2018 unterschrieb die saudische Regierung eine Absichtserklärung über den Kauf von zusätzlichen 48 Eurofightern, ein finaler Kontrakt und eine damit verbundene Auslieferungsplanung steht noch aus.

Königlich Omanische Luftwaffe

Als weiterer Staat im Nahen Osten interessierte sich auch die Königlich Omanische Luftwaffe für den Eurofighter Typhoon. Wie aber auch bei anderen Ausschreibungen in der Region hatte das europäische Produkt zunächst allerdings nicht die Nase vorne, sondern unterlag am 14. Dezember 2011 in diesem Fall der Lockheed F-16C/D. Trotzdem fragte der Oman schon kurz darauf am 23. Januar 2012 offiziell bei BAE Systems den Kauf von insgesamt zwölf Typhoons und acht Hawks an. Zum Ende des Jahres 2012 kam dann tatsächlich der Kaufvertrag zustande, der einen Umfang von 2,5 Mrd. Pfund hatte. Die Auslieferungen der Tranche 3-Maschinen sollten im Jahr 2017 beginnen. In der Zwischenzeit begannen auf der Basis Adam, 200 km südöstlich von Muscat, Bauarbeiten, um das neue Waffensystem aufnehmen zu können. Sie wurden im Mai 2016 abgeschlossen.

Als erste von insgesamt zwölf Typhoons wurde dieser Doppelsitzer ausgeliefert.

Der Roll-Out des Typhoon erfolgte am 15. Mai 2017 in Warton. Die Überführung der ersten zwei Maschinen in den Nahen Osten erfolgte schon kurz darauf am 21. Juni. Der weitere Zulauf ging anschließend zügig voran. So wurden die letzten zwei Maschinen schon weniger als ein Jahr später am 4. Juni 2018 geliefert. Die neun Einsitzer und drei Doppelsitzer gehören zur 8. Staffel, die zwar vor allem als Luftüberlegenheitsjäger verwendet werden, aber nicht zuletzt wegen ihrer Fähigkeiten auch in der Luft-Boden-Rolle nutzbar sind.

Kuwaitische Luftwaffe

Als achter Kunde des Waffensystems Eurofighter trug sich Kuwait am 5. April 2016 in das Auftragsbuch ein. Schon einige Jahre zuvor hatten erste Gespräche und Verhandlungen begonnen und zwar insbesondere mit Vertretern von Alenia Aermacchi (später Leonardo), die bei dieser Verkaufskampagne die Führung innehatten. Kuwait stellte sich ca. 40 zusätzliche Kampfflugzeuge als Ergänzung ihrer F/A-18C/D Hornets vor. Obwohl sich bei dieser Ausschreibung die F/A-18E/F durchsetzte, kam es etwas später doch noch zu einer Vereinbarung zugunsten des europäischen Produkts. Als Grundlage der 22 Ein- und sechs Doppelsitzer diente der technische Stand der Tranche 3A-Flugzeuge, allerdings zusätzlich ausgerüstet mit dem Captor-E-Radar und weiteren Detailverbesserungen. Als Ziel galt es auch die Luft-Boden-Waffen Storm Shadow und Brimstone zu integrieren. Der Kaufvertrag inkludierte u.a. auch die Ausbildung von Piloten und Wartungspersonal sowie die Errichtung von Infrastruktur vor Ort in Kuweit. Die Endfertigung der Flugzeuge erfolgte im Leonardo-Werk in Caselle.

Die Auslieferung der ersten beiden Eurofighter an die kuwaitische Luftwaffe erfolgte am 14. Dezember 2021 von Caselle nach Ali al Salem, dem künftigen Standort der kuwaitischen Eurofighter. Dabei wurden die Maschinen durch italienische 767-Tanker und durch zwei italienische Eurofighter begleitet. Am 29. März und am 30. September 2022 folgten je zwei weitere Maschinen. In Ali al Selem werden zwei fliegende Einheiten, die 7. und die 18. Staffel mit der Maschine ausgerüstet. Der Abschluss der Lieferungen ist für Mitte 2024 geplant.

Insgesamt 28 Eurofighter werden an Kuwait geliefert, sechs davon sind Doppelsitzer. Hier ist eine Maschine zu Gast in Manching zu sehen.

Die Eurofighter der kuwaitischen Luftwaffe sind sehr modern ausgerüstet und verfügen sogar über ein AESA-Radar ECRS Mk.0.

Katarische Luftwaffe

Das Emirat Katar verfolgt seit einigen Jahren sehr ehrgeizige Modernisierungs- und Aufrüstungspläne für seine Streitkräfte. Moderne Kampfflugzeuge spielen hierbei eine sehr wichtige Rolle. Als Ersatz der Dassault Mirage 2000-5 evaluierte man Anfang 2011 mehrere fliegende Waffensysteme, wie Dassault Rafale, Boeing F/A-18E/F, Boeing F-15E, Lockheed F-35 und Eurofighter Typhoon. Zunächst behielt die Rafale die Nase vorn, im Mai 2015 wurden 24 Maschinen (später noch zusätzliche zwölf Flugzeuge) geordert. Doch Katar wünschte sich einen potenten Waffensystem-Mix und entschied deswegen zusätzlich 36 F-15QA (eine Version der F-15E) und auch insgesamt 24 Typhoon zu bestellen. Letztere Order erfolgte am 11. Dezember 2017 und hatte einen Wert von ca. 5,7 Mrd €. Einsitzer aber auch eine zunächst nicht näher spezifizierte Anzahl Doppelsitzer sollten beschafft werden. Nicht zuletzt aufgrund der sehr engen britisch-katarischen Beziehungen hatte BAE Systems die Führung dieser Kampagne inne, dementsprechend war die Produktion der Maschinen in Warton geplant.

Das Emirat Katar baut aktuell eine sehr moderne und schlagkräftige Luftwaffe auf. Dazu werden auch 24 Eurofighter des Ausrüstungsstand Tranche 3 inklusive AESA-Radar gehören. (Fotos: Dr. Andreas Zeitler)

Im Juli 2018 etablierte die RAF zusammen mit der katarischen Luftwaffe die gemeinsame 12. Staffel auf der Basis RAF Cosford. Mit britischen Maschinen erfolgte das Training von Piloten aber auch Technikern auf dem modernen Waffensystem. Später, im Dezember 2019, verlegte die Staffel eine Zeit lang nach Katar um dort vor Ort Erfahrungen zu sammeln.

Am 15. August 2022 erfolgte in Warton der Roll-Out der ersten eigenen Maschine. Schon kurz darauf, am 25. August, starteten die ersten drei Typhoon mit Richtung Katar. Ziel war es die Maschine pünktlich zur Fußball-Weltmeisterschaft ab dem 20. November 2022 einsatzbereit zur Verfügung zu haben.

Die Eurofighter werden auf dem Stützpunkt Tamim stationiert und sind bzw. werden dort als Teil der 1st Flying Wing von der 12. und der 7. Staffel operiert. Das Bewaffnungspaket besteht u.a. auch aus der modernen Meteor Luft-Luft-Lenkwaffe sowie der Präzisions-Luft-Boden-Bewaffnung Brimstone und Paveway IV.

Die ersten Eurofighter für Katar wurden Ende August 2022 geliefert und wurden dann zur Absicherung der Fußballweltmeisterschaft genutzt.

Anhang

Meilensteine

Datum	Ereignis
Dezember 1973	Diskussion bei der NATO in Brüssel mit General Steinhoff über einen neuen Jäger. Diskussion mit der holländischen Luftwaffe über Beschaffung oder Entwicklung eines neuen Kampfflugzeugs.
17. Dez. 1974	MBB-interne Klausur über eine neue Flugzeugentwicklung. Möglichkeiten von VSTOL, Postulierung des Konzepts eines »Einfachflugzeugs«. Grundidee einer »Industrieinitiative«.
5. März 1975	MBB, erstes Gespräch mit BAe über ein neues Flugzeug.
20. März 1975	MBB, erstes Gespräch mit IABG über PST-Simulation.
15. Juni 1975	MBB, erster Kontakt mit MCAIR bzgl. eines neuen Flugzeugs.
24. Juni 1975	MBB, Einladung an VFW zur Mitarbeit
29. Juni 1975	MBB, erster Vorschlag zu einem Demonstrator im BMVg.
Oktober 1975	Großbritannien formuliert AST 403 für ein Flugzeug der F-16 Klasse, Rolle: Offensiver Support, Gefechtsfeldjagd, Ersatz für Jaguar und Harrier. Grobinformation an die Luftwaffe.
15. Dez. 1975	BMVg: Vorarbeiten an Studie 90.
Januar 1976	MBB, erstes Grundsatzgespräch TKF bei Rü IV / 3.
2. Feb. 1976	Gründung der Independant European Program Group (IEPG) durch Staatssekretärsbeschluss. Zielsetzung: Schaffung einer ausgewogenen europäische Rüstungsindustrie.
23. Juni 1976	Konstituierende Sitzung der IEPG/adhoc Group on TCA (Tactical Combat Aircraft) in London auf britische Initiative. BRD nur Beobachterstatus, da kein Bedarf besteht.
16. Nov. 1976	BRD wird auf Drängen GB Mitglied der IEPG/TCA. Beschleunigung der Studie 90, Einrichtung StudGrp TKF 90 Taktisches Kampfflugzeug 90.
Mai 1977	MBB-Gespräche mit BAe über Möglichkeiten einer gemeinsamen Entwicklung eines neuen Kampfflugzeugs.
Mai 1977	Bildung einer TKF-Studiengruppe für Erstellung einer TAF bei der Luftwaffe.
Juli 1977	MBB, erste Mann-gegen-Computer-Luftkampfsimulation mit PST bei BAe.
September 1977	MBB, interne Abstimmung zugunsten des Delta-Canard-Konzepts gegenüber der »Strake-Trapez«-Lösung.
November 1977	MBB, bemannte Luftkampfsimulation (PST-Bewertung) IABG. (Piloten: Hochgesang, Schott).
4. Nov. 1977	Trilaterales Ministertreffen mit den Herren Mulley (GB), Bourges (F) und Leber in Salon-de-Provence, Frankreich. Bedarf für Takt. Kampfflugzeug der 90er-Jahre wird erkannt. Politischer Wille zu gemeinsamen Vorhaben. Weisung an die Stäbe, sich über Daten und Zeitpläne zu einigen.
Dezember 1977	MBB, Erstflug der CCV-F-104.
Januar 1978	MBB, Studie bei MCAIR, St. Louis, Knickdelta entsteht. Erste Hochgeschwindigkeits- und PST-Messungen.
2. Jan. 1978	Übergabe GB-Forderung von AST 403, nicht kompatibel mit BRD-Erfordernissen.
24. April 1978	Deutsch-Britische Konsultationen auf Regierungsebene. Verteidigungsminister Abel bittet um GB-Einlenken auf BRD-Wünsche.
Juni 1978	MBB, PST/ DFM 2:1-Luftkampfsimulation, St. Louis (3 US-Piloten, 3 Lw-Piloten: U. Neuberqer, Mürmanns, Walter).
20. Jul. 1978	»Positionspapier« der Luftwaffe. Bilaterales Treffen in London, ausführliche Darlegung des deutschen Standpunktes. Übergabe der ersten deutschen Vorstellung zu TKF.
16. Okt. 1978	MBB, erster Kontakt mit SAAB, Linköping. Diskussion über die Verwendung der Viggen als Erprobungsträger für PST.
November 1978	MBB, Beauftragung einer bilateralen Studie mit BAe über die Kompatibilität TKF vs. AST 403.
23. Apr. 1979	5. trilaterales Air Staff Treffen in London. BRD legt Einsatzmissionen und Entwurfsberechnungen vor, keine Annäherung der Standpunkte. GB hält an AST 403 fest, keine Bereitschaft zu technologisch anspruchsvoll. Lösungen. GB stellt Nichteinigung fest.
Mai 1979	MBB, erste Kontakte mit Dassault Paris.
22. Juni 1979	MOD/BMVg/MBB BAe-Konferenz in London, Vergleiche mit STOVL.
August 1979	MBB, Etablierung einer TKF-Programmleitung.
September 1979	ECF-Studie in Warton. Einigung auf die von MBB vorgeschlagene Grundkonfiguration. Absage an P 92-103.

Oktober 1979	MBB, PST/DFM-Luftkampfsimulation IABG (2 US-Piloten, 2 LW-Piloten: Wieshuber, Neuberger).
Januar 1980	TKF-Forderungen der Luftwaffe, französische ECA-Studie werden vorgelegt.
Februar 1980	Vergleichsstudie mit Do P 204, München, Zusammenarbeitsvertrag mit Dornier.
März 1980	Erste manuelle RCFAM-Flüge finden bei SAAB in Linköping statt.
April 1980	Ausstellung einer 1:1 TKF-Attrappe auf der Luftfahrtschau Hannover.
1. Sep. 1980	Etablierung der EPG (European Program Group) aus Mitgliedern der deutschen, englischen und französischen Luftwaffe zur Koordinierung der nationalen Forderungen.
Oktober 1980	Angebot von MCAIR, gemeinsam mit MBB ein Flugzeug auf der Basis des MBB-Entwurfs zu entwickeln (wird später abgelehnt).
22. Nov. 1980	Erstflug RCFAM mit Radar bei SAAB in Linköping.
24. März 1981	Weisung durch Staatssekretär Dr. Leister: Verschiebung der TKF-Entscheidung auf 1983, Reduzierung der Vorphasen-Aktivitäten, keine Einplanung von Entwicklungsmitteln. Einstellung der trilateralen Harmonisierungsbemühungen mit FR und GB.
Juni 1981	Etablierung der PUG (Programm-Unterstützungsgruppe) bei der Luftwaffe.
17. Dez. 1981	MBB-Vortrag im BMVg zur Bewertung TKF vs. Tornado vs. F-4 Phantom im Medium Range-Luftkampf.
Januar 1982	ACA-Vereinbarungen zwischen MBB, BAe, AIT. Von BAe akzeptiert wurde das »design provision« für PST und die TKF-Flugleistungen als »design goals«.
28. Feb. 1982	Weiterführung der Harmonisierungsbemühungen auf politischer Ebene.
März 1982	Konfigurationsstudie in Warton mit BAe und AIT. Einigung auf eine MBB-TKF-ähnliche Konfiguration mit Baucheinlauf.
12. Juni 1982	Vorlage der Durchfürbarkeitsstudie von BAe, MBB und AIT für Agile Combat Aircraft (ACA).
11. Aug. 1982	Der Inspekteur der Luftwaffe, Generalleutnant Friedrich Obleser, legt die allgemein verständliche Fassung der Luftwaffenforderungen an das TKF 90 vor.
September 1982	In Farnborough wird ein 1:1-Modell eines ACA (Agile Combat Aircraft) vorgestellt. ACA entspricht mit einem 50m²-Deltaflügel, vorne liegende Carnards und einem zweidimensionalen Lufteinlauf unter dem Rumpf weitgehend dem MBB-Entwurf.
Januar 1983	Etablierung von Teams in Warton und München.
3. März 1983	Die spanische Luftwaffe bittet um Beteiligung am sich abzeichnenden TKF-Programm.
Mai 1983	BAe und die britische Regierung unterzeichnen einen Vertrag zur Entwicklung und Produktion eines Jagdflugzeug-Demonstrators.
22. Juli 1983 bis 18. Okt. 1983	Fliegerisch und technische Bewertung der US-Kampfflugzeuge F-15, F-16, F-18, F-20, durch 16-köpfiges Bewertungsteam der Erp.St.61.
3. Aug. 1983	Vorlage an InspL. zur Umbenennung TKF 90 in Jagdflugzeug der 90er-Jahre (JF 90).
12. Dez. 1983	OEST (Outline European Staff Target) erste GB-BRD-IT-SP-F Air Staff-Formulierung von Erfordernissen, die zu einer Forschungsstudie und einer Vereinbarung über ein 9,5 Tonnen schweres, einsitziges Jagdflugzeug mit DeltaTragflügel, Canards und zwei Triebwerken, Einsatz Mitte der 90er-Jahre, führen.
16. Dez. 1983	Abschluss der Lw-Harmonisierung durch Abschluss des Outline European Staff Target.
24. Mai 1984	2. Konferenz der Rüstungsdirektoren in Hannover-Wunstorf. Einigung auf Leergewicht von 9,4-9,6t, Schub 85-94 kN.
9. Juli 1984	Treffen der Verteidigungsminister von GB, BRD, Frankreich, Italien und Spanien in Madrid. Vorgabe von Richtlinie für die Industrie, um eine Realisierbarkeitsstudie auszuführen, basierte auf EST (European Staff Target), das die Definition eines neuen Motors einschloss. Anfangsstudien für das neue europäische Kampfflugzeug wurden vorgenommen.
11. Okt. 1984	Die fünf Lw-Chefs unterzeichnen das European Staff Target für den EFA European Fighter Aircraft (neue Bezeichnung).
16. Mai 1985	3. Treffen von den Verteidigungsministern in Rom, kein Abbruch der Kooperationsbemühungen. Einigung auf 9,5 Tonnen, Optimiering auf Air-to-Air Role.
1. Aug. 1985	Treffen von Aufrüstungsdirektoren in Turin. BRD, Italien und GB kamen überein, in der Plandefinitionsphase für Luftüberlegenheit fortzufahren: Kampfflugzeug mit einem Gewicht von 9,75 Tonnen, Tragfläche von 50 m² und 90 kN-Schub.
8. Aug. 1985	1. EFA-Steering Group (BoD) bei EFA Team in München.
Dezember 1985	Frankreich beendet die Partnerschaft.
6. Mai 1986	N/D-102 Präsentation von Dornier/Northrop in Bonn.
2. Juni 1986	Gründung der Eurofighter Jagdflugzeug GmbH, aus Anteilen von BAE CASA, MBB, AIT als ein international (deutschamtlich eingetragen) Anbieter von NEFMA (Nato European Fighter Management Organisation / Agency). Auch Gründung der Eurojet Turbo GmbH von von MTU, Fiat Aviazione, SENER und Rolls Royce für die Leitung des EFA-Triebwerks EJ 200 für Entwicklung und Produktion.
4. Juli 1986	Erstflug der Rafale in Istres/Frankreich.
8. Aug. 1986	Erstflug des BAE Expermental-Aircraft (EAP), von Warton aus, 1h, 7min, Mach 1,1, 9000 m, 4 g. Ein Technologie Demonstrator - Prototyp, ZF534. Obwohl ein Teil von dem, was das EF werden sollte, nicht strikt programmiert war, handelte es sich um eine ähnliche Konfiguration und demonstrierte einige Entwurfsaspekte und Technologien, die später in das Eurofighter-Konzept mit einfließen sollten.

1. Feb. 1987	Gründung der NEFMA (NATO European Fighter Aircraft Developement and Logistic Management Agency)
September 1987	European Staff Requirement von Air Staffs der vier beteiligten Nationen veröffentlicht und weitere Detaillierungen der militärischen Anforderungen des EFA.
16. Mai 1988	GB, BRD, Italien: Regierungen unterzeichnen MoU zur »full scale«-Entwicklung von EFA, dieses wird auch von Spanien im November 1988 unterstützt.
23. Nov. 1988	Vertrag zwischen der Eurofighter GmbH, EUROJET GmbH und NEFMA über die volle Entwicklungsphase wurde unterzeichnet.
2. Apr. 1991	Beginn der Endmontage des ersten Prototyps DA1 in Ottobrunn.
10. Feb. 1992	Die vier Verteidigungsminister von GB, Italien, Spanien und BRD einigen sich auf eine Projektsteuerung. Neuer Name Eurofighter 2000 (EF 2000).
13. März 1992	Vertragsvergabe für das Euro DASS wurde erteilt.
11. Mai 1992	Der erste Prototyp DA1, 98+29, bei der DASA in Ottobrunn gebaut, wird auf der Straße nach Manching transportiert und zum ersten Flug vorbereitet.
Oktober 1992	Das Programm war für Monate angehalten, um deutschen Forderungen nach einer wesentlichen Kostenreduzierung nachzugehen. Sieben möglichen Alternativen, als Optionen für ein neues EFA wurden Deutschland angeboten, aber keines angenommen.
10. Dez. 1992	Bei der Verteidigungsministerkonferenz wurde das überarbeitete nun als EF2000 bezeichnete Jagdflugzeug neu gestartet. Das Einführungsdatum war drei Jahre später als ursprünglich beabsichtigt geplant. Es wurde beabsichtigt, dass Deutschland ein Flugzeug bekommen sollte, welches einen niedrigeren Standard hätte und sich damit die Kosten um 30 % verringertn sollten. Diese Gefälle wurden jedoch später verlassen, und die Deutschen Flugzeuge bekamen letztlich die mit jenen der anderen Partnernationen fast identische Konfiguration.
8. Jan. 1993	Das GEC-Marconi ECR 90 Radar für den EF hat seinen ersten Flug von Thurleigh durchgeführt. Das Radar war in der modifizierten Nase einer BAC 1-11, ZE433, eingebaut.
21. Jan. 1994	Die überarbeitete europäische Entwicklungsanforderung wurde von den vier Luftwaffenstabschefs der vier teilnehmenden Nationen für das neue europäische Jagdflugzeug unterschrieben.
27. März 1994	Manching, erster Flug der DA1, 98+29, DASA-Pilot Peter Weger.
6. Apr. 1994	Erster Flug des zweiten Prototypen von Warton aus, die bei BAe gebaute DA2, ZH588.
18. Sept. 1994	DA1 ist nach 15 Monat wieder in Manching geflogen, nach Phase 2 Aktuallisierung der Flugsteuerungs-Software.
17. Mai 1995	DA2 / ZH588 wurde nach 11 Monaten wieder in Warton geflogen, nach Phase 2 erfolgte Aktualisierung der Flugsteuerungs-Software.
4. Juni 1995	Der bei Alenia Aeronautica gebaute Prototyp DA3, MMX602 fliegt in Turin Caselle zum ersten Mal mit EJ200-Triebwerken.
4. Juli 1995	MOU unterschrieben bezüglich des neuen Entwicklungsprogramms.
Januar 1996	Die BRD entscheidet sich, 180 statt 140 Flugzeuge zu bestellen 140 Jagdflugzeuge, 40 für Luft-Boden-Einsatz, Ersatz für den Tornado.
31. Aug. 1996	Der erster Flug des von CASA gebauten sechsten Prototypen aus Getafe. Es ist der zweite Doppelsitzer DA6, XCE.16-01.
2. Sept. 1996	Großbritannien hatte als erstes Land eine feste Produktionsverpflichtung anzubieten.
21. Okt. 1996	Spanien meldet, dass eine Übereinkunft über die Produktion und die Bedingungen für den Beginn mit der Industrie vereinbart wurde.
5. Dez. 1996	Alle vier Regierungen unterstützen den Produktionsstart.
27. Jan. 1997	Erster Flug des siebten und letzten Prototypen, (bei Alenia gebaut) DA7 MM-X603 in Turin Caselle.
24. Feb. 1997	Der von der DASA gebaute fünfte Prototyp, DA5, 98+30, ist der erste mit ECR 90 (jetzt umbenannt in Captor) in Manching geflogene Prototyp mit diesem Radar.
14. März 1997	Zum ersten Mal wurde in Warton der vierte Prototyp DA4, ZH590, der ersten Doppelsitzer und der erste mit voller Avionik für Radarerprobung, Waffenintegrations- und Sensorenverträglichkeit erprobt.
11. Juli 1997	Das Bundeskabinett gibt die Produktionsmittel frei.
26. Nov. 1997	Nach großem politischem Streit um die Kosten verabschiedete der Deutsche Bundestag schließlich das Verteidigungsbudget, das die Produktionskosten des Eurofighter mit einschließt.
9. Dez. 1997	Italien ist der letzte Partner, der das Budget für den Produktionsstart genehmigt.
15. Dez. 1997	Erster AIM-9L Sidewinder-Schuss durch DA7, MMX603.
22. Dez. 1997	All vier Verteidigungsminister der Partnernationen haben in Bonn mit ihrer Unterschrift die Vereinbarung des MoU ratifiziert und damit die Finanzierung gesichert. Überdies wurde eine Investitions-, Produktions- und Logistik-Unterstützung vereinbart.
23. Dez. 1997	DA2, ZH588 ereichte Mach 2
14. Jan. 1998	Erste Luft-zu-Luft-Betankung der DA2 über der Irischen See mit RAF VC 10 K.3 Tanker, ZA149.
29./30. Jan. 1998	Erster Produktioninvestitionsvertag zwischen der NETMA und der Industrie wurde unterschrieben. Er beinhaltet Werkzeuge und vorbereitende Arbeiten für Produktion der 620 A/C plus 90 Optionen, die von den vier Partnernationen bestellt wurden.
Juni 1998	DA5 flog zu Testzwecken nach Rygge, Norwegen. Erstes Vorführen des Flugzeugs in einem Land, das nicht Teil der Partnernationen ist.
3. Sep. 1998	Neuer Name für Eurofighter 2000 ist Typhoon.

18. Sep. 1998	Zusatz 2-Vertrag wird unterschrieben. Es ist die Berechtigung für das erste Batch von 148 Produktionsflugzeugen. Eine Preisbedingung wurde vereinbart für die 44 Eurofighter für die Luftwaffe, 29 für Aeronautica Militare Italiana, 20 für die spanische Luftwaffe und 55 für die RAF.
11. Feb. 1999	Eurofighter erhielt eine formelle Bitte von Norwegen zur Erstellung eines Proposal zur Beschaffung von 20 Flugzeugen mit Optionen, auf zehn und mehr, um bei der RNAF die F- 5 A/B Flotte zu ersetzen. Etwas früher, am 15. und 16. Dez. 1998, war bereits Royal Norwegian Air Force Material Command Testpilot Major Frode Evenson der erste Pilot von einer potentiellen neuen Kundennation, der das Flugzeug bei einer Serie von Auswertungsflügen in Manching testete. Ein Angebot wurde anschließend Norwegen am 16. Juni 1999 vorgelegt, aber das Programm ifiel in den Wartezustand. Es wurde kein Vertrag unterschrieben.
12. Feb. 1999	Griechenland war der erste Exportkunde, der die Flugzeug-Wahl formell ankündigte, doch anschließende finanzielle Beschränkungen führten dazu, dass der Kaufvertrag weiterhin nicht unterschrieben ist.
18. Mai 1999	DA 5 fliegt mit 830 Fh den 1000 Flugeinsatz im Entwicklungsprogramm. Insgesamt hat die Maschine 830 Flugstunden absolviert.
4. Nov. 1999	Gründung von »Eurofighter International«, einer Vertriebsorganisation, die das Flugzeug vor allem nach Übersee zu vermarkten soll.
Februar 2000	Die 1000ste Flugteststunde wurde während des 75. Flugs der DA4 von Warton aus erreicht.
24. Mai 2000	Der Vertrag für Eurofighter Bodenunterstützung wurde unterschrieben.
22. Dez. 2000	RAF kündigt an, dass das 17. Squadron die Typhoon Operational Evaluation Unit und das 29 Squadron zur Operational Conversion Unit umformiert wird.
8. März 2001	Die Produktionsversion des EJ 200 wird zugelassen.
29. März 2001	Griechenland kündigt an, dass es die Unterschrift seiner geplanten Bestellung für 60 EF mit Optionen bis nach 2004 verschiebt, um verschiedene soziale Programme und die Olympischen Spiele in Athen zu finanzieren.
27. Apr. 2001	Es wurde der Vertrag für das Aircrew Synthetic Training Aids (STA) unterschrieben inklusive 18 Vollflugsimulatoren und neun Cockpit-Trainer.
1. Juni 2001	Der erste Produktions-Standard EJ200-Motor wurde für die Installation am IPA1 ausgeliefert.
5. Apr. 2002	Erstflug des in Turin Caselle von Alenia gebauten doppelsitzigen IPA 2 Flugzeuges MMX614. Dies war zwar der zweite Produktions-Eurofighter doch es war der erste der flog.
8./11. Apr. 2002	Erstflug des zweisitzigen bei der DASA in Manching gebauten IPA3, 98+03.
9. Apr. 2002	Erster geführter Abschuss einer AIM-120 AMRAAM gegen eine Meteor Mirach 100 Drohne, ausgeführt von der DA4, ZH590.
14. Apr. 2002	Erstflug des bei BAE in Warton gebauten zweisitzigen IPA1, ZJ699.
2. Juli 2002	Das österreichiche Parlament kündigte Auswahl des Eurofighters für die österreichische Luftwaffe an. Beschaffung von 24 Flugzeugen. Diese Anzahl wurde aber dann bei Unterzeichnung des Vertrages im Juli 2003 auf 18 reduziert.
23. Juli 2002	Die RAF übernimmt formell den Namen Typhoon für das Flugzeug. Andere Partnernationen wie Deutschland, Italien und Spanien hatten angekündigt, den Namen Typhoon als offizielle Bezeichnung zu übernehmen.
21. Nov. 2002	An diesem Tag erlitt das Programm seinen ersten Flugzeugverlust, die DA6, XCE.16-01 ging nach doppeltem Triebwerksausfall verloren. Die Crew konnte sich sich mit dem Schleudersitz retten.
13./14. Feb. 2003	Das erste Serienproduktionsflugzeug GT001, 98+31, (später umregistriert in 30+01), eine Doppelsitzer für die Luftwaffe, führt seinen ersten Flug in Manching durch.
17. Feb. 2003	Als letzter Partner erhält Spanien das erste Serienproduktionsflugzeug, ST001, CE.16-02. Ein Doppelsitzer für die spanische Luftwaffe.
17. Feb. 2003	Überführungsflug GT001 zur TSLw1 nach Kaufbeuren.
28. März 2003	Eurofighter gibt die Eröffnung des gemeinsamen industriegeführten, internationalen Waffensystem-Unterstützungszentrums in Halbergmoos, Deutschland bekannt. Das IWSSC ist die internationale Organisation durch die die Industrie (vertreten durch Eurofighter und EUROJET) und die Eurofighter-Betreiber (vertreten durch die NETMA) technische Unterstützung für alle EF-Waffensysteme bietet.
8. Apr. 2003	Die DA1 übernimmt in Spanien die Aufgaben der abgestürzten DA6. Das Flugzeug DA1 wurde von Manching nach Getafe überführt.
15. Apr. 2003	Eurofighter kündigt die formelle Einführung der Synthetischen Lehrmittel Gemeinschaftsintegrationseinrichtung (ASTA JIF) in Manching an.
27. Juni 2003	Unterzeichnung der Musterzulassung.
30. Juni 2003	Die internationale Betriebsgenehmigung gewährte formell für das EF den Weg für den Wartungseingang bei den Luftwaffen der Partnernationen. Auch bestätigte das Verteidigungsministerium von Großbritannien am selben Tag, dass die RAF-Bezeichnung für den Einsitzer Typhoon F.2 ist, während der Zweisitzer Typhoon T.1 heißt oder T.1A, im Falle von späteren Production Batch Flugzeugen.
1. Juli 2003	Österreich meldete einen Kontrakt zum Kauf von 18 Eurofighter Typhoons für die österreichische Luftwaffe. Das oberste österreichischen Parlament genehmigt die Finanzierung für den Erwerb. Als am 11. Juni der Kauf unterschrieben wurde, hatte das Unterhaus ihre Genehmigung noch nicht gewährt.
4. Aug. 2003	GT003, 30+03 (ehemals 98+33), wurde der Luftwaffe übergeben. Mit ihm werden Fluglehrer in Manching ausgebildet.
22. Aug. 2003	Nach dem parlamentarischen Einverständnis in Österreich wurde die Bestellung für 18 Eurofighter erteilt (später reduziert auf 15). Die Flugzeuge werden vor allem in Manching gebaut.

5. Sep. 2003	Formelle Lieferung des ersten Serienproduktionsflugzeug ST001, CE.16-02 an die spanische Luftwaffe. Die Maschine wurde anfänglich auch für die Fluglehrerschulung und zum Training in Getafe eingesetzt. An diesem Tage wurde auch damit begonnen, die ersten Daten für den IRIS-T Einsatz zu sammeln.
1. Okt. 2003	Beginn der Integration des Meteor-Flugkörpers. Die folgenden »Anfalls- und Form«-Bodenversuche mit IPA fanden bei Warton statt. Diese Versuche sollten die Verträglichkeit mit dem Flugzeugrumpf, die Flugkörperabgangstation sowie den multifunktionalen Träger überprüfen. Weitere Flugversuche wurden im Jahr 2005 unternommen.
16. Okt. 2003	Die erste Ejército del Aire Eurofighter-Staffel wird bei einer offiziellen Zermonie in Getafe in Dienst gestellt. Das erste Flugzeug, CE.16 01 11-70, wurde vom spanischen König Juan Carlos, dem Chef der Luftwaffe, General Eduardo González Gallarza und Oberst Javier Salto, Kommandeur des Ala 11, übergeben.
11. Dez. 2003	Eurofighter informiert über die Fertigstellung einer ersten Serie von Flugtests mit Luft-Boden-Waffen mit Hilfe von EF XC.16- 02 (DA1) von Getafe Spanien. Das Flugzeug war mit zwei 2000 lb (907 kg) GBU-10 Waffen auf der zentralen Unterflächenstation bewaffnet. Mit der MMX603 (DA7) wurden von Decimomannu, Sardinien, während zehn Tagen AIM-9L Sidewinder und AIM-132 ASRAAM verschossen.
19. Feb. 2004	Die AMI nimmt ihren ersten zweisitzigen Eurofighter der Produktionserie MM55092, IT001, auf dem Fliegerhorst Cameri in Besitz. Das Flugzeug sollte zu Beginn für AMI-Bodenpersonal benutzt werden und trainierte an der Basis 1° Reparto Manutenzione Velivoli (Flugzeugwartungseinheit).
26. Feb. 2004	An diesem Tag unternimmt IPA4, PS001, C.16 20 »11-91« ihren ersten Flug in Getafe, Spanien. Das erste Einsitzer-Produktionsflugzeug, das von der Fertigungsstraße kommt, hat den höchsten Standard von Hardware-/Softwareintegrationsdaten. Es integrierte auch einen verbesserten Standard des EJ200-Motors, welcher mit diesem Flug zum ersten Mal getestet wurde.
27. Febr. 2004	Eurofighter kündigt an, dass elektromagnetischen Compability-Tests mit Hilfe von ZJ911 BS002 von BAE-Systemeinrichtung bei Warton Lancashire vorgenommen werden.
16. März 2004	Erste Lieferung eines EFs an eine AMI-Einheit, ein Doppelsitzer, MM55093, IT002 »4-1«, wurde der IX Gruppo der 4° Stormo formell am Grosseto-Fliegerhorst übergeben, wo er am 26. Feb. angekommen war.
6. Apr. 2004	Erfolgreiches Schießen mit der BK27 Mauser-Kanone und erster Abschss einer IRIS-T. Beide Versuche wurden von Decimomannu aus vorgenommen. Testflugzeuge waren DA3, MMX602 und DA7, MMX603.
30. Apr. 2004	Nach einer formellen Zermonie beginnen die ersten fünf Eurofighter beim JG 73 »S« auf dem Fliegerhorst Laage mit dem offiziellen Betrieb bei der Luftwaffe.
7. Mai 2004	Die Eurofighter GmbH unterschreibt einen logistischen Unterstützungsvertrag, der sich auf die Unterstützung im Betrieb des EF-Waffensystems bezog. Der 250 Millionen Euro-Vertrag liefert die allgemeine Infrastruktur für die Betriebsaspekte, die sich auf das internationale Waffensystemstützensystem (IWSSS) beziehen, welches eine einzigartige Industrie-Luftwaffenpartnerschaft vorsieht. Dieses IWSSS liefert eine koordinierte »Information für alle«, welche das Intelligenznetz bei Schwierigkeiten zu lösen und in Zukunft verbessern soll.
13. Mai 2004	Der Chef des Luftstabs, Air Vice Marshal David, gewährte die Genehmigung und Anfangsfreigabe für den RAF Eurofighter Typhoon.
27. Mai 2004	Nach achtmonatiger Einsatzzeit auf der EADS-Spanien Basis in Getafe, wurden die ersten drei EF der Spanischen Luftwaffe nach Moron AB in Südspanien überführt. Die Maschinen werden von der 113. Staffel des 11. Geschwaders eingesetzt.
7. Juni 2004	Das fünfte und letzte EF-Produktionsflugzeug, ein Einsitzer für Großbritannien, ZJ700, IPA5/PS002, startet von Warton aus zu seinem Jungfernflug. Das Flugzeug ist primär für die Qualifikation von Produktionsstandards und Funktionalität vorgesehen. Es wird schwerpunktmäßig für die finale Integration und für die volle Betriebsfähigkeit mit dem Standardavioniksystem für die Produktion des Einsitzers eingesetzt.
27. Juni 2004	Zwei RAF EF T.1 starteten von Warton aus zu einem 12.875 km langen Flug nach Singapur (Stops in Akrotiri Zypern, in Ägypten und in Sri Lanka). Obwohl primär eine Vorführung des Typs in Singapur vorgesehen ist, wird dieser zweiwöchige Einsatz zum testen der Luft-zu-Luft Betankung und der bodenseitigen Unterstützung in einem heißen und feuchten Klima genutzt.
21. Juli 2004	Der secretary of state for defence Geoff Hoon bestätigte, dass die RAF Leuchars der zweite Stützpunkt der RAF sein wird auf dem der EF stationiert sein wird. Das erste Flugzeug wird im Jahr 2008 übernommen. Auf der Basis waren drei Tornado F.3 Staffel zu Hause.
22. Okt. 2004	Produktions-Einsitzer für die Luftwaffe, 98+39 (GS002) macht seinen ersten Flug von Manching. Das Flugzeug ist entspricht der Tranche 1/ Batch 2 und fliegt nach Produktionsstandard.
19. Nov. 2004	Erste erfolgreiche Nacht-Luft-zu-Luft-Betankung mit einem Eurofighter. Der Versuch wurde von Alenia mit MMX614 (IPA2/PT002) durchgeführt.
3. Dez. 2004	Das deutsche Parlament genehmigt die Fortführung des Programms mit der Unterschrift unter die Tranche 2-Vereinbarung.
13. Dez. 2004	Die Typen-Annahmevereinbarung für den EF Typhoon Batch 2 wurde mit NETMA unterzeichnet. Die Unterschrift ermöglicht die Lieferung des ersten Serienproduktions-Einsitzers an die vier Partnernationen.
14. Dez. 2004	Zwischen der Eurofighter GmbH und der NETMA wurde der 13 Mrd. Euro Produktionsvertrag für die zusätzlichen 236 EF-Tranche 2-Flugzeuge für alle vier Partnernationen unterschrieben. Die Produktion der Tranche 2 Flugzeuge sollen Anfang 2008 beginnen.

21. Dez. 2004	Der erste Einsitzer, ein voll Produktionsflugzeuge für die RAF, ZJ913 (BS004) macht seinen ersten Flug von Warton.
14. Feb. 2005	Der erste Serienproduktions-Einsitzer EF, 30+07, (GS002) wurde der Lw formell in Manching übergeben. Am 24. Februar wurde die Maschine zur TSLw 1 nach Kaufbeuren geflogen. Sie dient der Ausbildung des Bodenpersonals für die Wartung.
17. März 2005	Erster erfolgreicher Schuss mit einer AIM-120 AMRAAM durch den britischen DA4. Dabei wurden zwei Ziele durch Radar verfolgt.
1. Apr. 2005	Nach 15 Monaten als Teil des »Case White« auf dem BAE-Flugplatz Warton, verlegte die erste Eurofighter-Einheit 17. (Reserve) Staffel, offiziell zu ihrer neuen dauerhaften Basis in RAF Coningsby. Am selben Tag erhielt die Staffel ihren ersten Einsitzer Eurofighter F.2, ZJ913.
8. Apr. 2005	Der erste Produktions-Einsitzer, 30+09 (GS004) wurde dem JG 73 in Laage übergeben.
28. Apr. 2005	Mit der Auslieferung des EF MM7270 (IS002) an AMI 4° Stormo in Grosseto, Italien betreiben alle vier Partner Nationen den Serienproduktions-Einsitzer mit Batch 2-Standard.
19. Mai 2005	Eine Feier in RAF Coningsby markiert die offizielle Wiederaufstellung der 17. (Reserve) Staffel. Die Eurofighter Testeinheit (OEU -Operational Evaluation Unit), die am 1. April von Warton kommend verlegt hatte. Es wurde bestätigt, dass die 3. Staffel die erste Einsatzstaffel werden werden würde, gefolgt von der 11. Staffel im Herbst 2007. Beide Einheiten sollten in Coningsby stationiert werden.
1. Juli 2005	Die zweite RAF EF-Einheit, 29. (R) Staffel, die Typhoon-Trainingsstaffel verließ Warton in Richtung ihrer neuen Einsatzbasis Coningsby. Dies beendete das Einführungsprogramm »Case White« auf dem Flugplatz des Herstellers.
16. Dez. 2005	Die ersten beiden AMI EF wurden offiziell für QRA-Missionen einsatzbereit erklärt.
21. Dez. 2005	Die Unterschrift eines Übereinkunfts-Papiers zwischen den Regierungen von Saudi-Arabien und Großbritannien beinhalten Pläne den Tornado ADV und weitere Flugzeuge durch eine noch offene Anzahl Eurofighter Typhoons zu ersetzen. Letzter Flug des DA1.
27. Feb. 2006	EF F.2, ZJ922 (BS013) QO-C traf auf RAF Coningsby als erster RAF Eurofighter einer Einsatzeinheit, der 3. Staffel, ein. Das Kennungssystem entstammt dem zweiten Weltkrieg als die Staffel die Hawker Typhoon flog.
4. Mai. 2006	Erster Abwurf einer GBU-16, 450 kg, Bombe in Spanien. Testpilot Alfonso de Castro mit dem Eurofighter Einsitzer 11-91.
25. Juli 2006	Offizielle Übergabe der ersten Eurofighter an das JG 74.
3. Okt. 2006	Der 100. Eurofighter aus britischer Produktion wurde an RAF übergeben.
21. Dez. 2006	An diesem Tag startete der erste Block 5-Eurofighter SS011 von Getafe zum Erstflug.
15. Feb. 2007	Typ Acceptance für den Eurofighter des Block 5 Standards.
7. März 2007	Erster ASRAAM Schuss mit britischem Eurofighter.
8. Mai 2007	DA 5 fliegt von Manching zum ersten Mal mit der neuen E-Scan Antenne.
15. Mai 2007	Kooperationsvertrag zwischen der Eurofighter GmbH und Norwegen unterzeichnet.
12. Juli 2007	Die Österreichische Luftwaffe erhält ihren ersten Eurofighter AS001, 7L-WA
August 2007	Die Spanische Luftwaffe erhielt ihren 20. Eurofighter der Tranche 1, er war der erste Block 5-Doppelsitzer, ST008.
13. Sep. 2007	Zweiter Eurofighter AS002 an die österreichische Luftwaffe übergeben.
14. Sept. 2007	Von Caselle di Torino startete IPA2 mit dem neuen Tranche II EJ200-Triebwerk.
30. Okt. 2007	DA5, 98+30, führt seinen letzten Testflug durch.
1. Nov. 2007	Der britische IPA6, BS 031 fliegt erstmals.
5. Dez. 2007	Saudi-Arabien unterzeichnet einen Vertrag zum Ankauf von insgesamt 72 Eurofightern.
16. Jan. 2008	Der deutsche IPA7, GS029, 98+07, das erste deutsche Flugzeug der Tranche 2, fliegt erstmals.
24. Jan. 2008	Die insgesamt 135 bei fünf Luftwaffen im Einsatz stehenden Eurofighter erreichen die 35.000. Gesamtflugstunde.
Ende Okt. 2008	Erste Testflüge zur Freigabe des Eurofighters für die Luftbetankung durch das Tankflugzeug A310 MRTT mit IPA 3 und IPA 7
Sep. 2009	Erster Auslandseinsatz für den Eurofighter beim Air Policing Baltikum in Siauliai, Litauen mit vier EF vom JG74 Neuburg.
4. Nov. 2009	Der 200. Eurofigher geht an die Luftwaffe 30+51
24. Aug. 2010	Ein Eurofighter der spanischen Luftwaffe stürzte bei einem Trainingsflug eines saudischen Piloten auf der Moron Air Base bei Sevilla nach dem Start ab.
7. Dez. 2010	Auslieferung des 250. EF in Pratica di Mare an die Aeronautica Military Italiana (IS038).
16.12.2010	Das JBG 31 »B« erhält mit einem feierlichen Appell seinen ersten Eurofighter.
12./13. Jan. 2011	Nach siebeneinhalb Jahren erreicht die Eurofighter-Flotte 100.000 Flugstunden.
21. März 2011	Ersten Kampfeinsatz während der »Operation Ellamy«.
18. Okt. 2011	Der 300. Eurofighter wurde am 18. Oktober von Cassidian (EADS Miltärbreich) an die spanischen Luftstreitkräfte ausgeliefert.
4. Dez. 2012	Meteor Flugkörper wurde erstmals über dem Testgelände von Aberporth in Wales von einem Eurofighter gestartet.
21. Dez. 2012	Oman unterzeichnet den Vertrag zum Kauf von zwölf Eurofightern.
28. Feb. 2013	Generalleutnant Karl Müllner, Inspekteur der Luftwaffe, übernahm von Cassidian den 100. Eurofighter, Kennung 31+00 für das JaboG 31 »B«.

28. Okt. 2013	Cassidian hat die Flugerprobung der sogenannten »Phase 1 Enhancements« (P1E) zur Fähigkeitserweiterung des Eurofighter erfolgreich abgeschlossen. Flugtests mit den instrumentierten (Instrumented Production Aircraft) Serienflugzeugen IPA 4 und IPA 7.
30. Okt. 2013	Vertrag zwischen NETMA und der Eurofighter Jagdflugzeug GmbH für das Evolution Package 2 unterzeichnet. Grundlage für Phase 2 Enhancement (P2E). P2E wird in Phase A (P2EA) und Phase B (P2EB) aufgeteilt, die Ende 2015 bzw. Anfang 2017 verfügbar sein sollten.
November 2013	Eurofighter hat 200.000 Flugstundenmarke überschritten.
4. Dez. 2013	400. EF (31+06) an die Luftwaffe ausgliefert.
Sept. 2014	IPA5 beginnt Flugerprobung mit E-Scan-Radar.
19. Nov. 2014	Eurofighter Jagdflugzeugbau GmbH hat den Auftrag zur Entwicklung und Integration für das Captor-E-Radar für der Eurofighter erhalten.
November 2014	Eurofighter beginnt mit Abwurftests des Marschflugkörpers Storm Shadow Test mit Versuchsträger IPA2 in Italien.
23. Feb. 2015	Der Vertrag für Phase 3 Enhancement (P3E) wurde von vier Partnerländer unterschrieben. Neben der Einführung der Brimstone 2 soll auch die Integration von Storm Shadow, Meteor, Paveway IV und ASRAAM verbessert werden.
07. Mai 2015	Letzter Serien EF (GT0025) Tranche 2 von Airbus an TaktLwG 73 »S« nach Laage überführt (31+13).
August 2015	Zur Sicherung des baltischen Luftraums verlegen EF des TaktLwG 31 »B« vier Monate nach Ämari, Estland.

6. Nov. 2015	Kompletter Abwurfvorgang der Storm-Shadow. Integration in Aberporth durchgeführt.
3. Dez.2015	Britische Typhoon-Flugzeuge greifen im Zuge der Operation Inherent Resolve Ziele des IS in Syrien an.
5. April 2016	Kuwait bestellt 28 Eurofighter (22 Einzel- und 6 Doppelsitzer).
November 2017	Bei BAE Systems wird das Testprogramm zu den Luft-Boden-Flugkörpern MBDA Brimstone abgeschlossen.
11. Dez. 2017	Katar bestellt 24 Eurofighter. Auslieferung Sommer 2022.
März 2018	Das saudische Königreich unterschreibt eine Absichtserklärung über die Beschaffung von 48 weiteren Eurofighter-Flugzeugen.
17. Dez. 2019	Die letzte Maschine der insgesamt bisher bestellten 143 Eurofighter wurde der Bundeswehr übergeben.
12. Nov. 2020	Der Quadriga-Vertrag für 38 Eurofighter wird unterschrieben.
Juni 2022	Spanien bestellt über die NETMA 20 weitere Eurofighter. Die Flugzeuge des »Halcon-Projekts« sind in der selben Konfiguration wie die von Deutschland bestellten Eurofighter des »Quadriga«-Programms mit dem neuen AESA-Radar, das von Hensoldt und Indra entwickelt wird. Die Maschinen sollen in Getafe montiert, getestet und im Zeitraum 2026 bis 2030 ausgeliefert werden.
November 2022	Erster Rumpfmittelteil aus der »Quadriga«-Bestellung von Premium AEROTEC fertiggestellt.

ECA	European Combat Aircraft	Europäisches Kampfflugzeug
ECM	Electronic Counter Measures	Elektronische Gegenmaßnahmen
ECF	European Combat Fighter	Europäisches Kampfflugzeug
ECR	European Collaborative Radar	
ECS	Environmental Control System	
EF	Eurofighter	
EFA	European Fighter Aircraft	Europäisches Kampfflugzeug
EFM	Enhanced Fighter Maneuverability Programme	Verbessertes Kampfflugzeug-Manövrier-Programm
ErpSt	Erprobungsstelle	
ESM	Electronic Support Measures	Elektronische Unterstützungsmaßnahmen
EST	European Staff Target	Ziel der europäischen Kommandobehörde
ESTOL	Extremely Short Take Off and Landing	Extreme Kurzstart- und Landefähigkeit
ESR	European Staff Requirements	Anforderungen der europäischen Kommandobehörde
EO	Electronic-Optic	Elektronisch-optisch
EWR	Entwicklungsring Süd	

F

FADEC	Full Authority Digital Engine Control	Volldigitale Triebswerkskontrolle
FBW	Fly-by-Wire	Elektronische Flugsteuerung
FCS	Flight Control System	Flugkontrollsystem
FFCS	Fire Flight Control System	Integriertes Feuerleit- und Flugführungssystem
FLIR	Foreward Looking Infra-Red	Nach vorne gerichteter Infrarotsensor
FOC	Full Operational Capability	Volle operationelle Fähigkeit
FRG	Federal Republic of Germany	
FSD	Full Scala Development	
FW	Focke-Wulf	

G

GAFAD	German Air Force Air Defence Version	Luftverteidigungs-Version der deutschen Luftwaffe
GFK	Glasfaserverstärkter-Kunststoff	
GPS	Global Positioning System	Satelliten-Navigationssystem
GPWS	Ground Proximity Warning System	Bodenannäherungs-Warngerät
GS	German Singleseater	Deutscher Einsitzer
GSE	Ground Support Equipment	Boden-Hilfsaggregat
GSS	Ground Support System	Bodenunterstützungs-System
GRP	Glass Reinforced Plastic	Glasfaserverstärkter Kunststoff
GT	German Twinseater	Deutscher Zweisitzer

H

HARM	High-Speed-Anti-Radiation-Missile	Hochgeschwindigkeits Anti-Radar-Flugkörper
HEA	Helmet Equipment Assembly	mit verschiedenen Ziel- und Darstellungsgeräten ausgestatteter, modular aufgebauter Helm
Hope	Hochleistungs-Penetrator	
Hosbo	Hochleistungs-Spreng-Bombe	
HMD	Helmet Mounted Display	Am Helm angebrachte Anzeigen
HMI	Human Machine Interface	Mensch-Maschine-Schnittstelle
HOTAS	Hands-on-Throttle-and-Stick	Hände am Steuerknüppel und Schubhebel
HUD	Head-Up Display	Frontscheiben-Bilddarstellungsgerät

I

IABG	Industrieanlagenbetriebsgesellschaft	
IEPG	Independent European Programme Group	Unabhängige europäische Programm-Gruppe
IFF	Identification Friend or Foe	Intentifikation Freund/Feind
IFR	Instrument Flight Rules	Intrumentenflugregeln
ILA	Internationalen Luftfahrtausstellung	
ILS	Instrument Landing System	Instrumentenlandesystem
IMRS	Integrated Monitoring and Recording System	Integriertes Überwachungs-und Aufzeichnungssystem
IMU	Integrated Messurement Unit	integrierte Messeinheit
INS	Inertial Navigation System	Trägheitsnavigationssystem

IOC	Initial Operational Clearance	Vorläufige operationelle Freigabe
IPA	Instrumented Production Aircraft	intrumentiertes Produktionsflugzeug
IPO	International Programm Office	
IRST	Infra Red Search & Track	Infrarot suchen und verfolgen
IS	Italien single seater	Italienischer Einsitzer
ISS	Integrated Sensor Suite	integrierter Sensor-Zusammenstellung
ISPA	Instrumented Series Production Aircraft	instrumentiertes Serien-Produktionsflugzeug
ISTAR	Intelligence Surveillance Target Acquisitionand Reconnaissance	
IT	Italien Twinseater	Italienischer Zweisitzer
ITP	Industria de Turbo Propulsores	
IWSSS	International Weapon System Support System	Internationales Waffen-Unterstützungssystem

J

JG	Jagdgeschwader	
JaboG	Jagdbombergeschwader	
JDAM	Joint Direct Attack Munition	Steuerflächen-Nachrüstsatz für ungelenkte Bomben
JF	Jagdflugzeug	
JSF	Joint Strike Fighter	Gemeinsames Kampfflugzeug (US Air Force, Marines und Navy)

K

KEL	Komponenten Experimentalprogramm Luft	

L

LAB	Linkless Ammunition Box	Verbindungsloser Munitions-Behälter
LINS	Laser Inertial Navigation System	Laser-Trägheitsnavigationssystem
LVJ	Luftverteidingungsjäger	
LFK	Lenkflugkörper	
LWR	Laser-Warner	

M

MAW	Missile Approach Warning	Raketen-Annäherungswarnsystem
MCAIR	McDonnell	
MBB	Messerschmitt-Bölkow-Blohm	
MBFR	Mutual Balanced Force Reductions	
MDD	McDonnell Douglas	
MDE	Manual Data Entry	manuelle Dateneingabe
MFD	Multi Function Full Colour Displays	Multifunktions-Farbanzeigegeräte
MIDS	Multifunction Information and Distribution System	Multifunktions-Informations- und Verteilungssystem
MLS	Microwave Landing System	Mikrowellen-Landesystem
MoU	Memorandum of Understanding	Absichtserklärung
MHDD	Multifunction Head Down Display	Multifunktionales Anzeigegerät
MRCA	Multi Role Combat Aircraft	Mehrzweck-Kampfflugzeug
MRTT	Multi Role Transport Tanker	Mehrzweck-Transporter und Tanker
MTU	Motoren und Turbinen-Union München	
MSOGS	Molecular Sieve Oxygen Generation System	

N

NAD	National Armament Directors	Nationale Rüstungsdirektoren
NAMMA	NATO-MRCA Developement and Production Management	NATO-MRCA Entwicklungs- und Fertigungs-Management
NATO	North Atlantic Treaty Organisation	Nordatlantisches Verteidigungsbündnis
NASA	National Aeronautics and Space Administration	Luft- und Raumfahrt Organisation der USA
NAS	Naval Air Station	Marinebasis
NEFMA	NATO European Fighter Aircraft Management Agency	NATO Europäische Kampfflugzeug Management Agentur
NETMA	NATO Eurofighter and Tornado Management Agency	NATO Eurofighter und Tornado Management Agentur
NSC	National Support Centre	Nationale Unterstützungszentren
NVE	Night Vision Enhancement	Nachtsicht-Verbesserung

O

OEST	Outline European Staff Target	
OCU	Operational Conversion Unit	Operationalle Umschulungseinheit
OBOGS	On-board Oxygen Generation System	an Bord befindliches Sauerstoff-Erzeugungssystem
OEU	Operational Evaluation Unit	Operationalle Erprobungseinheit

P

PANNAP	Panavia New Aircraft Project	
PFAT	Production Flight Acceptance Test	Produktions-Abnahmeflug
PIRATE	Passive Infrared Airborne Tracking Equipment	passives infrarot Verfolgungssystem
PSP	Production System Package	Produktion-System-Baugruppe
PST	Post Stall	siehe Post Stall-Technologie

Q

QRA	Quick Reaction Alert	Alarmrotte

R

RAF	Royal Air Force	
RCFAM	Roll Coupled Fuselage Aiming	
RFI	Request for Information	Informations-Anfrage
RPV	Remote Pilot Vehicle	Ferngesteuertes Fluggerät
RR	Rolls-Royce	
RSAF	Royal Saudia Air Force	Königlich Saudi Arabische Luftwaffe
RWS	Range While Search	

S

S-A	Surface-to-Air	Boden-Luft
SALT	Strategic Arms Limitation Talks	Verhandlungen zur Begrenzung der strategischen Rüstung
SDR	System Design Responsibility	Verantwortlichkeit der Systementwicklung
SEAD	Suppression of Enemy Air Defence	Unterdrückung feindlicher Luftverteidigung
SIPT	Service Instructor Pilot Training	Fluglehrer-Training
SPA	Series Production Aircraft	Serienflugzeug
SPS	Secondary Power System	Reserve-Antriebssystem
SRAAM	Short Range Air-to-Air Missile	Kurzstrecken-Luft-Luft Lenkflugkörper
SMTR	Standardised Modular Transmit/Receive	
ST	Spanish Twinseater	Spanischer Doppelsitzer
STOL	Short Take-Off and Landing	Kurzstart- und Landfähigkeit
STORM	Senior Technical and Operational Repräsentatives Meeting	
SUZ	Systemunterstützungszentrum	

T

TAF	Taktische Forderung	
TCA	Tactical Combat Aircraft	Taktisches Kampfflugzeug
TIP	Technologie-Integrations-Prototyp	
TKF	Taktisches Kampfflugzeug	
T/R	Transmiter/Receiver	Sender/Empfänger
TRU	Transformer/Rectifier Unit	Wandler/ Gleichrichter-Einheit
TWS	Track While Scan	Verfolgen und Abtasten
TSLw	Technische Schule der Luftwaffe	

U

UCS	Utility Control System	Versorgungs-Kontrollsystem
UF	Unternehmensbereich Flugzeuge (MBB)	
UHF	Ultra High Frequency	Extrem hoher Frequenzbereich

V

VHF	Very High Frequency	Sehr hohe Frequenz
VFW	Vereinigte Flugtechnische Werke	
VLF	Vectored Lift Fighter	
VTAS	Voice Throttle And Stick	Sprache, Schubhebel und Steuerknüppel
VS	Velocity Search	Geschwindigkeitssuche
VSTOL	Vertical/Short Take Off and Landing	vertikale/ kurze Start- und Landung
VTOL	Vertical Take Off and Landing	Senkrechtstart- und -landung
VVZ	Vorläufige Verkehrszulassung	

W

WP	Warschauer Pakt	
WVR	Within Visual Range	Innerhalb der Sichtweite
WTD	Wehrtechnische Dienststelle	

Literaturquellen

- BAe/EADS Eurofighter: 10 Jahre Einsatz in der Luftwaffe, Dr. Andreas Zeitler
- MBB Dokumentation: Oskar Friedrich, Wolfgang Herbst, Erwin Obermeier, Evolution of the New European Fighter. A German Industrial Perspective.
- MBB Dokumentation: Hannes G. Ross, Evolution of Fighter Design Requirements.
- Dokumentation über TKF-Entwicklung: Hannes G. Ross
- MBB Dokumentation: Dr. Wolfgang Herbst, 10 Jahre TKF-Vorentwicklung.
- Dokumentationen, Aufzeichnungen über TKF 90: Oberst a.D. Dieter Brunke.
- Linewrights Ltd.: Bill Gunston, EAP, Experimental Aircraft Programme
- Daimler-Benz Aerospace: Wolfram Wolff, Eurofighter 2000
- EADS Dokumentation: Eurofighter, Take-off ins 21.Jahrhundert
- Eurofighter GmbH Warton Dokumentation: Eurofighter 2000, Securing the Future
- Eurofighter GmbH Warton Dokumentation: EuroFighter, European Fighter Aircraft
- Eurofighter GmbH, Hallbergmoos: Diverse Publikationen
- Eurofighter GmbH, Hallbergmoos: Erwin Obermeier, History of the Eurofighter Programme
- Diverse Informationen aus dem Internet-Auftritt der Firma Eurofighter GmbH
- Eurofighter Review: Diverse Hefte
- Eurofighter Typhoon, Duke Hawkins
- MTU Aero Engines GmbH: Odilo Mühling, diverse Publikationen über das EJ200
- Eurojet Turbo GmbH, Halbergmoos: EJ200, The Power behind Eurofighter Typhoon
- Liebherr Aerospace Lindenberg GmbH: Komponenten-Dokumentationen
- Rheinmetall Defence AG: Mauser Bk.27 Dokumentation.
- LITEF GmbH Freiburg: Komponenten Dokumentationen.
- EADS Defence Electronics: Lothar Belz, Captor Dokumentation
- Report Verlag, Bonn: Eurofighter, Das Kampfflugzeug für die Luftwaffe.
- wt wehrtechnik Spezial, 2004, Koblenz-Bonn: Eurofighter, Nothing comes close.
- wt wehrtechnik, Sonderdruck 11/1991 Koblenz-Bonn: Oberst i.G. Dieter Brunke, Das Jagdflugzeug 90, Welche Alternativen gibt es?
- Key Publication Ltd: Malcolm English, Eurofighter Typhoon.
- Flieger Revue extra: Eurofighter Typhoon, Neuer Jäger für Europa
- Diverse Berichte aus den Fachzeitschriften Flug Revue, Flieger Revue, Aviation Week, Air Forces Monthly

Dank

Bei der Erstellung dieses Buches erhielten wir von der Luftwaffe sowie von Airbus Defence and Space GmbH außergewöhnliche Unterstützung.

Unser ganz besonderer Dank gilt dem Inspekteur der Luftwaffe, General Ingo Gerhartz und Andreas Hammer, Head of Combat Air Systems, Airbus Defence and Space. Weiterhin: Winnie Leschik (L6.1 BAAINBw), Oberst Thomas Scheibe (PIZ BAAINBw), Oberstleutnant Johannes Glowka (PiZ Lw), Hauptmann Toni Dahmen (Luftwaffenkommando), Hilmar Eckert (Leiter Kommunikation Airbus Defence and Space, Manching), OTL Christoph Hachmeister (TaktLwG 71 »R«), OTL Sascha Heck (TAusbZLw Süd), Lt. Maurice Heck (Luftwaffenkommando), Petra Klinker (WTD 61), WG CDR Rich Leask (CO No. 9 Sq. RAF), OTL i.G. Dr. Marc Oprach (Kommando Luftwaffe), Dr. Stefan Petersen, OTL Dr. Reichmann (PiZ Luftfahrtamt), Major Mario Süshardt (TaktLwG 71 »R«), Dr. Andreas Zeitler und Major »Titan« (TaktLwG 31 »B«).

Für die tolle Unterstützung bei der Realisierung danken wir ganz herzlich den Herren Günther Nord und Alexander Burden.

Die Autoren

Frank & Bernd Vetter